JN157922

今を映す「トイレ」

ユニバーサル・デザインを超えて、快適性の先に

彰国社 編

編集協力
岩崎克也・小林純子・田名網雅人

彰国社

デザイン＝水野哲也（Watermark）

まえがき

ユニバーサル・デザインを超えて，快適性の先に

『ディテール』本誌で「快適なトイレ」をテーマに特集（109号）をまとめてから20年の間，トイレの特集は組まれていない。しかし，188号（2011年）で「トイレ設計を極める」，その5年後の　208号（2016年）で「トイレ新時代」と，あまり間を置かずトイレの特集を組み，そのいずれもが好評を得た。これは最初に特集を組んでから25年の間にトイレをめぐる環境が大きく変化しており，情報の更新が求められていたからであろう。188号と208号の特集はいずれも同じ視点から，その時代のトイレに関する問題点を整理している。本書はこの2回の特集をベースに再編・増補したものである。

25年の間に大きく変化したトイレをめぐる環境をあげてみよう。

たとえば，多機能トイレ。アメリカで提唱されたユニバーサル・デザインが日本に入って15年，バリアフリー新法や福祉のまちづくり条例などにより，ユニバーサル・デザインは日本で独自の進化を遂げ，設計者にもバリアフリーへの深い理解が求められるようになった。バリアフリー法で運用されるトイレも実運用になってくると不具合が生じ，画一的な多機能トイレは，より目的に合ったさまざまな種類のトイレを設置する方向に変わってきている。プランニングで著しい変化が見られたのは，トイレをより明るく，できるだけ自然光を入れること。オフィスプランに顕著にあらわれているように，トイレに自然光の入る窓を設ける事例が徐々に増えている。防災面では，東日本大震災を経てBCPの観点からも，停電時のトイレのあり方が大きく様変わりした。公共空間においては，できるだけ混雑を避けたい，安全に使いたいなど利用者のトイレへの要求レベルは年々高まっている。加えて，機能的なトイレの性能だけでなく，今やトイレ空間は人々の交流や癒しの場として，さらには企業とのコラボレーションスペース，アミューズメントスペースへと，新たなアクティピティを誘発する機能すら持つようになってきている。208号刊行後の変化としては，LGBT（性の多様性／L：レズビアン・G：ゲイ（同性愛），B：バイセクシュアル（両性愛），T：トランスジェンダー（性別越境者））の人々にも快適に使えるトイレのあり方を考えた，設計者として新たな対応が求められている。

これらのニーズに応えるにはどのような配慮が必要なのか。本誌では，トイレ設計で押えておきたい基本を第1章にまとめ，第2章では豊かで快適なトイレのあり方を多様な角度から読み解き，豊富な事例とともに紹介する。

本書が，ユニバーサル・デザインはもとより，快適性の先に何を目指してトイレの計画や設計を進めていけばよいかを考える契機となれば幸いである。

2017年4月

田名網 雅人

目次

目次

巻頭言

ユニバーサル・デザインの視点から見たトイレの変遷

川内美彦（東洋大学　ライフデザイン学部 人間環境デザイン学科）

1. ユニバーサル・デザインの考え方

ユニバーサル・デザイン（以下、UD）の定義にはいくつかあるが、ここでは以下のものを採る（文1）。

すべての人々に対し、その年齢や能力の違いに関わらず、（大きな）改造をすることなく、また特殊なものでもなく、可能な限り最大限に使いやすい製品や環境のデザイン。

バリアフリーは60年代にアメリカで最初の規準が作られてから世界に広がっていったが、その進展とともに、問題点も浮き彫りとなった。バリアフリーは、障害のある人の社会参加を促すための社会環境側からのアプローチだが、障害のある人の専用、あるいは特別扱いの設備が設けられることにより、かえって障害のある人の特別性を強調することになった。「写真1」のリフトは車いす使用者にとっては有効だが、他の人にとっては通行の邪魔にしかならないものである。ノースカロライナでデザイン事務所を経営し、自らも車いす使用者であったロン・メイスは、障害のある人は平凡な一市民として、他の人と同じように社会に参加したいのに、バリアフリーでは確かに使えるようにはなったが、「他の人と同じように」という目標から外れてしまっていることに気づき、その反省からUDという考え方を提唱し始めた。70年代後半から80年代にかけてのことである。

UDは特別扱いなく、さまざまなニーズを持つ人が平等に参加できる社会を目指そうというものだが、ということは社会にあるさまざまなもの（建築、設備、製品等）やサービス――言い方によってはハードとソフトといえるかも知れないが――が平等に使えるということが重要になる。

UDを実現するためには、大きくふたつの方法が考えられる。ひとつのデザインにできるだけ幅広いユーザーのニーズを反映することと、選択肢を提供することである。前者は、さまざまなニーズを取り込んだあげくに、最大公約数的なものになり、結局多くの人に使えはするのだが誰も満足しない、というものになる場合がある。後者は複数のものから選択してもらうわけだから、利用者の満足度は上がるかわりに、利用者がきちんと選択できるような情報提供や、選択肢が展開できるだけの場所や態勢が必要である。

写真1　車いす専用リフト

UDの考え方は、わが国では90年代中盤から広まり始め、2005年には国土交通省が「ユニバーサルデザイン政策大綱」を定めて、政策の大きな柱として位置づけている。

2. 初期のトイレ整備

わが国のアクセシビリティ整備においては、その初期からトイレが大きな要素であり、そこでは特に車いす使用者への対応が考えられてきた。腰掛け式便器が一般にはまだ珍しかった1960年代には、現在の車いす対応トイレの原型ができていたようである。「文2」では「教育病院リハビリテーションセンターの先駆的なものとして、東大病院のそれを考察する」として病院内トイレの試行を報告しているが、そこには「便所：全般として狭いセンター内に設けるのは他を圧縮することとなるが、身障者用の右側・左側アプローチ用腰掛便所（手褶付）を設置し、成功した」との記述がある。この一文からは、腰掛け式便器で、手すりがついており、便器の左右からアプローチできるものであったことがわかる。また現在でも設計の実務で悩まされる、車いす対応であるがゆえの広さの問題点も指摘されている。

この一文では病院内の、当時としては特別なトイレのことが書いてあるが、この特別なトイレは70年代になると、次第に街の中に進出してくるようになる。

わが国の建築物に関するアクセシビリティは、現在では法律として、法定の用途の、一定の規模以上であれば義務化されているが、初期は地方自治体の要綱から始まった。その最初は、1974年8月1日施行の「町田市の建築物等に関する福祉環境整備要綱」である。全5条という非常にコンパクトなこの要綱では、第4条に「『ハンディキャップを持つ人のための施設整備基準』により施設整備を行うものとする」という規定があり、

文1　川内美彦著『ユニバーサル・デザインの仕組みをつくる』学芸出版、2007年8月

文2　「大学病院におけるリハビリテーションセンターの建築計画に関する考案」（東京大学病院中央診療部；樫田良精・佐々木智也・上田敏、平方義信・鎌倉矩子　東京大学工学部建築科；陳養玉・小滝一正　第4回日本リハビリテーション医学会総会）『日本リハビリテーション医学会誌 』4(4), 303-304, 1967-10-18

それに従って「ハンディキャップを持つ人のための施設整備基準」が作成された。ここでは、全20ページのうち3ページにわたって「便所」の記述がある(図1、2)。

ここでは、腰掛け式便器で、壁側にL形手すり、オープンサイドに回転手すりという現在につながるトイレが示されているが、便房の広さは手すり可動式の場合は2.5m×2.2m以上、手すり固定式の場合は2m×2mと、現在と同等か、若干広めの寸法が示してある。また出入口ドアの内側には重ねを20cm以上取るようにした2枚ものの固定カーテンを取り付けることという、現在ではあまり見られない記述もある。

80年代には、81年の「国際障害者年」、83〜92年の「国連・障害者の十年」によって、海外で障害のある人が社会参加している様子が伝えられ、また日本が急速な高齢化に向かうことも広く認識されるようになったため、90年代に入ると地方自治体で「福祉のまちづくり条例」制定ブームが起こったが、そこには当然のようにトイレの規定も含まれていた。

これらの動きを受けて、国は1994年に「高齢者,身体障害者等が円滑に利用できる特定建築物の建築の促進に関する法律」(ハートビル法)、2000年に「高齢者、身体障害者等の公共交通機関を利用した移動の円滑化の促進に関する法律」(以下、交通バリアフリー法)を制定し、2006年にはそれらを合体した「高齢者、障害者等の移動等の円滑化の促進に関する法律」(以下、バリアフリー法)を制定して今日に至っている。

こうして、病院など限られたところを想定していた車いす対応トイレが街に展開していったわけだが、同時に、その広さゆえの問題が必ずつきまとってきた。トイレ本来の目的以外の利用、長時間の占用、犯罪、未成年者の喫煙などである。

そこで80〜90年代には、常時施錠し、利用したい人の要請に応じて開けてくれるやり方が広まった。しかしこれは利用の実態とはかけ離れた解決策であった。たとえば公園のトイレでは、鍵は管理事務所とか最寄りの商店に保管してある場合が多かったが、そのことが利用者に伝わらない。鍵のありかを示す貼り紙等は風雨ですぐにはがれてしまう(写真2)。保管場所がわかっても、多くの利用者は切羽詰っているのでそこまで行って借りてくる時間的猶予がない。また、鍵を保管している管理事務所とか最寄りの商店は営業時間が終われば閉まってしまう、といった具合に、まったく実用的ではなかった。

3. どなたでもご利用ください

このように、いろいろな問題から鍵をかけるのは適当でないということがわかってきた。しかし鍵をかけるのをやめると、不正利用が再び増えることになる。このジレンマを解決するために、発想の転換が行われた。

多くの車いす対応トイレは、異性介助があることや広さの問題から、男女の性別トイレから切り出されて独立しているため、多くの人の関心を呼びにくい。したがって、そこで不自然に長時間の占用があっても、気付かれにくい。鍵をかけずに不正利用を減らすには、もっと多くの人に利用してもらうことで、自然に人の目に触れるのがいいのではないか。ということで、それまで車いす専用としてきたものを「どなたでもご利用ください」と広く利用を勧める方向に転換したのである。東京都は2000年の「東京都福祉のまちづくり条例施設整備マニュアル」から、これを独自に「だれでもトイレ」と呼ぶことにした。

「どなたでもご利用ください」とするためには、車いす対応だけではなく、幅広い使い手に対応する必要がある。そこで、子ども連れのための設備を車いす対応トイレの中に持ち込むことになり、乳幼児用ベッド、乳幼児用いす、子ども用便器などが設置されるようになった。ちょうど1998年11月から関西の私鉄で、保護者の責任のもとでという制限付きながら、ベビーカーを折り畳まずに乗っていいという動きが現れ始め(文3)、極めて短期間のうちに関東にまで広がった。さらに2000年には交通バリアフリー法の制定によって駅にエレベーターやスロープが設置され始め、電車に乗る手段の整備も進んだ。こうしてベビーカーで電車を使える環境の整備が一気に進みつつある

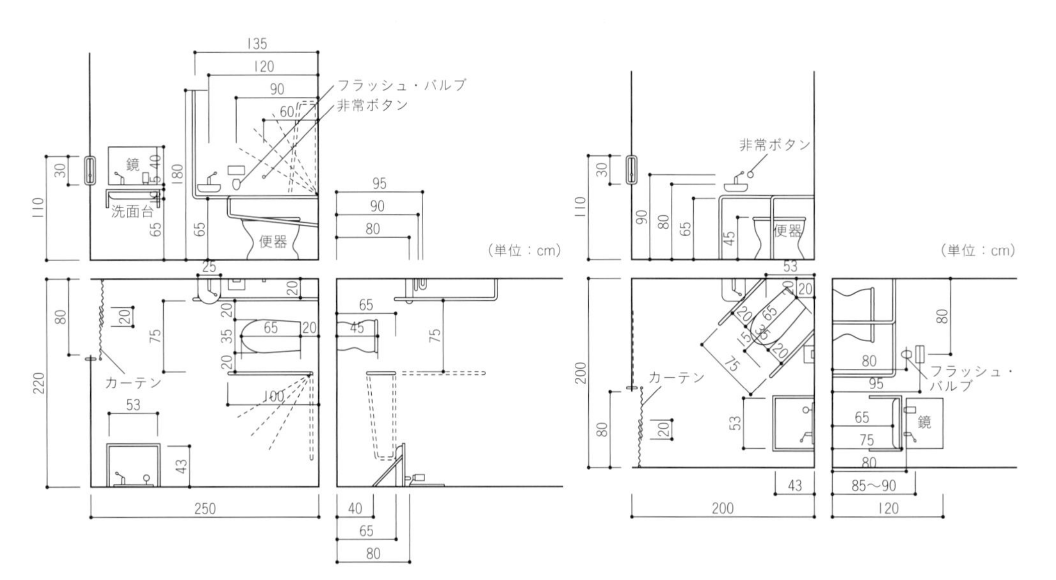

図1　車いす専用トイレ(手すり可動式)

図2　車いす専用トイレ(手すり固定式)

写真2　施錠の貼り紙があるトイレ

文3　「ベビーカーの使用　鉄道車内OK」産経新聞大阪夕刊社会面、1998年12月22日

ところに、子ども連れのための設備が充実したトイレが、「どなたでもご利用ください」と登場してきたのである。

このトイレは広い上に設備があるので、若い親にとっては大きな助けとなり、ベビーカーと共にどんどん使うようになった。それどころか、ベビーカーでなくても、小さな子どもから目が離せないということで、親子連れ、家族連れでの利用が増えた。

この頃にはトイレのメンテナンス技術が向上し、もはやトイレは異臭漂う汚い場所ではなく、長時間を過ごしても違和感のない快適な空間となっていったため、また一般の性別トイレとは隔離された空間が「どなたでもご利用ください」となっているために、車いす使用者、子育て世代以外の人も、排泄以外に、ゆっくり時間を過ごす場所として利用するようにもなった。

このことが車いす使用者に、本来は自分たちのためのトイレだったのに、使えないことが増えたという不満を生むこととなった。しかし、かつてのような施錠による対策では解決にならないことはわかっている。ヨーロッパでは常時施錠して、車いす使用者など必要な人にだけ鍵を渡す方法を取っているところもあるが、身体障害者手帳保持者などと対象を絞れば、外国人や、怪我をしたりして短期的に一般トイレが使えない人は対象から漏れてしまう。それにいまや鍵の複製は簡単にできるから、このやり方が長続きするとは思えない。

さらに、これまで社会から排除され続けてきて、その苦しさを一番よく知っている障害のある人が、今度は排除する側に回ることは、これまでの主張と矛盾することにもなる。

4. 簡易型多機能便房

多くの建物では、トイレの設計はそれほど重視されていない。大規模小売店舗等では、トイレ整備が女性の好感を呼び集客につながるとして、トイレ整備に力を入れているところが多いが、オフィスビルなどでは少しでも事務室面積を取るためにトイレは圧迫されがちである。したがって、できるだけ面積を増やさないで、車いす対応トイレへの利用の集中を軽減できないかということが命題となり、2000年に施行された交通バリアフリー法の整備ガイドライン(文4)では、「簡易型多機能便房」という新たなトイレの形が提案された(図3)(注1)。

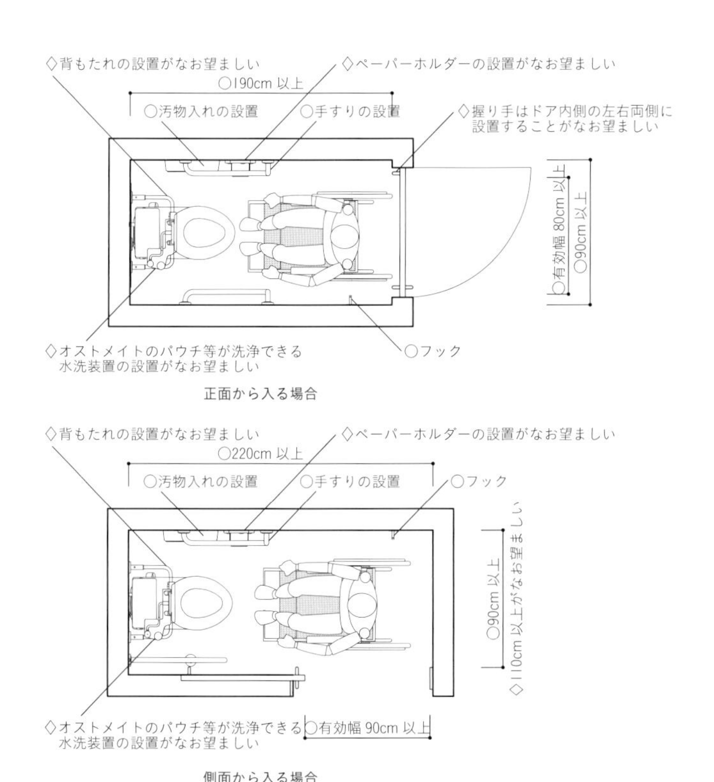

図3　簡易型多機能便房

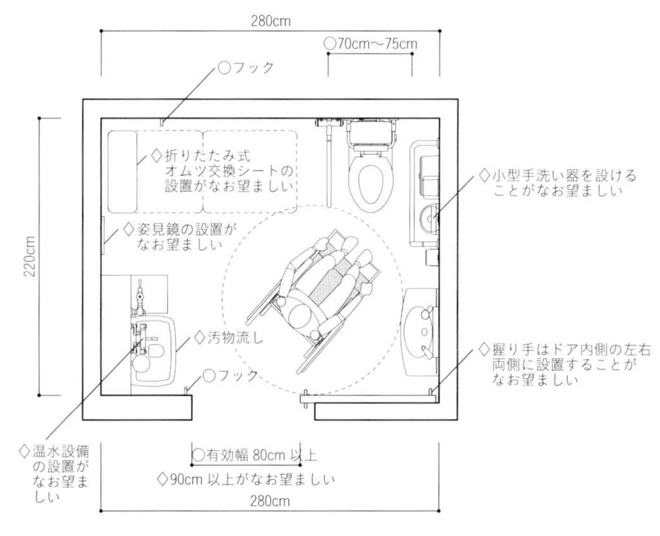

図5　多機能トイレ(大人用ベッドつき)

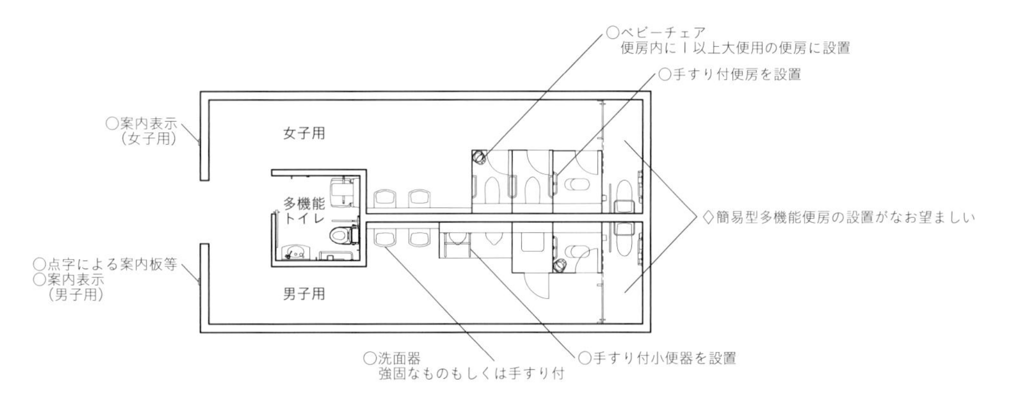

図4　トイレの配置案　　多機能トイレを1カ所および簡易型多機能便房を男女別に配置した例

文4　「公共交通機関旅客施設の移動円滑化整備ガイドライン」交通エコロジーモビリティ財団発行、2001年8月

注1　「簡易型多機能便房」とはいえ、一般便房より若干広いだけで特に多機能になっているわけではない。車いす対応の広いトイレを「多機能便房」と呼んだ連想から、「多機能便房」よりは簡易な便房という意味である。

車いす対応トイレがあれば、車いす使用者のニーズがすべてかなっているわけではない。重度な障害のある人の場合、排泄行為に介助者が必要なことが多く、家族等での異性介助も結構ある。したがって、車いす対応の広いトイレは性別の区別のない共用とするのが基本であり、その場所は男女を合わせたトイレ全体の入口近くに設置することが望ましい。しかし、一人で排泄行為を行う車いす使用者の中には、障害がなければちゃんと男女に分けられたトイレに行けるのに、なぜ自分たちは性別を主張できないのか、という声も根強くある。そこで、このようなニーズに応える方策を考えてみた。

車いす使用で男女別を希望し、一人で用が足せる人は、介助が必要な人に比べて障害が軽い傾向があり、車いす操作も一人ででき、手動車いすを使う場合が多いと考えられる。手動車いすであれば、電動に比べて小型の傾向があり、小さな便房でも使えるから、すでに述べている性別トイレの中に比較的簡易な多機能便房が整備されていればニーズを満足することができる。それが「簡易型多機能便房」である。

ただそれを単に設置しただけでは、トイレ面積の増加への懸念があったことから、同ガイドラインにはトイレ全体の平面図案も示されており、既存トイレでも対応できることを示している（図4）。「図4」では車いす対応の大きい多機能トイレは、異性介助に対応できるように男女共用の位置に置いてあるが、同ガイドラインの別の平面図には、多機能トイレが2カ所配置された例もある。この場合のポイントは、あくまでも男女共用であるので男女の性別トイレに所属するとの印象を与える設計は好ましくないということであり、複数設置できる場合は便器に対して右からアプローチできるものと左からアプローチできるものとすることである。障害が重度になればなるほど、便器へのアプローチ方法が限定されてくる。したがってアプローチできる方向に選択肢があるということは、目立たないが重要な事項なのである。

また、介助はいらないが障害が重度で電動車いすを使う人もいる。この人たちには従来からの男女共用の多機能トイレを勧めることになり、もしその人たちが性別トイレを希望したとしたら、残念ながら、現在でもまだ解決策は示されていない。

この2000年のガイドラインは、トイレの整備史においてひとつの節目を作ったもので、上記の簡易型多機能便房のほかにオストメイトへの対応や大人用ベッド（折りたたみ式のおむつ交換シートと呼称）の設置が述べられている（図5）。

5. 中部国際空港の試み

2005年に愛知県で開催された「愛、地球博」の際に、海外からの来客の主要な受入れ口とすべく、伊勢湾内に「中部国際空港（以下、セントレア）」が造られた。セントレアは最初からUDの考え方による空港を目指していたため、名古屋の障害のある人の当事者団体である社会福祉法人AJU自立の家（以下AJU）が空港計画におけるUD部門のコンサルタント業務を受注した。そして学識経験者、障害のある当事者、空港関係者、設計者などからなる「ユニバーサルデザイン研究会」を設置して2000年度の基本設計段階と2001年度の実施設計段階に関する提言を行った。その後もこの委員会はUDに関わる多くの検討事項を実物大模型（写真3）や施工図面等で確認しつつ、建物に反映していった。UDでは多様なニーズを発見し、それへの解決策が有効であるかどうかを確認しつつ、現場に反映していく作業が重要であるが、セントレアは、わが国において本格的にUDへの取組みを行った、貴重な事例であるといえる。そして、その作業の中で、革新的なトイレが生まれることとなった。

「図6」はセントレアの一般便房の平面図だが、ライニングを除いて1,200×1,650とかなり広い。国際空港なので、大きな荷物を持つ人が多い。従来の便房ではその荷物が入らないことも多く、荷物を外に置いていては盗難のおそれがあるが、セントレアの便房は大きな荷物を中に入れることができる。また、この広さは小型の車いすであれば、（アプローチ方法を限定されはするが）利用可能である。さらに、ベビーカーごと中に入ることもできる。すなわち、セントレアのトイレでは、すべての一般ブースが簡易型多機能便房と同等になっているのである。

そして、すべての便房に、壁側にはL形手すり、オープンサイドには跳ね上げ手すりが設置されており、利き手の違いに対応するために、L形手すりを便器の右側に設置したものと左側に設置したものとが作られている（写真4）。

写真3　検証用のトイレ実物大模型の入口

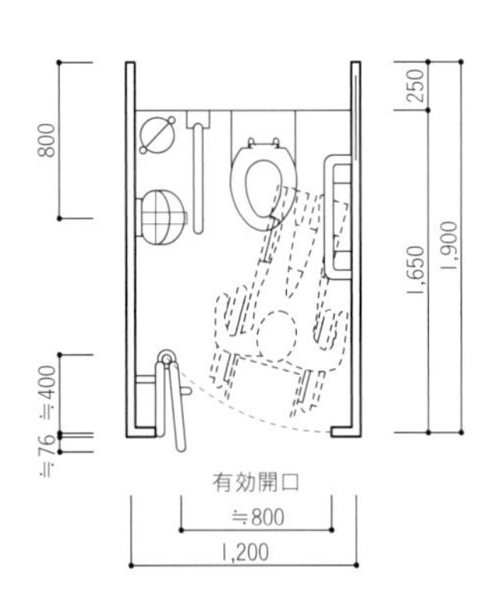

図6　中部国際空港の一般トイレ（文5）

写真4　利き手の違いに対応した手すり

文5　谷口元ほか編著『中部国際空港のUD』鹿島出版会、2007年7月30日

多くの公衆トイレでは、ドアは内側に常開となっている。このことで、ドアが閉まっていれば使用中ということがすぐにわかるし、開閉するドアが他の人にぶつかることもない。しかし、セントレアのトイレでは、大きな荷物や車いすやベビーカーが利用するので外開きドアを採用する必要があり、また有効開口幅もこれまでのトイレブースより広くする必要がある。工夫なくこれをやれば、開閉するドアが他の人にぶつかる可能性が高くなり、トイレ内の通路空間も広くする必要がある。しかし引き戸は、便房がずらりと並ぶために使えない。セントレアで求められたのは、内に開かず、外にも開かないドアであった。

この要求に応えられるいくつかのドアが検討され、実物大の模型を作り、障害のある人がそれを検証して最終決定を行った。実物の検証では、車いす使用者が前向きに入ったあと、後方にあるドアをうまく閉じて施錠できるかどうか等を調べたが、視覚障害のある人が使えるかどうかも一つの注目点だった。通常のトイレドアでは、ドアの把手や鍵は、吊元とはいちばん離れた戸先にある。しかしこの検証に用いられた折れ戸ではそれらが中央付近にあるため、これまでの経験に基づいていただけでは視覚障害のある人が発見できない可能性があるという懸念があった。しかし、検証では参加した視覚障害のある人が発見、施錠できることが確認されたので、折れ戸の採用が決まった。それが「図6」である。

この折れ戸の鍵は、指先に力が入らない人でも操作できるように、グーかパーで操作できる形状のものとなっている(写真5)。また、トイレの非常ボタンは水洗ボタンと区別する必要があったので、水洗ボタンが円形であるのと対比させて四角の中に三角を浮き上がらせ、視覚だけでなく触覚でも区別ができるようにした(写真6)。これは後述の標準化の項で述べる、JISにおけるボタン形状への言及に先駆けたものだった。

セントレアでは、丁寧なトイレの検討を行う中で、これまで知られていなかった聴覚障害のある人のニーズも明らかになった。聴覚障害のある人は便房内にいることに不安を覚えるというのである。災害等の緊急事態が起こった時、人びとは館内放送等でそれを聞き、あるいはまわりの人からの「逃げろ」という声を聞いたり、また実際に逃げている様子を目にしたりして、自分の行動を決める。ところが聴覚障害のある人が便房に入ると、もとより耳への情報は入らないし、目への情報も壁に遮られて入ってこない。これはこれまで知られていなかったニーズであり、しかも緊急時には人命に直結するものであるため、それへの対策が検討された。そして、緊急警報システムと連動したフラシュランプが各便房の天井に設置された(写真7)。

6. 標準化

現代の日本のトイレは、世界で一番複雑だと言われるほどにさまざまな器具が設置されているが、視覚障害のある人にはこれが大きな困難となる。特に水洗ボタンと非常ボタンの区別がつかないので、ボタン配置の統一が求められ、2007年3月にJIS(日本工業規格)が制定された(文6)。

「図7」にその配置を示す。視覚障害のある人はボタン配置を指で探るが、トイレットペーパーは壁から突出していて見つけやすいので、それを起点とし、その上方に水洗ボタンを配置する。非常ボタンは水洗ボタンと同じ高さで、少し離れたところに置く。そして混乱を防ぐために水洗ボタンと非常ボタンの形状も変えるとよい、というのがこの規定の骨子である。

これによって配置のルールができたことから、視覚障害のある人は歓迎しているが、設計者の多くは、これは車いす対応のトイレへの規定だと勘違いしているようである。車いす使用者は広さが必要であるが、視覚障害のある人は手で把握をするために、広い空間は苦手な場合が多い。したがって、視覚障害のある人は一般便房を使うことが多いので、この配置は車いす対応便房にも一般便房にも適用されるべきものであり、せっかくの規定を有効に活用することが求められる。

7. 羽田空港国際線ターミナルの試み

2010年に開業した羽田空港国際線ターミナル(以下、TIAT)も、当初からUDを標榜しており、セントレアの先例は格好の教科書となった。TIATでは2006年からUD検討委員会を設置し、さまざまな障害のある人や高齢の人、子育て世代の声を反映した検討が行われた。一般便房はセントレアと同様の広いものが採用され、また天井の非常用フラッシュランプも

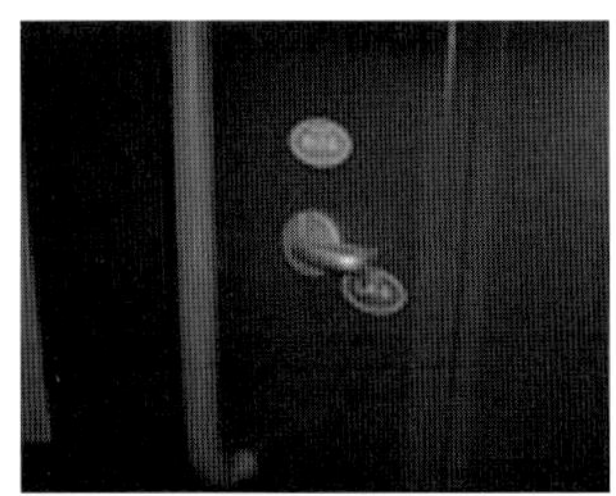

写真5　折れ戸の鍵

写真6　トイレ内の非常ボタン

写真7　天井のフラッシュランプ

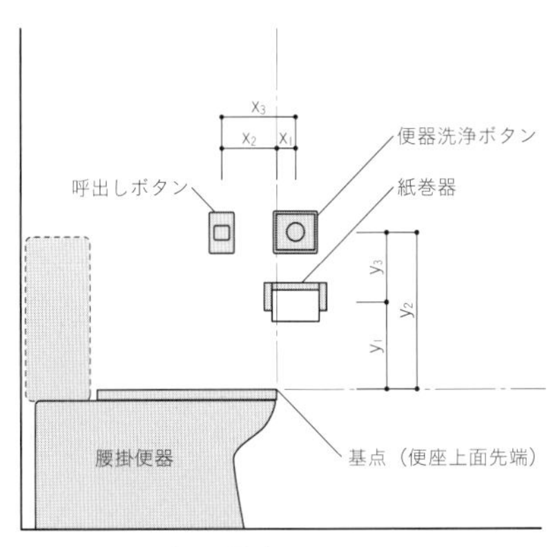

図7　JISのボタン配置

文6 「高齢者・障害者配慮設計指針－公共トイレにおける便房内操作部の形状,色,配置及び器具の配置　JIS S 0026: 2007」日本工業標準調査会、2007年3月20日制定

踏襲された。

「写真8」の左がセントレア、右がTIATであるが、TIATでは便器と背後の壁のコントラストを強調している。これはロービジョン者が便器位置を見つけやすくする工夫である。

また、「写真9」においても左がセントレア、右がTIATであるが、セントレアではドアが開いているときと閉まっているときで、色彩的な変化はない。TIATでは、閉まるとまわりの間仕切りの色と同じだが、開くとはっきりと色彩に変化が出て、空室がよくわかるように工夫されている。

またTIATでは長時間のフライトに備えて、補助犬用トイレを空港ビル1階に設けている。こちらは施錠されていて、すぐ隣の案内所に申し出れば解錠してくれる。

こうしたハード整備と共に、TIATではコンシェルジュと呼ばれる人的サービスのスタッフが多数投入されており、ハードではカバーできない部分の対応を担っている。

UDは、次々と明らかになるニーズに対応していくために、終わりがない取組みだと考えられている。したがって、作ったら終わりではなく、利用の実態やニーズの変化を常に注視し、改善し続ける取組みが必要で、このことを「スパイラルアップ」(図8)と呼ぶ。TIATでは開業以来、2年に1回のペースでこのスパイラルアップの取組みを行ってきており、そこで得られた結果が空港の改善に役立てられている。セントレアとTIATは共にUDを標榜し、どちらも高い評価を受けている空港であるが、スパイラルアップに対するTIATの姿勢は特筆すべきものである。

8. トイレの機能分散

車いす対応の広い便房が結構人気であると述べたが、なぜ広いトイレが好まれるのだろうか。ベビーカーを押す母親が自分の用を足すとき、わが子を便房の外に残すわけにはいかない。子どもだけをだっこして入っても、ベビーカーを外に置きっぱなしならば盗難の心配があるし、折りたたんで中に入れれば相当狭苦しい。どちらにしても母親はだっこして用を足すことになり、これはこれで大変使いづらい。また、高齢の人は、一般トイレに行って腰掛け式便器や手すりを探すよりも、両方が完備していて入口近くにある車いす対応トイレに入ったほうが簡単であるといった、そこを選ぶ理由がある。

広い便房は、こういった安全への不安や、もともとあって潜在していたニーズへの受け皿として人気なのだと考えられる。しかし、すべての機器を車いす対応トイレに集中させると、問題が起こる。多様な機能をトイレ全体に分散させ、利用者が集中しないようにしながら、トイレ全体で多様なニーズを受け止めるべきなのである。

「表1」を見ると、一般トイレで受け持つことができるニーズが多いことに気付かされる。これまではこうしたニーズをすべて車いす対応トイレが引き受けてきたために、利用の集中が起こり、車いす使用者から必要なときに使えないという不満が出るようになった。簡易型多機能便房はこの問題への解決の一助となる可能性を持っているが、設計ガイドライン上では「望ましい整備」であり、期待ほどには普及していない。

そこで、「表1」のようなニーズをトイレ全体で引き受けようという考え方が出てきた。これを「トイレの機能分散」と呼ぶ。具体的には、一般便房に、腰掛式便器を増やす、手すりを設置する、乳幼児用いすや乳幼児用ベッドといった子ども連れの人のための設備を設置するなど、車いす対応トイレへの利用の集中を避けようという考え方である。2017年4月、バリアフリー法の建築物における具体的解説を行っている「高齢者、障害者等の円滑な移動等に配慮した建築設計標準」が改訂されたが、ここでトイレの機能分散が明確に位置づけられたため、この考え方は今後のトイレ整備の一つの柱となるであろう。

セントレア　TIAT
写真8　便器と周辺のコントラストの比較

セントレア　TIAT
写真9　トイレドアの比較

継続的な改善
ものづくり
ものづくり
スパイラルアップ
詳細設計
詳細設計
基本設計
基本設計
事後評価と運営
事業2
事業1
事前検討
事前検討
基本計画
基本計画

図8　スパイラルアップ（文1）

表1　さまざまなニーズとそれへの対応

使い手	ニーズ	対応
高齢の人	腰掛け式便器と手すりが必要	一般トイレに腰掛式便器と手すりを設置
ベビーカー	広いほうがいい	一般ブースを広くする＋オムツ替え台
乳幼児連れ	広いほうがいい	一般ブースを広くする＋オムツ替え台、子ども用いす
視覚障害者	触って把握する人は狭い空間を好む	一般ブースでよい
盲導犬連れ	犬の分だけ広いほうを好むが、むやみに広くては使いづらい	一般ブースを広くする
オムツ替え	オムツ替え台が必要	一般トイレの中に設置

9. 性的マイノリティへの対応

2015年4月に「渋谷区男女平等及び多様性を尊重する社会を推進する条例」が施行され、LGBT(注2)に代表される性的マイノリティに注目が集まるようになったが、この問題とトイレは深く関係する。たとえば身体は男性だが心は女性の場合、男性トイレで用を足すことは大きな苦痛となる。しかし外見は男性に見えるから、女性トイレに入ることは許されない。わが国の場合は、車いす対応の大きなトイレが男女共用のため、ここが身体と心の性が一致しない人の受け皿となりうる場所だった。

しかしながらその広いトイレへの利用の集中が問題視されると、外見上は特に障害があるとは見えない人の利用には厳しい目が注がれることになり、使いづらい雰囲気が強まってきた。身体と心の性が一致しない人の65%が職場や学校のトイレ利用で困る・ストレスを感じると答えており、18%が車いす対応トイレを使っているほか、5%はトイレを我慢している。しかし自由に選べるならば38%の人が車いす対応トイレを使いたいと答えている(文8)ことからも、彼らのトイレニーズが充足されていないことがわかる。

そこで浮上してきたのが、若干広め程度の男女共用トイレである。

このトイレには、障害のある人の側からの必要性もある。発達障害や知的障害等で、車いすは使用していないが排泄行為に介助が必要な人がいる。こういう人が外出する場合は、親などの家族が同行するケースが多いが、しばしば異性介助になるので男女共用トイレが必要である。

こうした人たちのトイレの使いづらさに対し、車いすが入ることは想定しないが、2名程度で使える男女共用トイレが考えられ始めている。

ただ、ここを性的マイノリティの人たちが利用するには、本人がカミングアウトしているかどうかが影響する。カミングアウトしていれば、人からどう思われようとも気にしないという決意があるが、カミングアウトできていない人は、やはりこの共用トイレは人目が気になって使いづらいと思う可能性がある。このトイレが定着していくには、社会全体のジェンダーに対する姿勢に変化が求められることとなる。

10. ここに行けばある、の安心感

わが国は治安がいいので、見知らぬ商業ビルや事務所ビルに入っていってトイレを使うことが比較的容易である。ただ、車いす使用者の立場でいえば、どのビルに車いす対応のトイレがあるかがわからないというのはけっこう深刻な問題である。

トイレに行きたいと感じ、トイレを探し、トイレに行くという行為のためには、トイレに行くまで我慢ができる、その我慢できる時間内(範囲内)に使えるトイレがある、トイレへの移動が可能である、トイレが使える状態である、ということが大前提として必要である。

私たちが自宅とか職場といった慣れた環境にいるときは、この大前提は大した問題ではないが、知らない場所だとトイレのありかがわからないため、深刻さが増してくる。知らない場所でトイレを発見するには、今までの経験と勘が頼りであるが、車いす対応トイレのように一般トイレに比べて絶対数が少ない場合は、より深刻な問題である。かといって、すべての一般トイレに車いす対応の広いトイレが整備されるのはまだまだ先のことになるであろう。

社会にある車いす対応トイレを効率よく利用するには、建物の用途によって、ここに行けばある、という社会的な約束ごとを作ることが有効だと考える。実は現在でも、行政の建物やデパート等の大規模商業施設に行けば、たいていあるのであるが、夜間は閉まっていたりするので、いつでも大丈夫というわけではない。コンビニ、ファミレス、ホテル、ガソリンスタンドなど、スマホ等のナビゲーションで容易に発見でき、長時間営業だったり、数が多かったり、目立つ施設での整備を強化することで、トイレ利用が格段に効率良くなるものと考えている。

まとめ

UDは終わりのない、ゴールの見えない取組みであるが、そこで手がかりとなるのは、これまでより幅広い人に満足してもらえるとか、これまでより多様なニーズに対応できるといった、比較級的な改善であろう。

これまで述べてきたように、わが国のトイレは、病院の車いす使用者への対応から始まって、徐々に街の中に広がり、車いす使用者から高齢の人や子育て中の人たち、そして視覚や聴覚に障害のある人、知的障害や発達障害のある人に対象を広げてきた。

その経緯には、社会の変化を色濃く映しながら、どんどん多様化するニーズに誠実に応えようとしてきた関係者の努力の積み重ねがある。

一方で、視覚障害がある人からの「男女の区別がわからない」という声には、まだ解決策がない。音声案内は騒音の大きいところでの有効性、逆に静寂なところでの騒音、多言語対応の難しさ等の難問を抱えている。

また現代のトイレは、メンテナンス技術の急速な発達により、単に排泄の場としてではなく、より快適でくつろげる場所への変化も目覚ましい。女性をターゲットとした商業施設がトイレに力を入れていることからも、トイレが「はばかり」からよりオープンで好ましい場所へと変化している事がわかる。

わが国のトイレは世界でいちばん発達していると言われるが、それが表面の華やかさだけではなく、一人ひとりの使い手の満足を高めるものであり続ける必要がある。2020東京オリンピック・パラリンピックはわが国のトイレがさらなる発達をめざす大きなきっかけになるであろう。

注2　性のとらえ方には、「身体の性」だけでなく、「性自認」「性的指向」がある。「性自認」とは、自分が自身をどんな性だと思っているか。「性的指向」とは、どんな性の人を好きになるかということ。多数派とは異なる性の捉え方の人たちを性的少数者、性的マイノリティと呼び、最近では略称のLGBTを用いることも多く、人口の7.6%という数字がある(文7)。TはTransgender(トランスジェンダー)の略で、身体的な性と性自認が一致しない人を指す。

文7　「LGBT調査2015」電通ダイバーシティ・ラボ、2015年4月　http://www.dentsu.co.jp/news/release/pdf-cms/2015041-0423.pdf
文8　「性的マイノリティのトイレ問題に関するWEB調査」LIXIL、2016年4月　http://newsrelease.lixil.co.jp/news/2016/020_water_0408_01.html

第1章

トイレ設計の基礎知識

市原の公衆トイレ　設計：藤本壮介建築設計事務所　撮影：IWAN BAAN

トイレ空間　さまざまな関係性を極める、その設計の難しさ

岩﨑克也

大学を卒業して設計の実務に就いて、かれこれ30年近く経つ。
設計事務所に入社当時の3カ月間は、
新人として1箇所に集められ、プロジェクトにつくわけでもなく、
毎週、いろいろなトイレや階段をひたすら実測をして、それを図面化するというところから始まった。
新人が作成したそれぞれのへなちょこな図面を、
林昌二以下、当時の大先輩たちが真剣にレビューをするのである。

この経験は、私にとってとても貴重な体験であり、
今でも私の設計部に新人が配属されるとこのトレーニングを彼らに課している。
「たかがトイレ・されどトイレ」である。
限られたスペースに必要な個数を確保する。簡単なようで難しく、
多くの新人にこのトレーニングを課題とし、
さらに、彼ら自身で考えたトイレの提案を見るだけで、
すでに設計者としての力量とセンスがここに十分に現れるから面白い。

最も身体に近いスケールの寸法の積み上げで構成される空間のひとつがトイレである。
扉の開き方勝手や、見える・見えない。気配を感じる・感じない。
音や光の配慮など、一つの限定された単位空間ではあるものの、
解決すべき課題の密度は濃いのである。

最近では、ユニバーサル・デザインを超えた、
ジェンダーや、国籍の違いによる習慣なども考慮したトイレもできつつある。
また、単なる用を足すための単一性に加えて、
化粧をする・着替えるなどの気分を切り替えるきっかけをトイレに担わせていることも多い。

これらは、建築の平面を考える上でも、その配置のあり方も
30年ほど前とは大きく変わってきている。
どちらかというと隅に追いやられていたトイレ空間が、
商業施設などでは、人の動線の中心に据えたり、
オフィスなどでは外光の入る外周窓際に配置されるように変化してきている。
この背景には、今までの、汚い、臭いといった印象の空間から、
明るく快適な空間へ、そしてトイレ機能の付加と意識が移行している事実がある。

「トイレが納められれば一人前」と言われるように、
トイレ単位空間の寸法体系の知識に加えて、人の心や行為を知ることが基本にある。
さらに、日々進化している衛生設備の原理や換気の仕組みと配慮、
材料の知識や清掃管理、メンテナンスのことを同時に考えて行く必要がある。

これらの、トイレの設計に必要な基本的な知識を、1章として以降のページにまとめた。

トイレの設計プロセス

岩崎克也

建築設計の基本は「一つ一つのものの関係をつくっていくこと」である。
中でもトイレ空間の設計はそれらの関係性が明快に現れてくる。
人間工学に基づいた細やかな寸法体系やちょっとした気配りの設計をすることで，
空間の質が決まってくるのである。
ここでは，学校を事例として，トイレ設計のプロセスに沿って紹介していくことにする。

1.規模計画

- 建物利用人数，稼働率などから，空気調和・衛生工学会等の基準や事例より必要な洗面，便器の数を算出する。

2.ゾーニング・動線計画

- どこからでも使いやすいよう極力等距離になるように，その階の中央もしくは結節点にトイレを配置する。

3.平面・断面計画

- 構造躯体（梁・地中梁）と便器との干渉がないかをチェック。このとき，構造図と重ねて便所のスケッチをすると良い。
- 設備配管竪シャフトまでの横引き排水が可能な水勾配を確保する。
- 入口まわりはトラップを設け，扉なしでも中の様子が見えないようにする。平面図に補助線を引き，廊下から中が見えないことをスケッチで確認する。

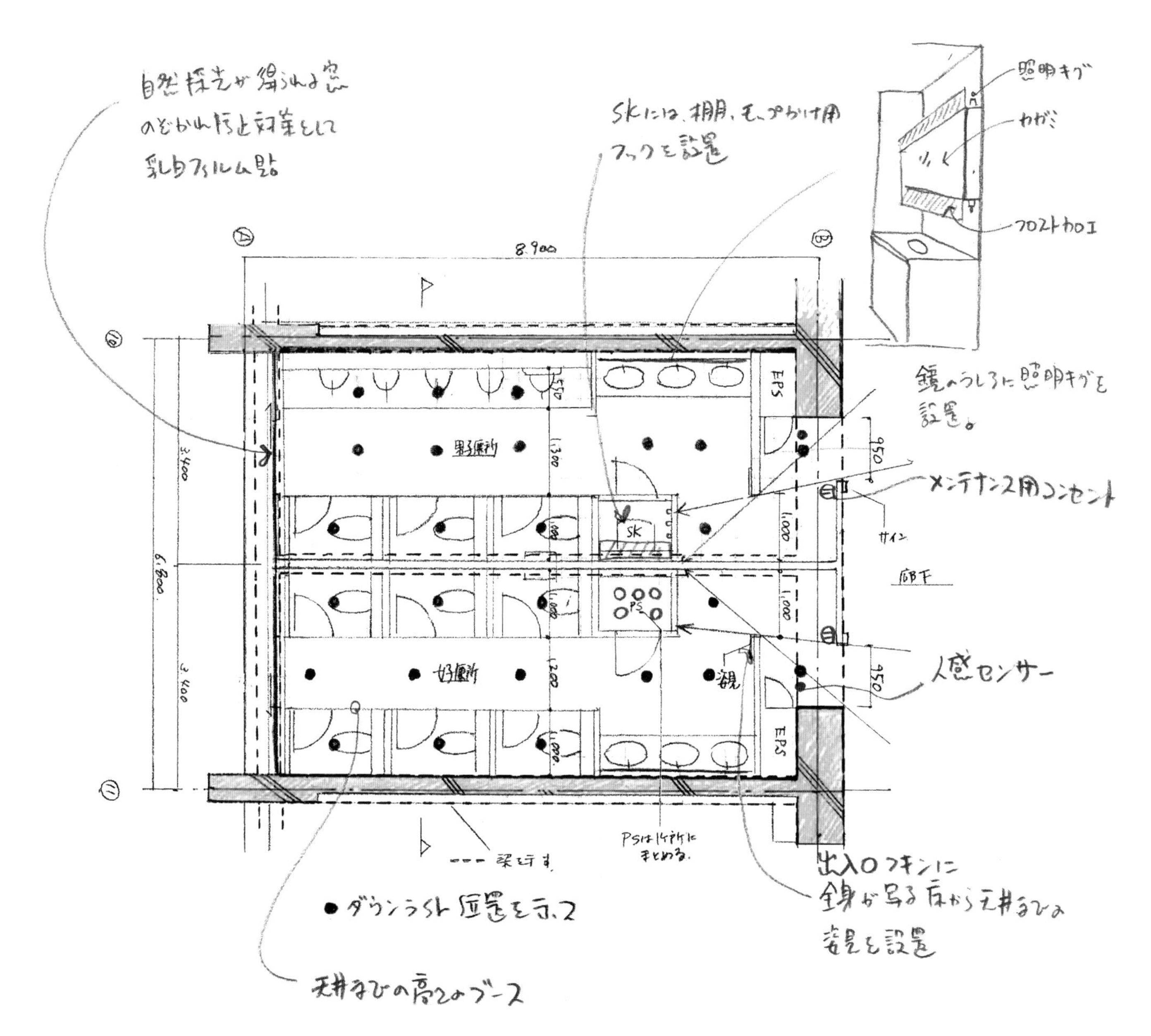

トイレ平面スケッチ。構造，設備，インテリアなどと合わせてトイレを計画する

4. モジュール・寸法計画

- 各寸法を適切に確保する。
  洗面器：隣の人と肩がぶつからずに手を洗えるかなど　**小便器**：隣の人と干渉せず，行為が行えるか　**トイレブース**：排便，着替えがスムーズにできる寸法を確保。
- 小さな子どもが利用する建物では，便器の寸法などはメーカーのカタログを鵜呑みにせず，クライアントと確認を行う。
- 子ども2歳児用は，メーカーが推奨する幼児用便器では体が届かないので，保育園の設計では大人用の床置きタイプで対応するなど，注意が必要である。
- 床・壁の仕上げがタイルや石の場合は，それらの目地に合わせてブースを割り付ける。

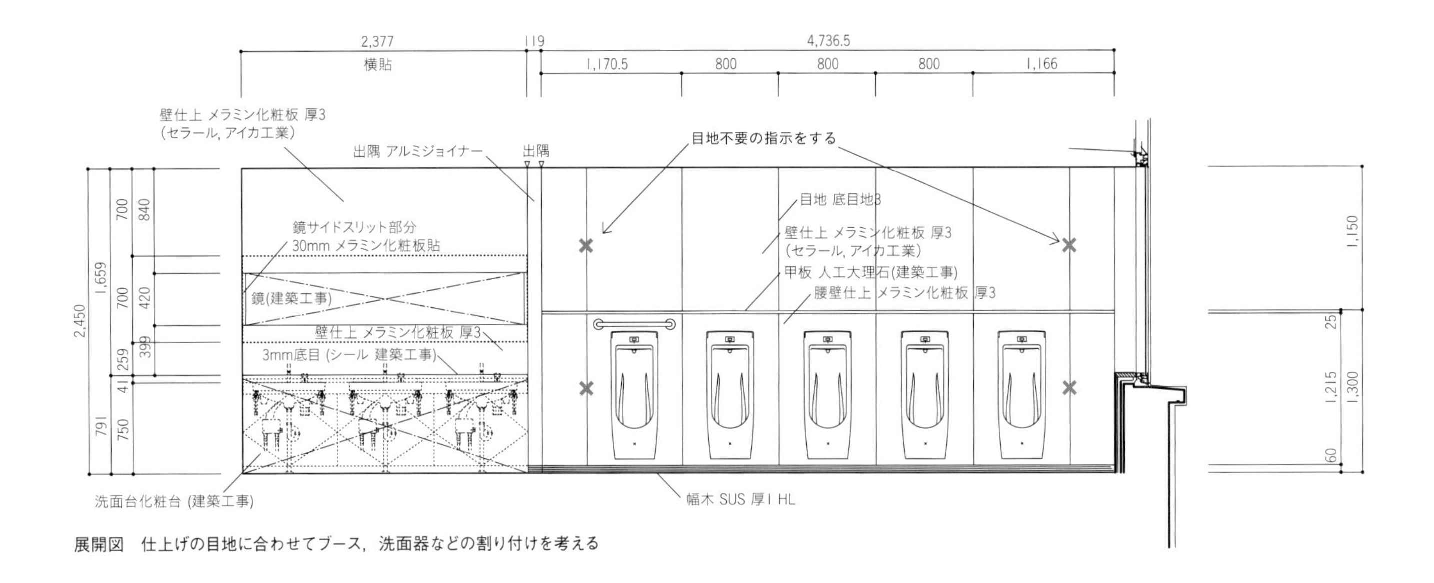

展開図　仕上げの目地に合わせてブース，洗面器などの割り付けを考える

5. 性能計画

- 換気回数・照度などを設定し，クライアントに確認する。換気回数は15回／h程度を目安とする。

6. 設備・機器選定

- 便器は床置きタイプ、壁掛けタイプを建物用途，清掃面，コスト面から総合的に選択する。
  壁掛けタイプの場合は壁やライニング部分に補強が必要となる。
- 洋便器と和便器の割合もクライアントとよく打ち合わせる必要がある。
  お年寄りの多い公共建築などは，和便器を1カ所以上要望されることもある。
- 温水洗浄便座や擬音装置の設置などもクライアントとの打合せが必要。
  設置しない場合でも電源などを用意し、将来的に対応できるようにしておくとよい。

7. 付帯装備・インテリア計画

- 仕上げ材料，ラッチなどのブース内の金物を選択し，実施設計図書にスペックを盛り込み発注図としてまとめる。

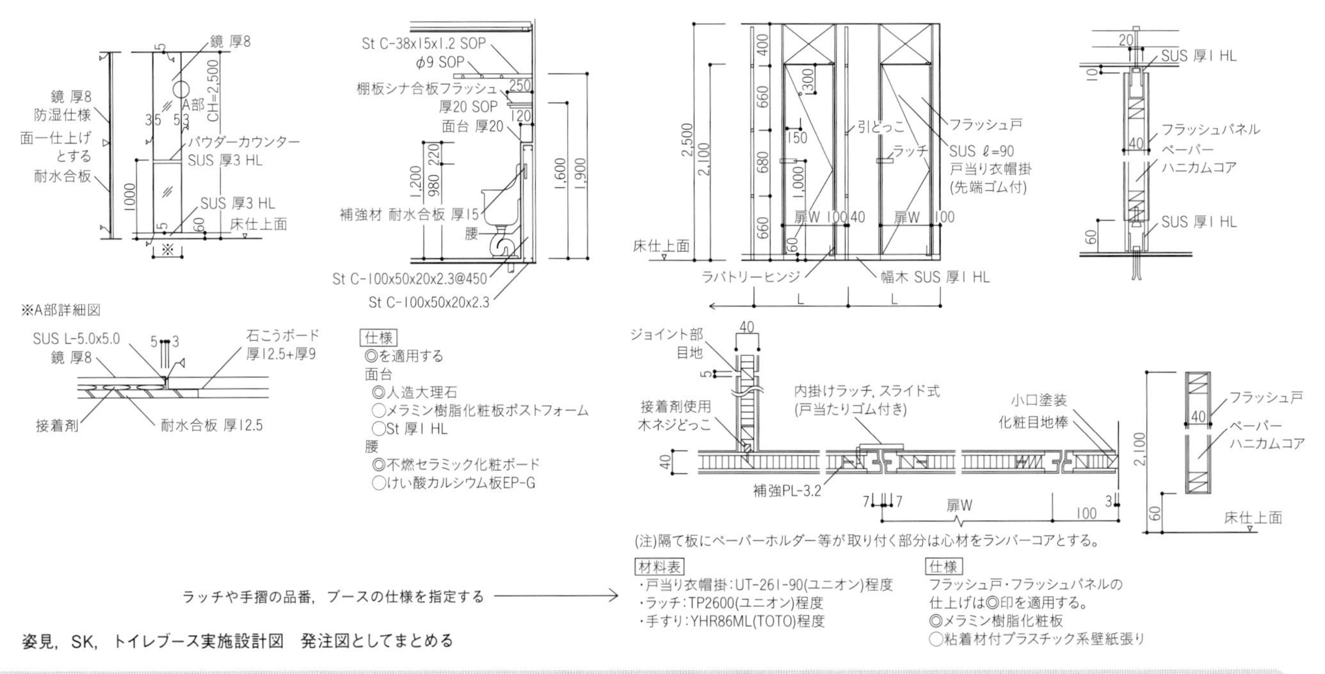

姿見，SK，トイレブース実施設計図　発注図としてまとめる

8. 施工図の検討・カラースキーム

- 工事段階では，設計意図が施工図にきちんと反映されているかをチェックする。
- 工事の初期段階で仕上げ材料，色などのカラースキームをクライアントに説明し，了解をもらう。
  工事の手戻りがないようにマネジメントを行うこと。

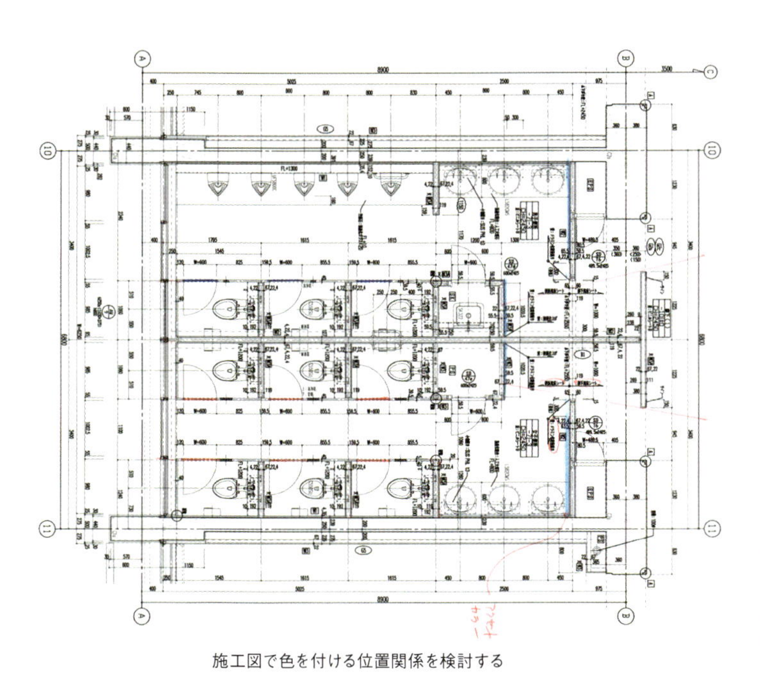

施工図で色を付ける位置関係を検討する

スケッチに色付けして配色を決定

プレゼンテーション用ボードの作成

サンプル帳から指定色を選ぶ
（資料提供：アイカ工業）

9. 保守管理計画

- 材料の特性に合わせたメンテナンスの方法を整理し，竣工引渡し時に保守管理計画の中に書面として盛り込み，
  いつまでもきれいに使われるよう配慮を行う。

（3点とも撮影：クドウフォト　許斐信一郎）

施　工　段　階

トイレの標準寸法

田名網雅人

トイレ空間の設計における標準的な寸法体系をまとめた。
多機能トイレからの機能分散を目的とする広めブース，およびプライバシー配慮の観点からニーズの高まりつつある，
小便器の間に仕切りを設けた半個室型小便器など，新しい動向における標準寸法も加えている。
特に多機能トイレにおいては，バリアフリーとユニバーサル・デザインの観点から
車椅子利用者が利用可能なトイレに子ども連れ等の設備が付加されることが多くなった。
一方で，多機能トイレしか使えないオストメイト使用者等は長時間滞在を必要とするため，
本来意図していた子ども連れや車椅子使用者への広い利用が実現できていないという問題が顕在化してきている。
本稿では必要なときに多機能トイレを使用できない問題を解消しようとする試みの一つとして，
通常の男女トイレの一角に機能分散型の広めブースを設置するという動きも反映している。

トイレ空間の標準計画　1/60

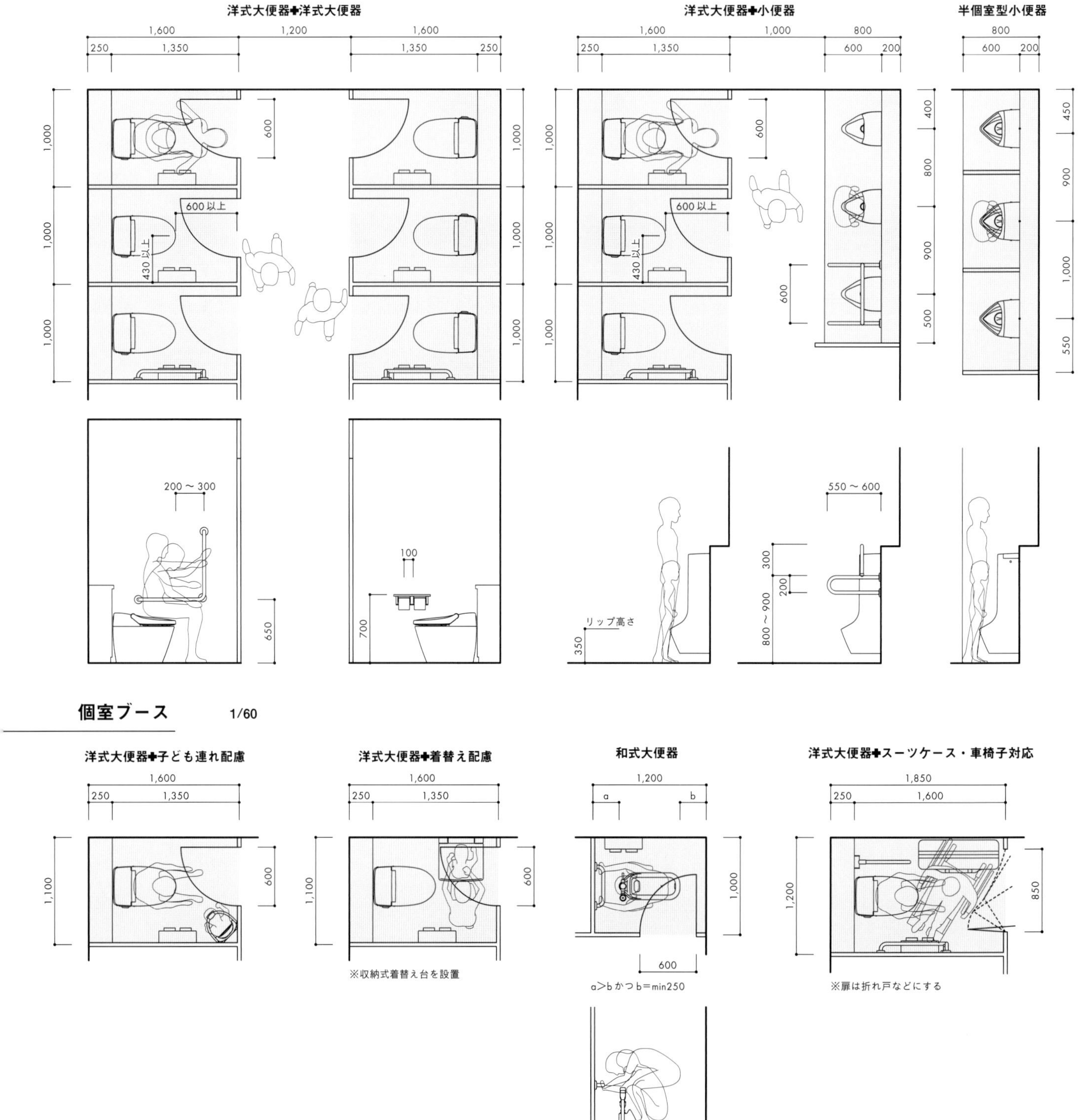

多機能トイレ　1/50

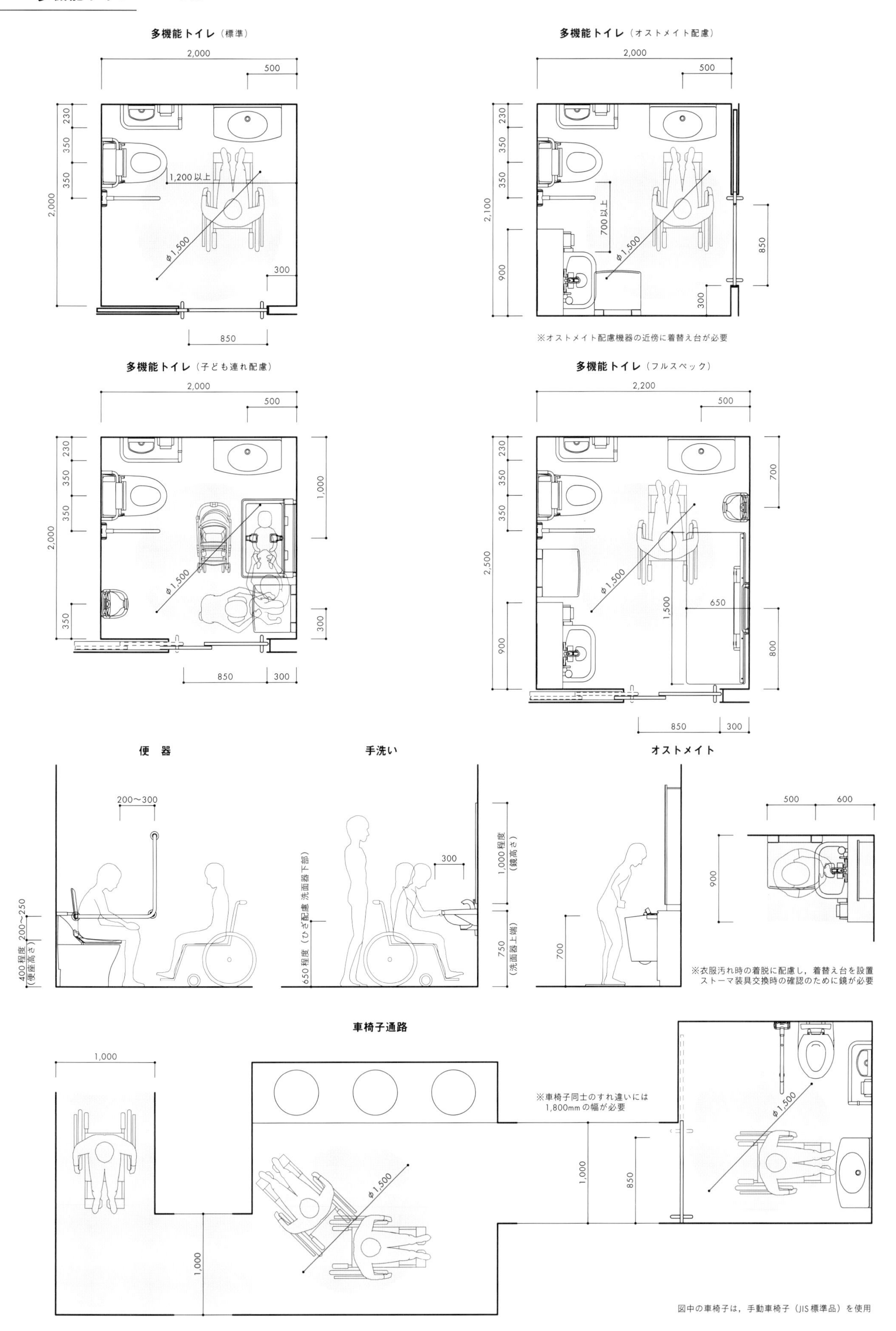

多機能トイレ（標準）
2,000
500
230
350
350
2,000
1,200 以上
φ1,500
300
850
多機能トイレ（オストメイト配慮）
2,000
500
230
350
350
2,100
700以上
φ1,500
900
850
300
※オストメイト配慮機器の近傍に着替え台が必要
多機能トイレ（子ども連れ配慮）
2,000
500
230
350
350
2,000
1,000
φ1,500
350
300
850
300
多機能トイレ（フルスペック）
2,200
500
230
350
350
2,500
700
φ1,500
1,500
650
900
800
850
300
便　器
200〜300
400程度（便座高さ）
200〜250
手洗い
300
650程度（ひざ配慮 洗面器下部）
1,000程度（鏡高さ）
750（洗面器上端）
オストメイト
700
500
600
900
※衣服汚れ時の着脱に配慮し，着替え台を設置
ストーマ装具交換時の確認のために鏡が必要
車椅子通路
1,000
1,000
φ1,500
※車椅子同士のすれ違いには
1,800mmの幅が必要
1,000
850
φ1,500
図中の車椅子は，手動車椅子（JIS 標準品）を使用

広めブース　1/50

子ども連れ配慮（連立配置）

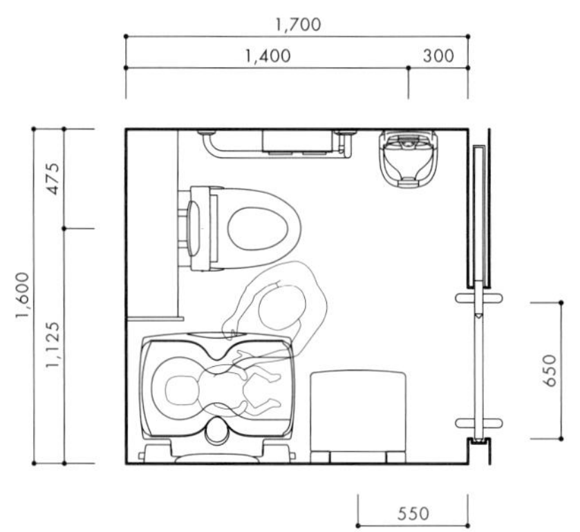

※ベビーカーを持ち込めるスペースを確保

オストメイト配慮（連立配置）

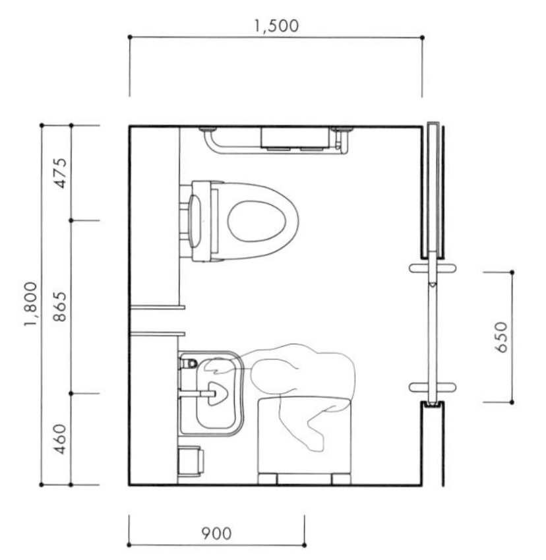

※オストメイトパックと着替え用のチェンジングボードを設置

子ども連れ配慮（突き当り配置）

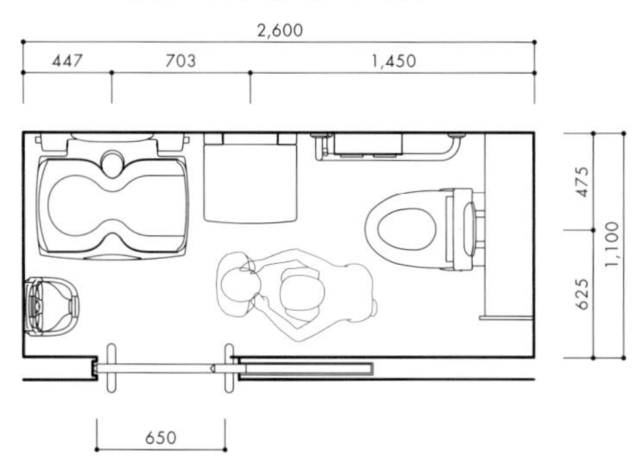

※ベビーカーを持ち込めるスペースを確保

オストメイト配慮（突き当り配置）

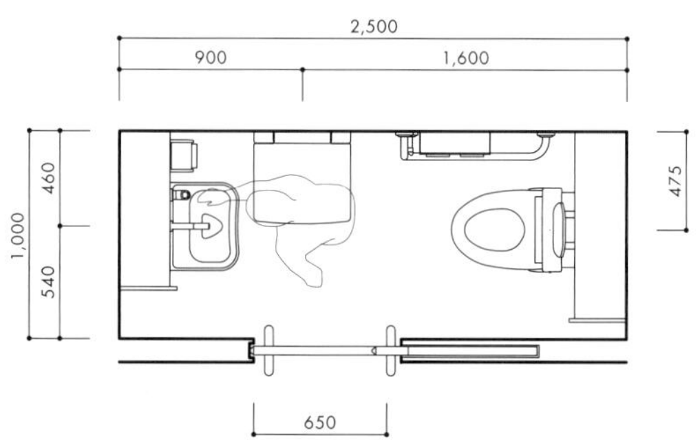

※オストメイトパックと着替え用のチェンジングボードを設置

簡易型機能（車椅子配慮）

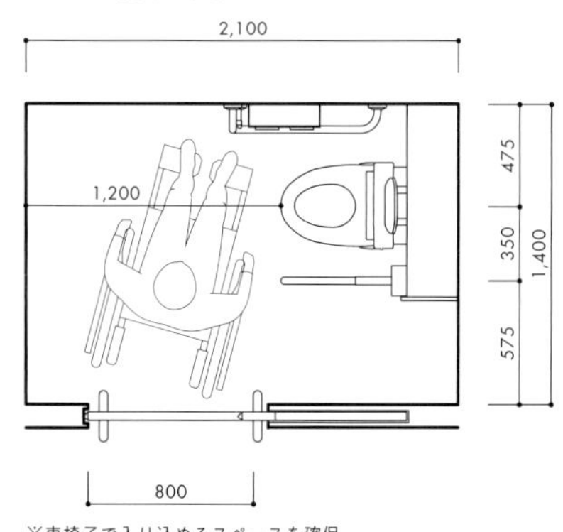

※車椅子で入り込めるスペースを確保

※「高齢者・障害者等の円滑な移動等に配慮した『建築設計基準（2012年改訂版）』の「簡易型機能を備えた便房」を想定したプラン

広めブース配置例　1/150

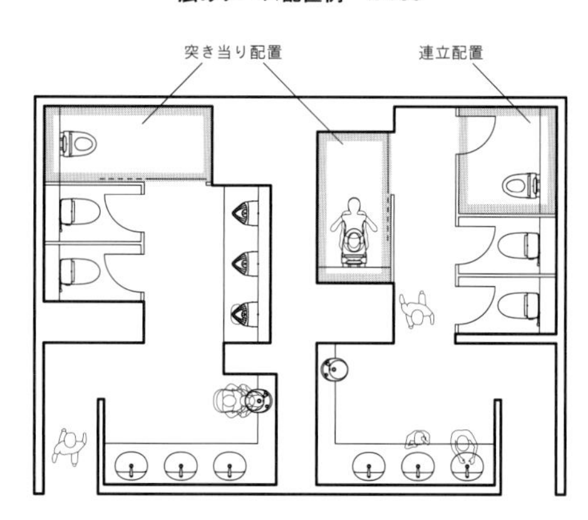

洗面コーナー　1/60

洗面コーナー（標準）

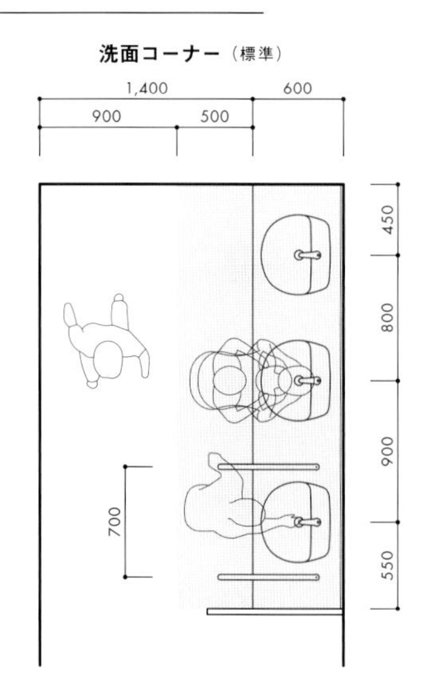

洗面コーナー（ハンドドライヤー設置）

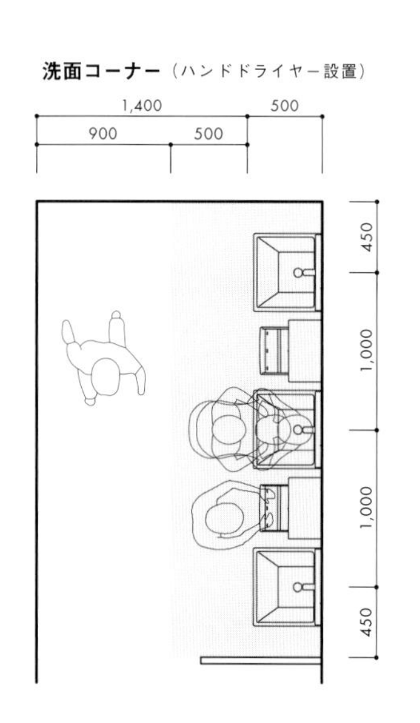

あふれ面高さ（H）	一般施設		オフィス	
		子ども配慮	男性	女性
	750mm	550mm	800〜860mm	800〜840mm

H　900　H

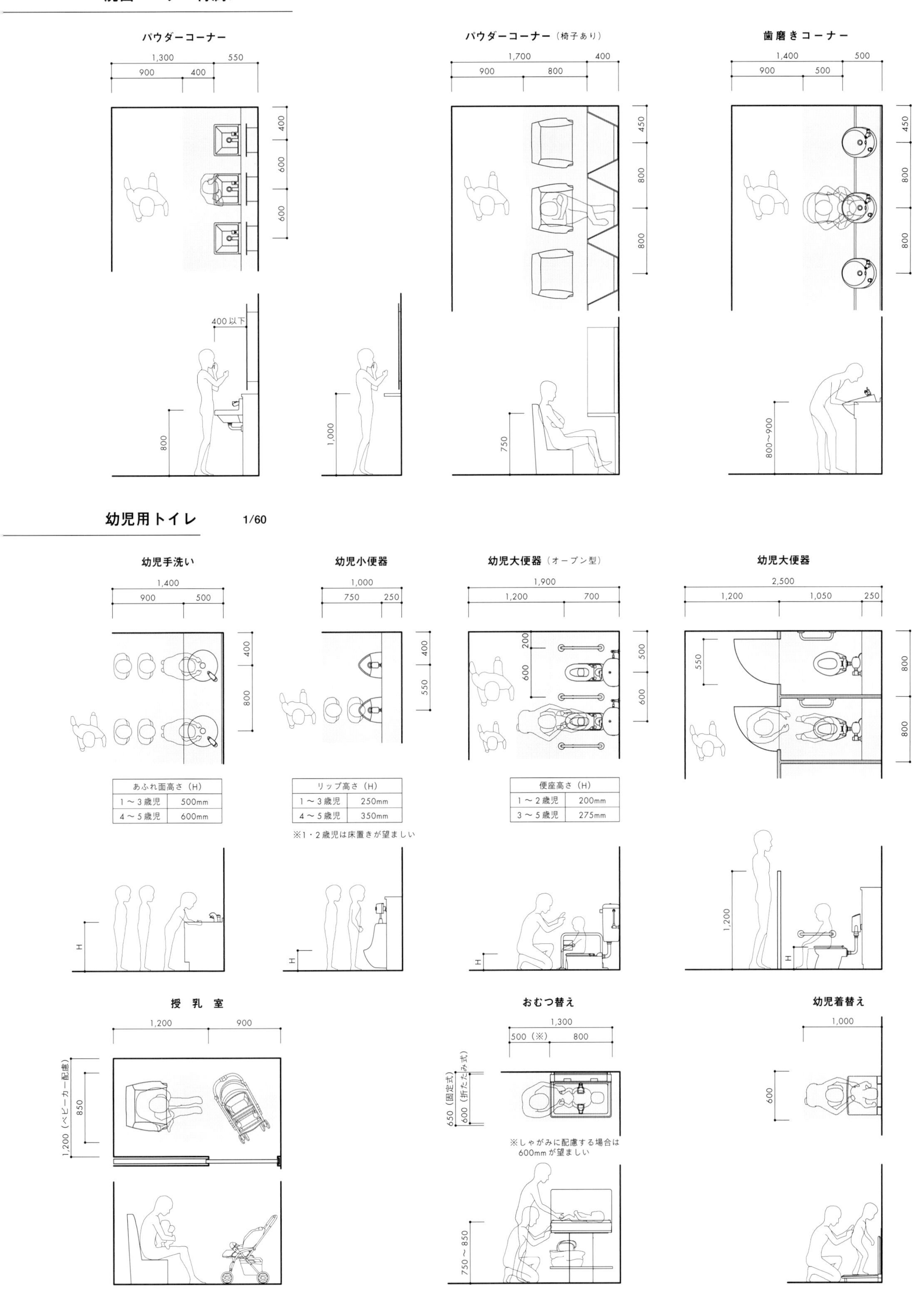

あふれ面高さ（H）	
1〜3歳児	500mm
4〜5歳児	600mm

リップ高さ（H）	
1〜3歳児	250mm
4〜5歳児	350mm

便座高さ（H）	
1〜2歳児	200mm
3〜5歳児	275mm

オフィスプランとトイレの関係

田名網雅人

日本初の高層ビルである霞が関ビルから，現在の超高層オフィスビルまでの基準階平面図を年代に沿い並べたものである。コア内のトイレの配置計画は，1980年代までは構造的に安定したセンターコアが主流のため，トイレも必然的に中央部に位置している。1990年以降になり構造解析や建築技術の進歩により，片寄せコア，分散コアの計画が可能になると，トイレも建物の外周部に配置されるようになり，自然光を取り入れた開放的なトイレが計画されている。

トイレ位置　基準階平面 1/1,000

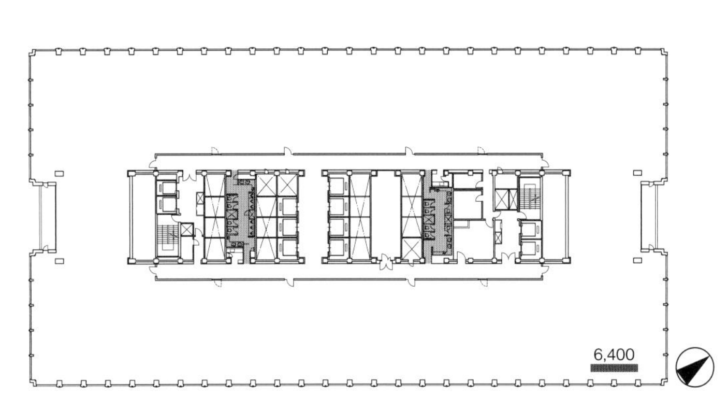

霞が関ビル（1968）

設計／山下寿郎設計事務所　規模／地上36階，地下3階　高さ／147m
基準階面積／3,505㎡　延床面積／165,632㎡

1963年の建築基準法改正で高さ31m制限が撤廃されたことにより誕生した国内初の超高層ビル。長方形平面にセンターコア方式を組み合わせ，コア内に設けたトイレは，バンク分けされたエレベータロビーを利用し，両側からアクセス可能なものとして動線計画の合理化が図られている。

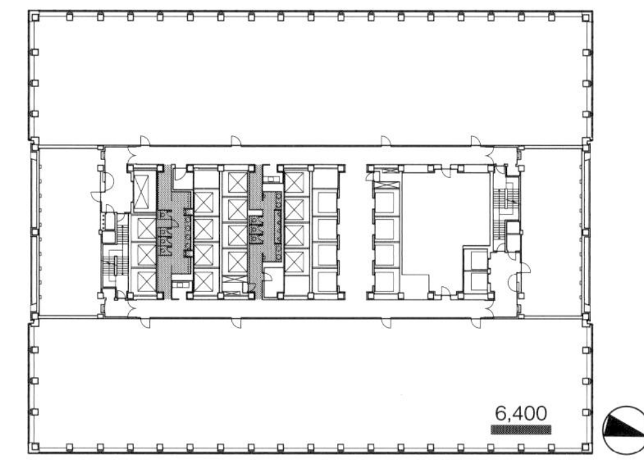

新宿三井ビルディング（1974）

設計／日本設計　規模／地上55階，地下3階　高さ／223m
基準階面積／2,689㎡　延床面積／179,671㎡

新宿副都心計画（1960）の事業化により誕生した西新宿超高層ビル群の一角を成す。更新対応のためセンターコア両端に設けられた設備コアにより，オフィスがコアをサンドイッチする貫通コア形式となっている。トイレは霞が関ビルを踏襲したレイアウトとなっている。

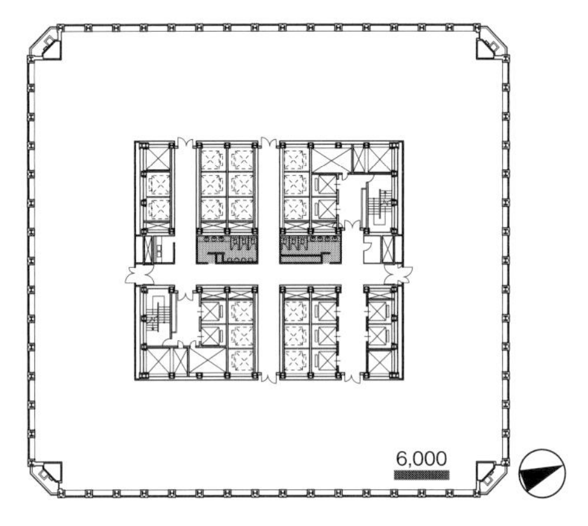

世界貿易センタービル（1970）

設計／日建設計　規模／地上40階，地下3階　高さ／152m
基準階面積／2,458㎡　延床面積／153,841㎡

霞が関ビルに続く，国内2番目の超高層ビル。正方形平面の中心に据えられたコアに，四方にアクセス可能な中央廊下を設けたコンパクトな平面形状。トイレも全方位から利用しやすいよう，廊下の交差部となる中央付近に配置されている。

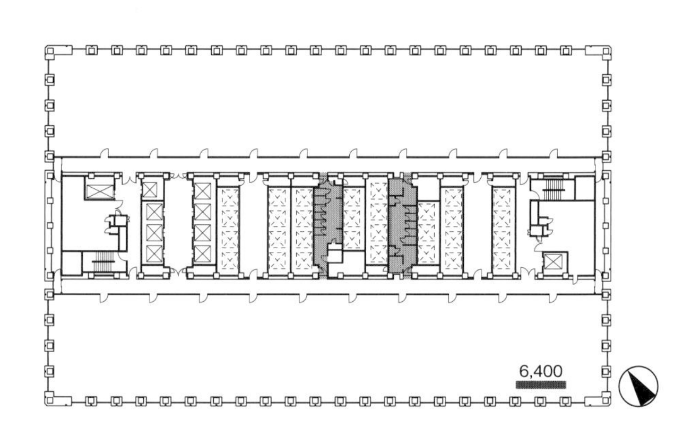

サンシャイン 60（1978）

設計／三菱地所設計　規模／地上60階，地下4階　高さ／239m
基準階面積／3,159㎡　延床面積／190,595㎡

新宿・渋谷と並ぶ副都心池袋のランドマークであり，国内最大規模の一体型複合都市施設サンシャインシティのオフィス棟。貫通コア両端には避難バルコニーを設け，コア外の避難経路を確保して防災性に配慮されている。トイレはエレベータバンクを利用した形式。

公共交通機関

バリアフリー
日本の流れ

福祉のまちづくりの先がけ
1974「町田市の建築物等に関する福祉環境整備要綱」施行

バリアフリー
世界の流れ

1960 第１回パラリンピック（ローマ）

建築基準法
●関係法令の流れ

1970 高さ制限（居住地域 20m・その他地域 31m以下）を廃止
排煙設備・非常用の照明設備・非常用の進入口等の設置

1979 省エネ法

1960　1970

2000年代以降もこの傾向は続いており，むしろ主流になっている。また，バリアフリー法認定取得による容積緩和が可能となると，こうした流れはますます加速し，BCP（Business Continuity Planning：事業継続計画）や省エネ，トイレの快適性向上も兼ね備えた，ゆとりのあるトイレ計画が増えてきている。近年では，基準階面積3,000㎡以上のオフィスが増加しており，トイレ箇所数は男女1カ所ずつから複数箇所の分散配置となるケースも少なくない。

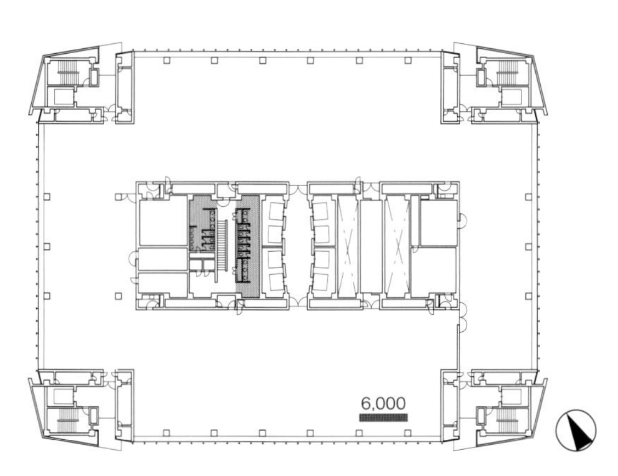

第一勧銀本店ビル（1981）

設計／芦原義信建築設計事務所　規模／地上32階，地下4階　高さ／140m
基準階面積／約2,840㎡　延床面積／135,014㎡

センターコアに加え，避難階段を含むサブコアを四隅に配し，均一な避難動線の確保を図っている。自社ビルのため通路も取り込んだ大部屋形式で，トイレもセンターコア内に設けられた縦動線を含むサービスエリア内に設けられている。

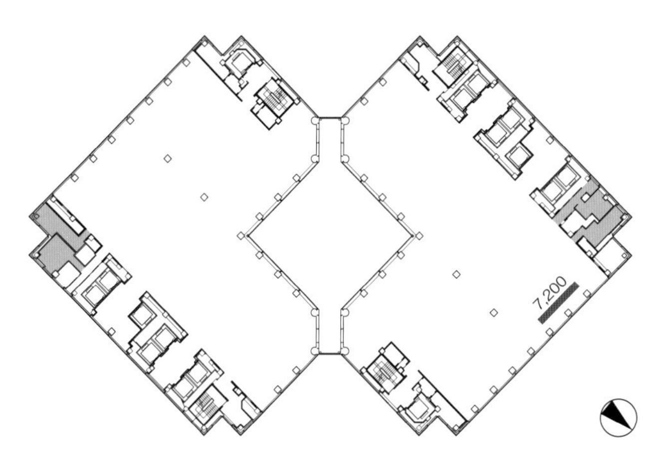

新日鉱ビル（現 虎ノ門ツインビルディング）（1988）

設計／日本設計　規模／地上20階，地下2階　高さ／79m
基準階面積／2,563㎡　延床面積／66,673㎡

当時，アトリウム・アメニティといった概念を取り入れたオフィスビルが次々と誕生していた。中央アトリウムを挟んで，両端コアの2つのオフィススペースを配したツインタワー形式となっており，それぞれのタワー隅角部はトイレ・パントリーエリアとなっている。

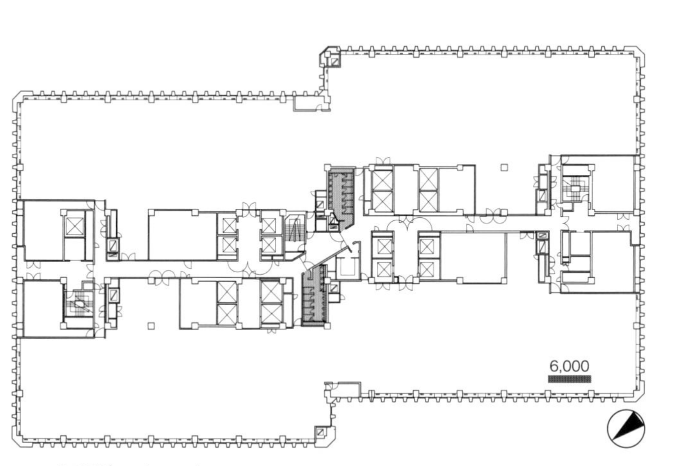

アーク森ビル（1986）

設計／森ビル　規模／地上37階，地下4階　高さ／153m
基準階面積／約3,800㎡　延床面積／181,833㎡（タワー棟）

オフィス，ホテル，住宅，商業など多様な都市機能を集積した大規模再開発事業の一角をなすオフィス棟。長方形平面+貫通コア形式だが，廊下はコア中央部を貫通した形を取りコア効率を高めている。大きなフロアプレートの通路中央部にトイレを設けて歩行距離に配慮している。

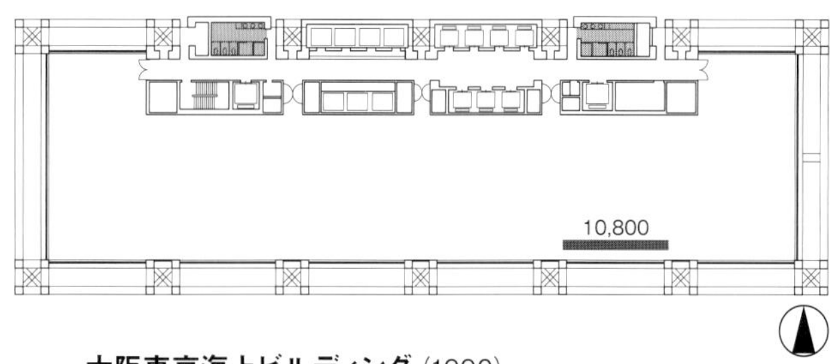

大阪東京海上ビルディング（1990）
（現 大阪東京海上日動ビルディング）

設計／鹿島建設　地上27階，地下3階　高さ／107m
基準階面積／1,810㎡　延床面積／68,838㎡

大阪城公園に隣接し，一大商業拠点を形成する再開発事業「大阪ビジネスパーク」の一角を成すオフィスビル。片寄せ形式となったコア中央部には所々外光が差す廊下が設けられ，外壁側にはトイレやレストルーム等のアメニティゾーンが配されている。

この時期からバリアフリーに関する法制度が活発に

1983 運輸省「公共交通ターミナルにおける身体障害者用施設整備ガイドライン」策定
1994「公共交通ターミナルにおける高齢者・障害者等のための施設整備ガイドライン」策定

1981「官庁営繕における身体障害者等の利用を考慮した設計指針」
1982「身体障害者の利用を配慮した建築設計標準」策定
1987「東京都における福祉のまちづくり整備指針」策定
1994「ハートビル法」制定

1981 国際障害者年
1983「国連・障害者の10年」
1985「ユニバーサルデザイン」提唱（ロナルド・メイス）
1993「アジア太平洋障害者の10年」採択

1981 新耐震規定に移行（応力度，相関変形角，保有水平耐力等の導入）
1987 排煙設備等の設置義務の合理化
1995 耐震改修促進法

1980　1990

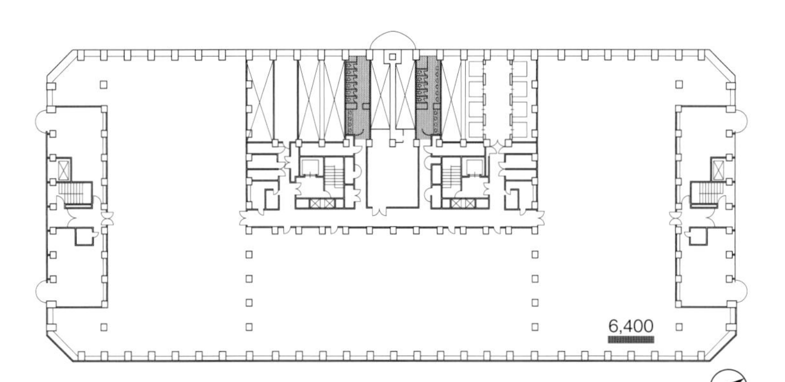

新宿アイランドタワー（1995）

設計／日本設計　規模／地上44階，地下4階　高さ／189m
基準階面積／約3,600㎡　延床面積／205,847㎡（タワー棟）

都庁舎等，淀橋浄水場跡地の超高層ビル街に接し，新宿新都心超高層ビル群を成す大規模再開発のオフィス棟。コンパクトな片寄せコア＋両端コアの分散コア形式により大きなフロアプレートが成立している。コア部エレベータバンクを利用したトイレには外光を取り入れている。

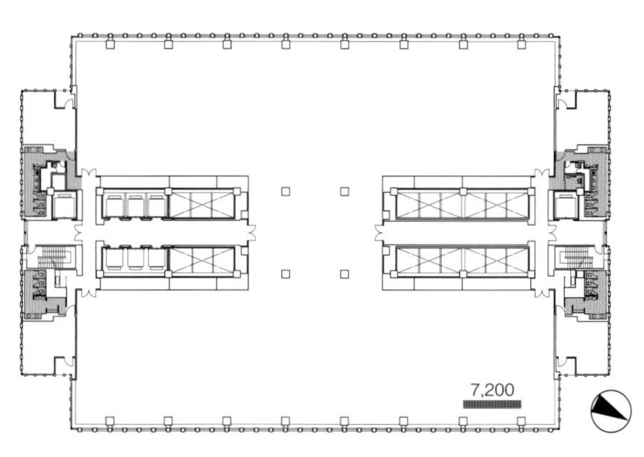

日本橋三井タワー（2005）

設計／日本設計，シーザー・ペリ＆アソシエイツ　規模／地上39階，地下4階
高さ／194m　基準階面積／3,006㎡　延床面積／133,855㎡

日本橋エリア活性化の核として計画され，三井本館(1929)の再生，活用により重要文化財保存型特定街区適用第一号となる。オフィススペースはT形コアを両端に備えた分散コア形式で，両コア外壁面に男女トイレをそれぞれ擁している。バリアフリー法認定を取得。

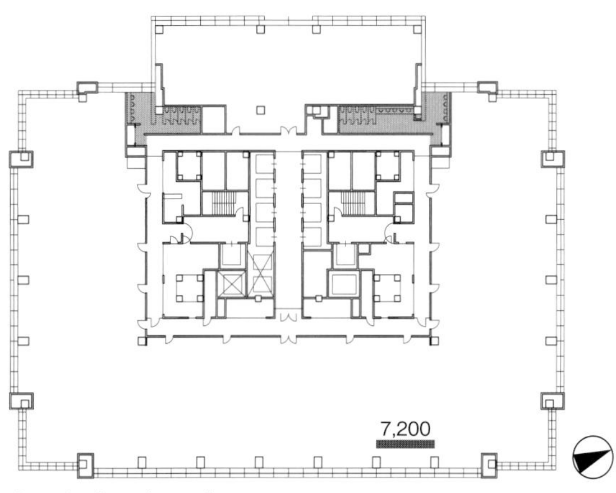

丸ノ内ビルディング（2002）

設計／三菱地所設計　規模／地上37階，地下2階　高さ／180m
基準階面積／3,340㎡　延床面積／159,907㎡

大手町・丸の内・有楽町地区再開発計画のスタートを切り旧丸ビル（1923）を超高層に建て替えた。オフィススペースにコアを挿入した片寄せコア形式。上層でコア北側のエレベータ上部はオフィスとなるが，手洗い・パウダーコーナーは常に外光が入る位置にレイアウトされている。

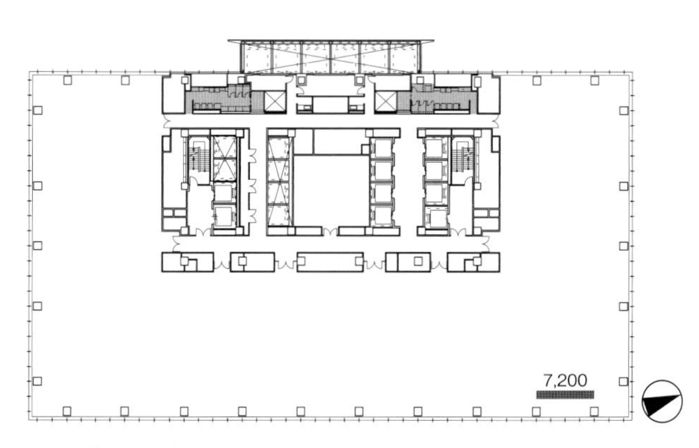

グラントウキョウサウスタワー（2007）

設計／日建設計　規模／地上42階，地下2階　高さ／205m
基準階面積／3,131㎡　延床面積／139,785㎡

東京駅八重洲口周辺の再開発として，東京駅丸の内駅舎との特例容積率適用地区制度を活用したオフィスタワー。ガラスファサードにより外光をふんだんに取り入れた片寄せコアに，高層部では外壁面にトイレ，リフレッシュコーナーを沿わせている。バリアフリー法認定を取得。

旧 運輸省・建設省から国土交通省に再編
公共機関・建築物の統合

2000「交通バリアフリー法」制定

その他の流れ

2011 東日本大震災

1996「東京都福祉のまちづくり条例」制定

2003「ハートビル法」改正

2006「バリアフリー新法」制定

2007
「高齢者，障害者等の円滑な移動等に配慮した建築設計標準」発行

2012 東京都帰宅困難者対策条例

2012
「高齢者，障害者等の円滑な移動等に配慮した建築設計標準」改訂

1998 第１回ユニバーサルデザイン国際会議

2000 性能規定化（非損傷性，遮熱性，遮炎性）
限界耐力計算等のルートを導入

2005 特殊（加圧）排煙の告示

2010 東京都温室効果ガス削減義務
改正省エネ法（実施）

2000

2010

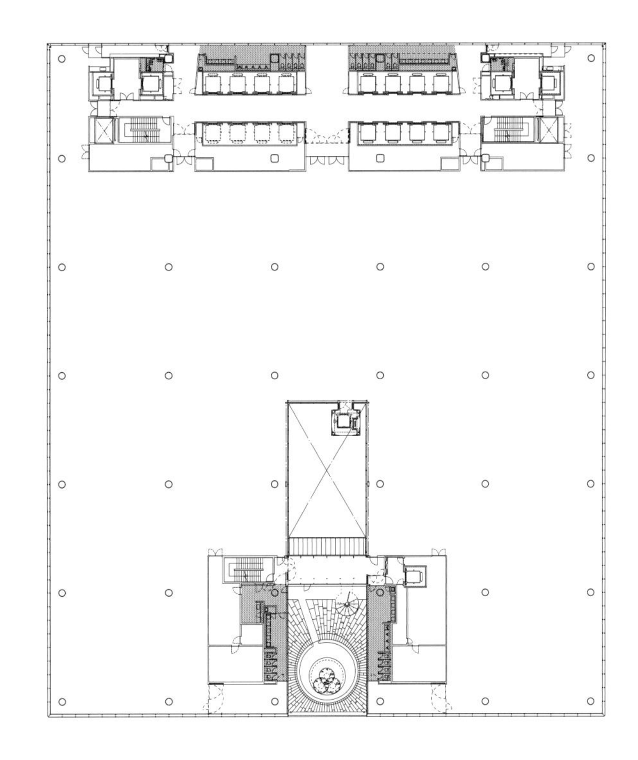

豊洲キュービックガーデン (2011)

設計／清水建設＋梅垣春記　規模／地上14階，地下1階　高さ／75 m　基準階面積／6,229㎡　延床面積／98,805㎡

IHIの造船場跡地を分割したうちの1街区に建てられた，中層大空間オフィスビル。片寄せコア＋分散コア形式を採用。オフィス外周部にトイレ・リフレッシュコーナーを縁側的に配置し，アクティブな執務空間を成立させている。バリアフリー法認定を取得。

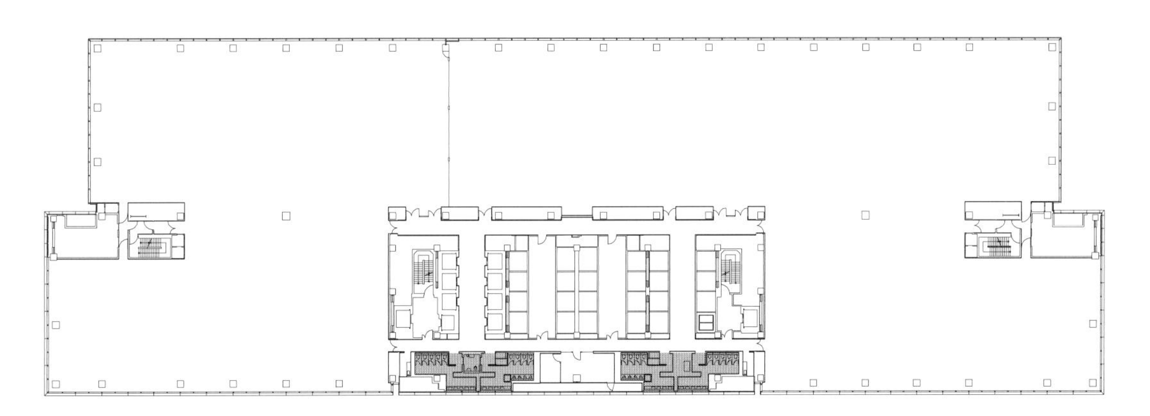

NAKANO CENTRAL PARK SOUTH (2012)

設計／鹿島建設　規模／地上22階，地下1階　高さ／100m　基準階面積／6,292～6,470㎡　延床面積／151,523㎡

JR中野駅北口に広がる警察大学校等跡地の再開発区域に建つ巨大オフィスビル。片寄せコア＋分散コア形式により最大級のフロアプレートと公園への眺望を成立させている。トイレ，リフレッシュコーナーを外壁に沿わせて配置し，自然光を取り込む計画としている。バリアフリー法認定を取得。

2015「渋谷区男女平等及び多様性を尊重する社会を推進する条例」制定（日本初の同性間のパートナーシップを認める条例）

2020 東京オリンピック・パラリンピック

2016「障害者差別解消法」施行

2017「高齢者，障害者等の円滑な移動等に配慮した建築設計標準」改訂

2017 大規模建築物省エネ基準適合義務化

2020

トイレとバリアフリー法

田名網雅人

2006年、国土交通省の発足を機に、
旧建設省の「ハートビル法」と運輸省の「交通バリアフリー法」が統合され
「高齢者、障害者等の移動等の円滑化の促進に関する法律」（通称「バリアフリー法」）が制定された。
この法律の制定により、建築物や公共交通機関、道路、駐車場、都市公園等にもバリアフリー基準への適合が求められるようになった。
改正法では、適合する建築物の用途や対象規模の引き下げ、整備基準の強化などさまざまな拡充が図られており、
都市におけるさらなるバリアフリー化を促進している。
また、国交省では、主に建築主や設計者等にバリアフリー設計の考え方や、優良な設計事例を紹介するためのガイドラインとして、
「高齢者、障害者等の円滑な移動等に配慮した建築設計標準」※を作成している。
ここでは、後述の「建築物移動等円滑化基準」または「建築物移動等円滑化誘導基準」を実際の設計に反映する際に考慮すべき内容や、
建築物のバリアフリーの標準的な内容を図版や設計事例を交えて解説している。
「建築設計標準」はおよそ5年ごとに改訂されており、
2017年3月末には、2020年オリンピック・パラリンピック東京大会での国内外からの来訪者の増大、超高齢化社会を見据え、
宿泊施設での配慮の拡充案、多機能トイレの機能分散案、既存施設の改修の観点などを盛り込むことを目的とした改訂がなされた。
法令や設計ガイドラインを通して時代の流れを捉えたバリアフリーの知見を得ておくことも、トイレを計画する上で重要である。

※国土交通省のホームページに一般公開されており、2017年5月末現在の改訂版は平成29年3月31日発行。

1.バリアフリー法が適用される建築物の用途と規模

バリアフリー法が適用される建築物には、届出の義務の対象となる特別特定建築物と努力義務の対象となる特定建築物の２種類がある。それぞれ対象となる用途・規模が設定されているが、地方公共団体ごとに条例が制定されていたり、対象となる建築物の面積の引下げが行われている可能性があるため、個別での確認が必要である。

特別特定建築物または特定建築物において、「建築物移動等円滑化基準」または「建築物移動等円滑化誘導基準」に適合することが求められている。基準には、出入口、廊下等、スロープ、エレベータ、トイレ、宿泊施設の客室、アプローチ、駐車場等、建築におけるさまざまな部位において、形状や寸法、設備仕様の基準が定められており、これらの一定の基準を満たした建築物の建築主は、地方公共団体の認定を受けることによって、さまざまな支援措置を受けることができる。

特別特定建築物との特定建築物の区分

	対象用途	規模
特別特定建築物	1. 特別支援学校　2. 病院または診療所　3. 劇場、観覧場、映画館または演芸場 4. 集会場または公会堂　5. 展示場　6. 百貨店、マーケットその他の物品販売業を営む店舗 7. ホテルまたは旅館　8. 保健所、税務署その他不特定かつ多数の者が利用する官公署 9. 老人ホーム、福祉ホームその他これらに類するもの （主として高齢者、障害者等が利用するものに限る） 10. 老人福祉センター、児童厚生施設、身体障害者福祉センターその他これらに類するもの 11. 体育館（一般公共の用に供されるものに限る）、 水泳場（一般公共の用に供されるものに限る）もしくはボーリング場または遊技場 12. 博物館、美術館または図書館　13. 公衆浴場　14. 飲食店 15. 理髪店、クリーニング取次店、質屋、貸衣装屋、銀行、その他これらに類するサービス業を営む店舗 16. 車両の停車場または船舶もしくは航空機の発着場を構成する建築物で 旅客の乗降または待合いの用に供するもの 17. 自動車の停留または駐車のための施設（一般公共の用に供されるものに限る） 18. 公衆便所　19. 公共用歩廊	2,000㎡以上の新築、増築、改築、用途変更に義務づけられる（18公衆便所は50㎡以上）。 既存建築物についても、努力義務の対象となる。
特定建築物	20. 学校（1の用途を除く）　21. 卸売市場　22. 事務所（8の用途を除く） 23. 共同住宅、寄宿舎または下宿　24. 保育所等（9の用途を除く） 25. 体育館、水泳場その他これらに類する運動施設（11の用途を除く） 26. キャバレー、料理店、ナイトクラブ、ダンスホール、その他これらに類するもの 27. 自動車教習所または学習塾、華道教室、囲碁教室、その他これらに類するもの 28. 工場　29. 自動車の停留または駐車のための施設（17の用途を除く）	地方公共団体の条例による。

2.トイレに関するバリアフリー法の規定

バリアフリー法の適合認定を受けた事例におけるトイレ設計のチェックポイントを紹介する。
地方公共団体の条例やガイドラインにより詳細な規定が示されており、また時勢に応じて適合の基準点が変更されることもあるため、随時、行政への確認を要する。

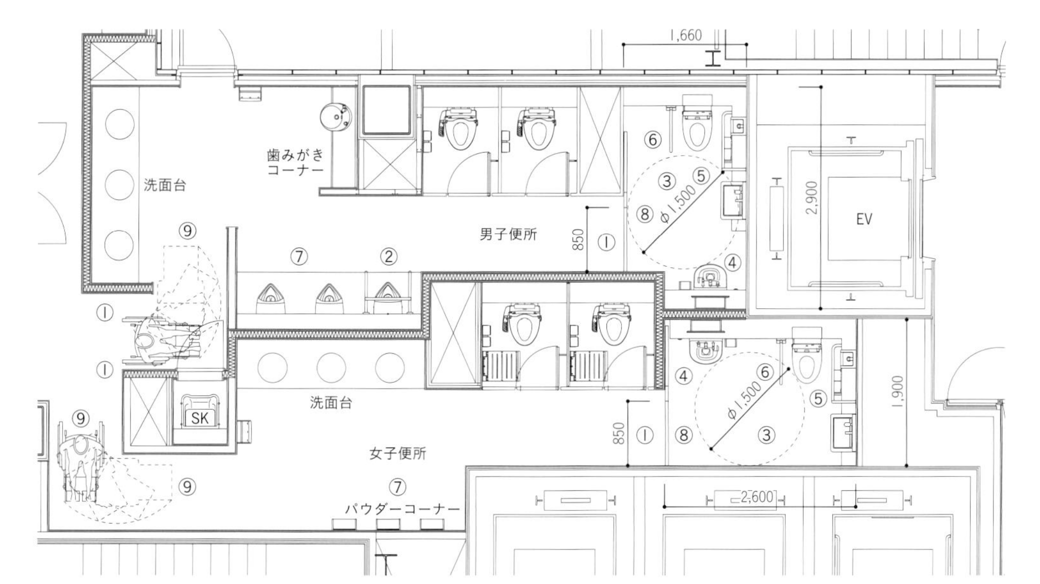

①政令 19 条に基づく標識
JIS 規格 Z8210 に適合する案内サイン
(トイレ，車いす利用者，オストメイト，
ベビーチェア*等対応)
②低リップ型小便器（H=350 以下），手摺
③車いす回転軌跡 φ1,500 の確保
④オストメイト対応
⑤L 型手摺の確保
⑥可動手摺の確保
⑦滑りにくい床材の採用
⑧ブースの扉の有効幅，構造
(開け閉めのしやすさ）への配慮
⑨車いすが通れる通路幅の確保
＊商業施設，公共施設など施設の用途によっては
ベビーチェア，ベビーベッドも必要

S=1 ／ 100

3.バリアフリー法の支援措置

バリアフリー法の適合認定の取得にあたって、建築物や工事現場への立入りの検査（例：竣工時の実寸測定など）や維持保全の状況についての報告が求められることがあるため、地方公共団体ごとの確認が必要となる。この認定を受けることにより、次の支援措置が受けられる。

- 表示制度　• 容積率の緩和　• 税制上の特例措置　• 補助制度

ここでは、表示制度（シンボルマークの表示許可）および容積率の緩和について、簡単に解説する。

シンボルマークの表示

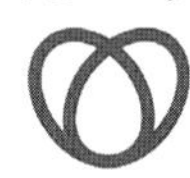

適合認定を受ければ、バリアフリー認定建物であることを示す左のシンボルマークを掲げることができる。
利用者にバリアフリーの建物であるとの認識を広げ、施設の利用を促進する効果が期待できる。

容積率の緩和

建物をバリアフリー化することにより、廊下、トイレは通常よりも広いスペースが必要となるが、適合の認定を受ければ、容積率の算定にあたって通常の床面積を超える部分については不算入とする緩和を受けることができる。
たとえば多目的トイレにおいては、通常のトイレブースの必要面積である 1 ㎡を除いた部分について、容積率の対象面積から除外される。

例図：Mビル

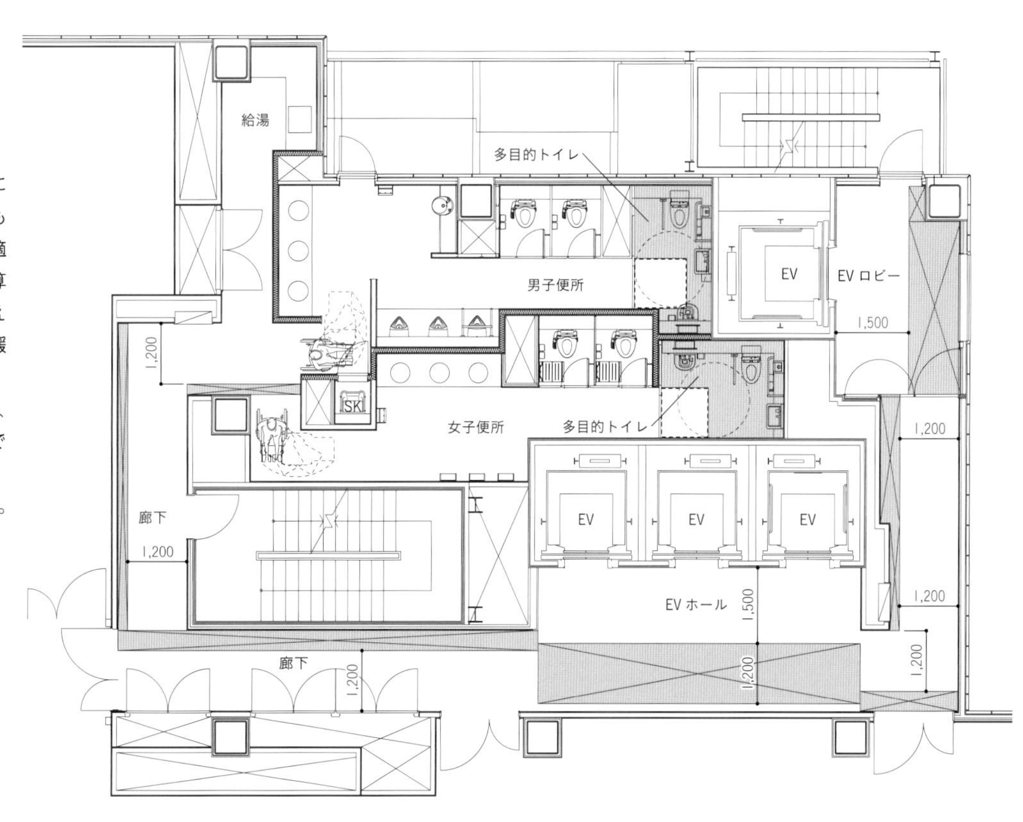

容積率の算定にあたって不算入となる部分

1m² を除いた部分を容積除外

S=1 ／ 150

オフィスの衛生器具数の算定手法

田名網雅人

トイレの面積計画や設置する衛生器具数の算定手法については，
法的制限はもとより，日本建築学会や各種研究会，工学会等でさまざまな研究成果が発表されている。
多様かつ大規模な利用者が絶え間なく行き交う交通施設，さまざまな客層が長時間にわたり滞留する商業施設，
休憩時間や幕間に利用の集中する学校や劇場・競技場など，建物用途や想定利用者，
またその時代におけるニーズに応じてそれら計画手法は多岐にわたっている。
ここではその器具数算定の手法が比較的確立されているオフィス建築をティピカルな例として，
代表的な算定手法を紹介し，各算定手法を重ね合せ図によって比較する。
また，次節において，この重ね合せ図を用いて近年のオフォス建築における設置器具数の傾向について考察する。

手法1 吉武泰水の日本建築学会論文による算定法（第Ⅰ法）

東京大学名誉教授（故）吉武泰水の日本建築学会論文「施設規模の算定について」（1951年）を基礎研究とした衛生器具数算定に関する一連の研究による算定法。

図1は，建築資料集成（日本建築学会編）にも掲載される「所要便器個数について（事務所の場合）」（1952年）による早見表。調査の結果，オフィス，図書館等のようにトイレ利用が特定の時間帯に集中せずに全体にランダムに発生する場合，その発生頻度が確率，統計論のポワソン分布に近似することから，確率，統計論的に個数が算定できるとした。あふれ度（α）をサービスレベルの指標として設定していることから「α法」とも言われる。

図1　オフィスにおける衛生器具の所要数値算定図表（第Ⅰ法：α =1/1000）
（出典：吉武泰水「所要便器個数について（事務所の場合）」「日本建築学会論文集」45号，80頁，1952年12月10日）

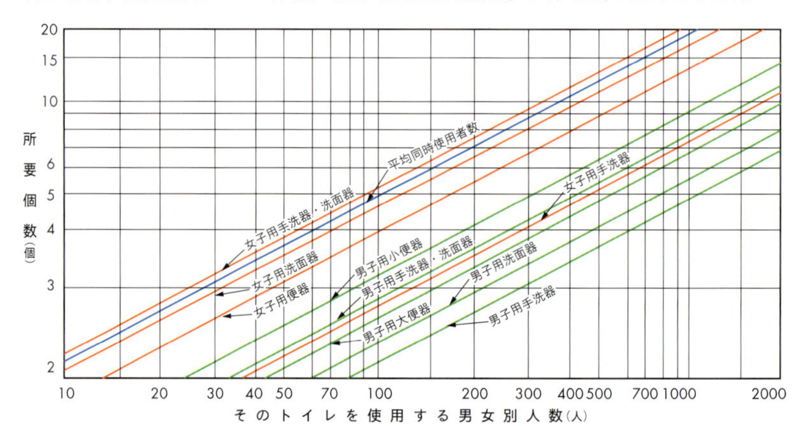

図2　衛生器具の適正個数早見表（図版提供：TOTO）

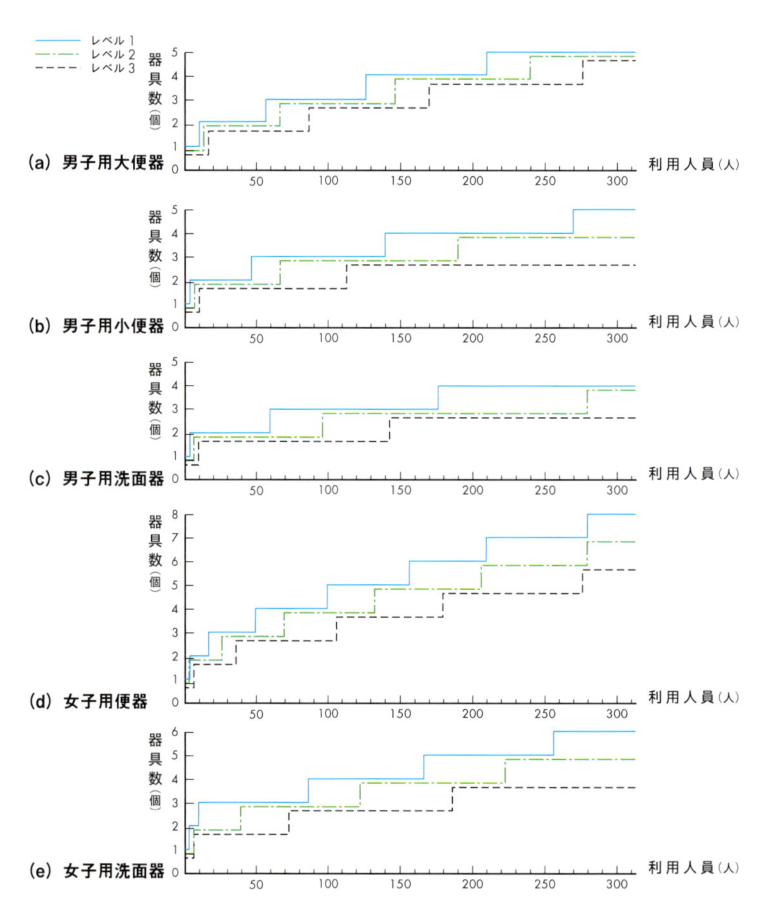

手法2 空気調和・衛生工学会による算定法（SHASE-S 206-2009）

社団法人空気調和・衛生工学会が1977年より適正器具数小委員会を設置し，1983年12月に報告書としてまとめた。前記，建築学会論文「施設規模の算定について」（吉武泰水，1951年）で提示された確率・統計論的算定を基礎に，待ちが発生した場合の利用者の挙動を取り込んだ，いわゆる「待ち行列理論」の考え方を導入したものである。

「手法1」が，利用できない人の発生する確率をサービスレベルの指標としたのに対して，同基準は待ち時間や待ちの発生する確率に対する意識評価調査をベースとしてサービスレベルを設定している〈図2〉。

手法3 事務所衛生基準規則による必要器具数（1972年 労働安全衛生法）

手法というより，法的要件である。労働安全衛生法では事務所衛生基準規則を定めてお

り，これに違反すると，6カ月以下の懲役または50万円以下の罰金に処せられる。

規則では，男子用大便器は60人あたり1個，男子用小便器は30人あたり1個，女子用便器は20人あたり1個と定めており〈図3〉，手洗については規制していない。対象は「同時に就業する労働者数」であり，建物全体で算定すべきものである。

図3　事務所・工場の必要衛生器具数

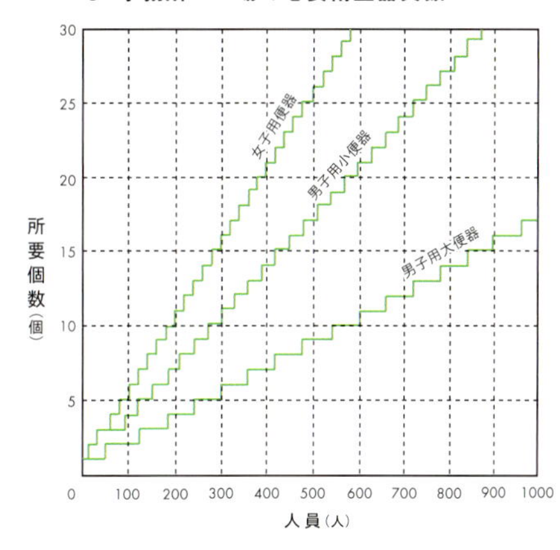

算定手法1～3の比較

現在一般に利用されている空気調和・衛生工学会の算定図が，他の手法との関係においてどのような位置づけとなるか，重ね合せ図を用いて比較した。

空気調和・衛生工学会〈手法2〉における“事務所”算定図は，利用人員300人までとなっており，1983年12月以降，算定方法は更新されておらず，現在もそれ以上の大規模なオフィスには対応していない状況となっている。

そこで，理論上は利用人員が何人でも算定することが可能な前述の手法1（※1）と手法3について，大規模オフィスの器具数算定の参考となるように利用人員を500人までとしてグラフ化し（※2），空気調和・衛生工学会〈手法2〉のレベル1の算定図に重ね合わせた。

重ね合せ図〈図4〉において，手法1（吉武泰水）の第Ⅰ法のグラフは，比較的手法2（空気調和・衛生工学会）のレベル1に近い図となり，同じ利用人員に対して同じ器具数となる場合も多いことがわかった。

女子用洗面器の器具数〈図4(e)〉については，手法1と手法2の間で差があり，手法1（吉武泰水）の器具数が，手法2（空気調和・衛生工学会）を上回る傾向が見られた。

手法3（事務所衛生基準規則）は，利用人員100人程度までは手法1，2に近い器具数となるが，男子用小便器では90人，女子用便器では80人を超えるあたりから手法1，2より多くの器具数が求められる結果となった。大規模オフィスを計画する際には注意が必要となる。

図4　算定手法1～3の重ね合せ図

(a) 男子用大便器

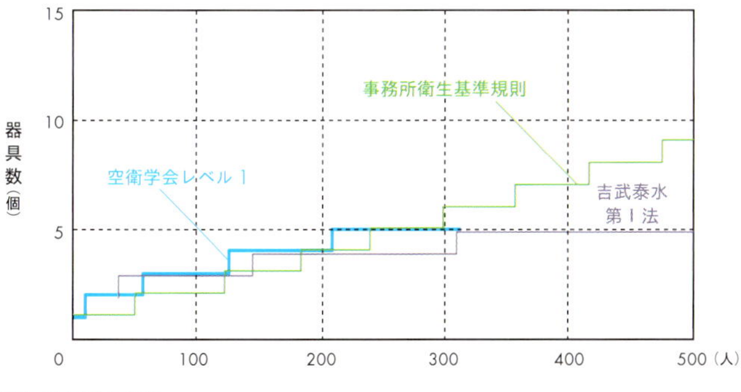

(d) 女子用便器

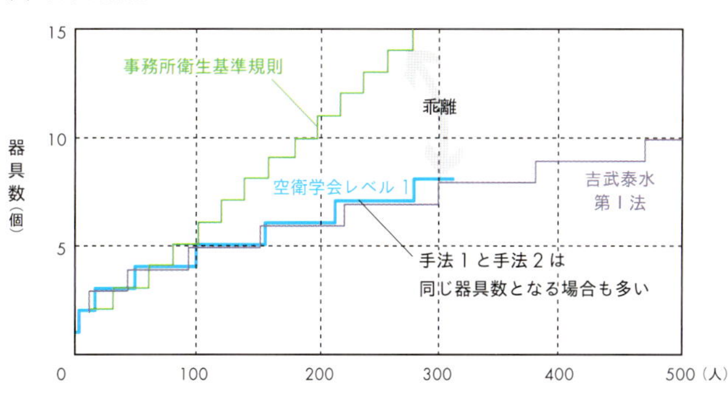

(b) 男子用小便器

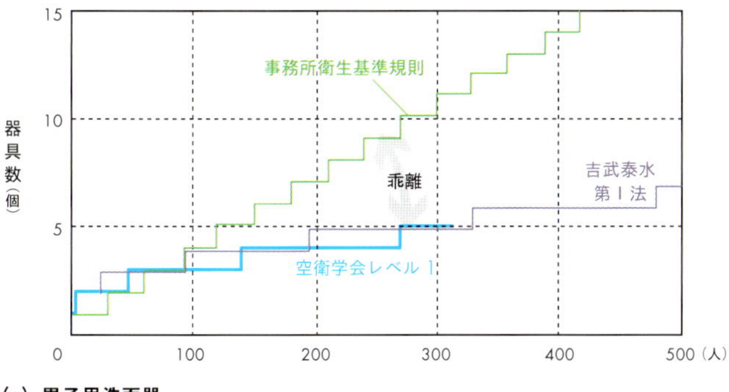

(e) 女子用洗面器

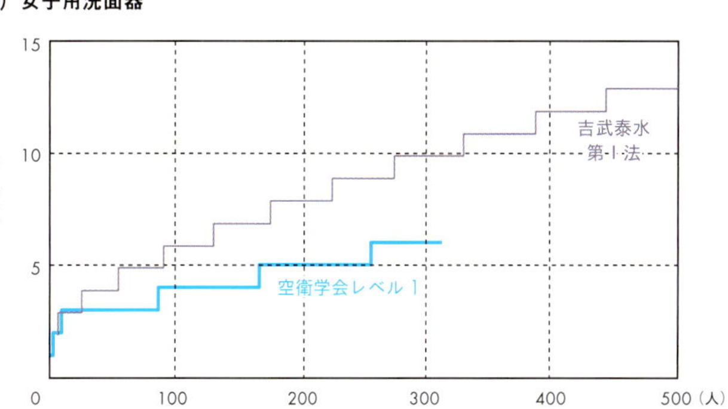

(c) 男子用洗面器

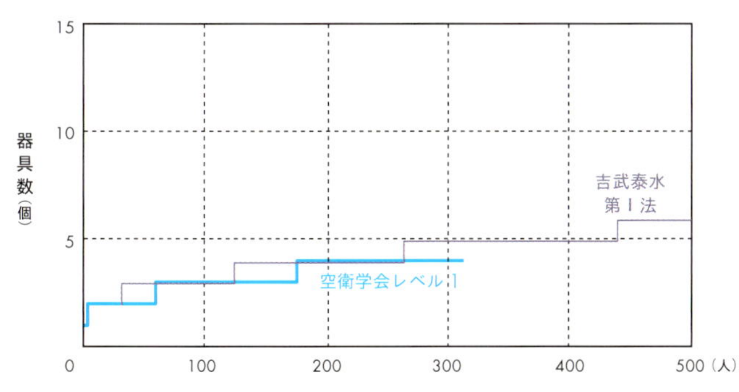

凡例

——	：手法1　吉武泰水による論文　第Ⅰ法
——	：手法2　空気調和・衛生工学会　レベル1
——	：手法3　事務所衛生基準規則

※1　手法1においては，あふれ度αが0.001（1％）未満となる設置個数（n）を算定した。（n）>10ではポアソン分布P（x）はほぼ0となるため，近似的に設置個数nは20までとした。

※2　手法1は，1949年の帝国図書館（2日間），1951年の京橋図書館（1日間），丸の内ビルディング（2日間）の調査に基づき定義されており，現在とはトイレの使い方が変わってきていると考えられる。また，大規模オフィスにおける調査に基づくものではないため，規模による誤差もあると考えられる。

大規模オフィスの衛生器具数の傾向分析 田名網雅人

ここでは，2000年以降に竣工したオフィスビル事例の基準階において，実際に計画された衛生器具数の傾向を分析する。
分析にあたり，下の表1のオフィス事例について，基準階床面積から利用人員を想定することにより，
利用人員と計画された衛生器具数との関係を前述の手法1〜3の重ね合せ図にプロットした。
利用人員の想定については，実際には事例ごとに基準階専有率や人員密度などの条件が異なり，
また，利用人員に余裕を持たせた安全側の設定，男女比のオーバーラップなどを考慮した例もあると考えられる。
今回は，条件の異なる事例の傾向を見ることを目的に，右の「共通想定条件」を設定した。

共通想定条件
基準階専有率：75％
人員密度：0.125人/㎡
男女比：60％：40％

表1 オフィス事例データ

■：トイレ分散配置型の事例

建築名称	面積（㎡） 男性	面積（㎡） 女性	基準階床面積（㎡）	竣工
ラゾーナ川崎東芝ビル	20	22	6,897	2013
	20	22		
豊洲フロント	25	28	6,492	2010
	25	28		
Nakano Central Park South	31	30	6,470	2012
	31	30		
豊洲キュービックガーデン	38	36	6,229	2011
	27	24		
秋葉ＵＤＸ	64	64	5,963	2006
日本HP本社	34	42	5,607	2011
	34	42		
六本木ヒルズ	59	49	5,320	2003
丸の内パークビルディング	54	43	4,809	2009
松下電器産業PAS社本社ビル	21	18	4,717	2008
大手町タワー	36	35	4,531	2014
	36	35		
東京スクエアガーデン	33	30	4,499	2013
JPタワー	32	30	4,489	2012
NBF大崎ビル（旧ソニーシティ大崎）	35	31	4,370	2011
	24	25		
新丸の内ビルディング	36	35	4,340	2007
ワテラス	36	35	4,303	2013
虎の門ヒルズ	48	46	3,991	2014
飯田橋グラン・ブルーム	43	43	3,840	2014
グランフロント大阪 タワーA	32	31	3,765	2013

建築名称	面積（㎡） 男性	面積（㎡） 女性	基準階床面積（㎡）	竣工
梅田阪急ビル	39	43	3,719	2012
中之島フェスティバルタワー	35	35	3,519	2012
グラントウキョウノースタワー（25階）	46	42	3,511	2007
アベノハルカス	39	48	3,481	2014
Nakano Central Park East	33	37	3,479	2012
丸の内永楽ビルディング	48	45	3,374	2012
飯野ビルディング	33	33	3,325	2011
グラントウキョウノースタワー（23階）	33	31	3,131	2007
グラントウキョウノースタワー（24階）	31	31	3,131	2007
丸の内ビルディング	48	36	3,110	2002
大手町フィナンシャルシティ・サウスタワー	36	30	3,105	2012
品川インターシティ	31	35	3,084	1998
渋谷ヒカリエ	34	32	3,038	2012
大手町フィナンシャルシティ・ノースタワー	25	27	3,024	2012
日本橋三井タワー	50	46	3,006	2005
芝浦アイランド　トリトンスクエア	26	24	2,900	2001
泉ガーデンタワー	35	35	2,737	2002
品川シーサイドサウスタワー	20	16	2,672	2004
麻布グリーンテラス	25	25	2,364	2009
リーガルコーポレーション本社	21	15	2,064	2010
鹿島赤坂別館	16	16	1,995	2007
赤坂インターシティ	46	46	1,814	2005
日本橋野村ビルYUITO	28	22	1,788	2010
汐留メディアタワー	23	21	1,724	2003
汐留タワー	33	30	1,700	2003

建築名称	面積（㎡） 男性	面積（㎡） 女性	基準階床面積（㎡）	竣工
室町東三井ビルディングCOREDO室町	24	26	1,610	2010
トヨアドミンスタ芝浦ビル	20	20	1,408	2003
グラスキューブ品川	22	22	1,357	2010
イーストネットビルディング（II期）	20	20	1,354	2010
オリックス赤坂２丁目ビル	15	14	1,230	2004
集英社第二本社ビル	22	21	1,201	2005
青山鹿島ビル	27	23	1,186	2009
イーストネットビルディング（I期）	19	19	1,146	2001
集英社アネックスビル	17	26	1,081	2008
平和不動産東日本橋ビル	18	18	968	2008
赤門通ビル	22	20	950	2010
鹿島本社ビル	19	14	911	2007
インテージ秋葉原ビル	23	16	890	2005
寺岡精工本社オフィス	11	9	882	2005
オリックス品川ビル	18	16	819	2006
安全ビル	12	10	780	2008
積水ハウス九段南ビル	12	10	762	2002
オリックス不動産西新宿ビル	12	11	752	2007
講談社第一別館	14	11	750	2007
不二越ビル	11	9	649	2007
京橋創生館	16	13	618	2008
JAF・KTビル	21	21	588	2005
GINZA SS 85	7	7	247	2009
平河町ビルディング	6	6	211	2003

※各面積については，掲載誌等の図面，データから算定，引用しているため，多少の誤差を含む可能性がある。また，PS,SKは面積に含まない

大規模オフィスのトイレ分散配置型

図1 トイレ分散配置型のイメージ

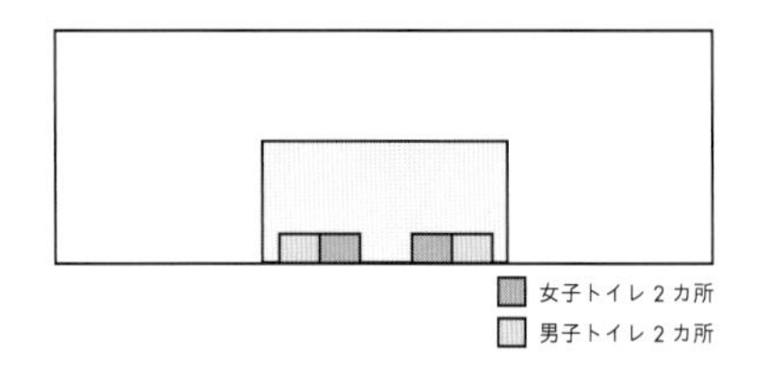

図2 空気調和・衛生工学会レベル１の算定図とトイレを２カ所に分散配置した事例における男子用大便器の関係

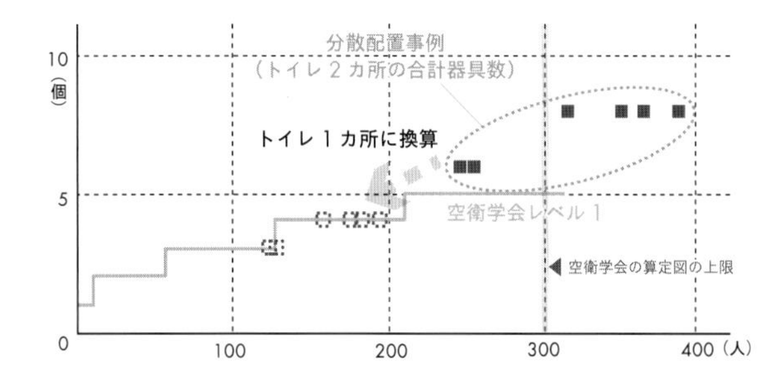

トイレ分散配置型の傾向

基準階面積の大きい大規模オフィスの事例では，男女のトイレをそれぞれ２カ所ずつに分散配置して計画される傾向が見られた〈表1〉〈図1〉。２カ所に分散配置された事例について，２カ所の合計として算定図にプロットしたところ，空気調和・衛生工学会のレベル１よりも器具数が多い傾向があり，また，空気調和・衛生工学会の算定図の上限の利用人員「300人」を超える例もあった。

そこで，これらの事例について器具数および利用人員の数を1/2とし，トイレ１カ所に換算すると，空気調和・衛生工学会のレベル１と同程度の器具数を確保している傾向があることがわかった〈図2〉。

分散配置型では１カ所あたりの器具数が妥当であるか検証することが重要

トイレを分散配置した事例では，トイレ２カ所の合計でも空気調和・衛生工衛学会レベル１を上回り，かつ，トイレ１カ所あたりに換算した場合においてもレベル１のサービスレベルを満たしていた。

大規模オフィスにおいて分散配置を計画する場合には，まずはトイレ１カ所あたりの器具数が妥当であるかを検討して計画することが重要と考えられる。

オフィス事例における衛生器具数の傾向分析

男子用大便器

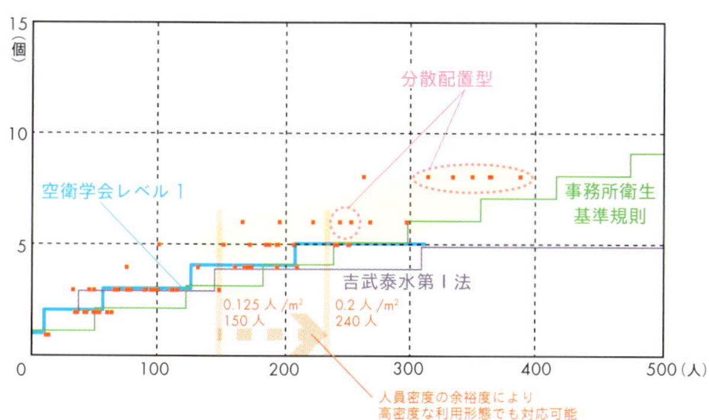

男子用小便器

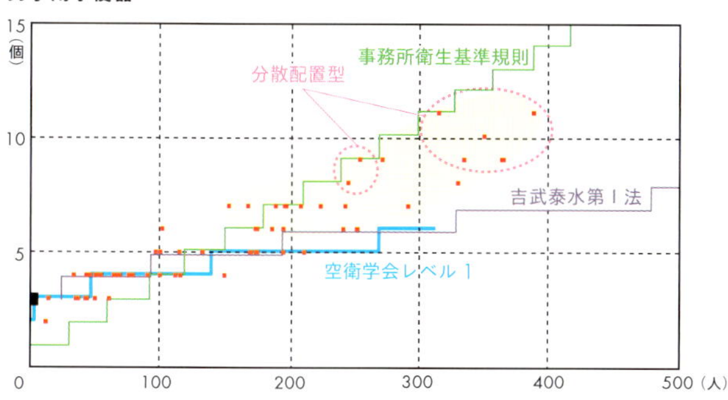

男子用洗面器

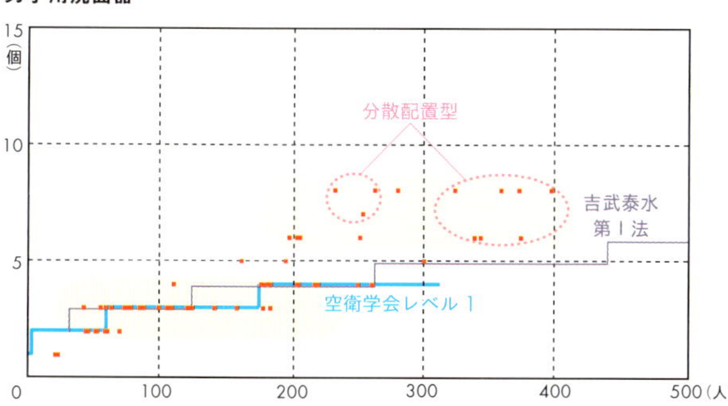

女子用便器

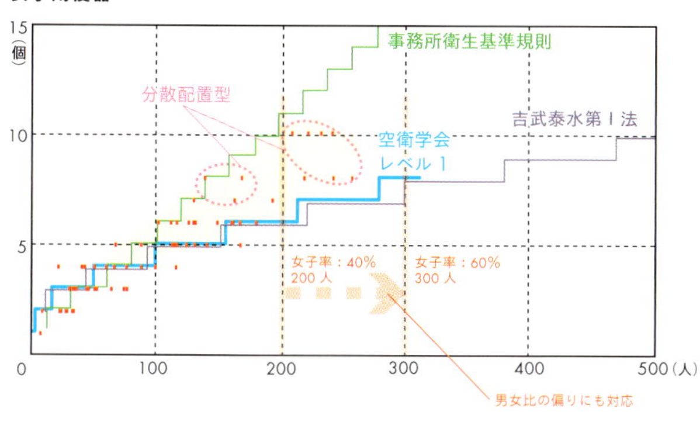

女子用洗面器

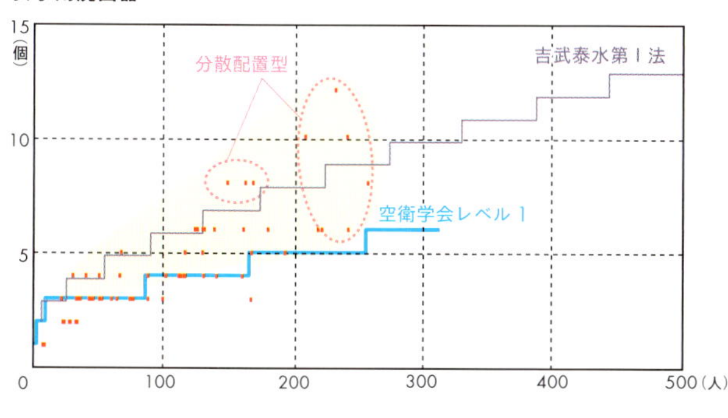

大規模オフィスではレベル 1 を上回り，
高密度な利用形態への対応が顕著

利用人員が 150 人を超えるような大規模オフィスでは，空気調和・衛生工衛学会レベル 1 を上回る器具数を持つ事例が多く見られる。大規模オフィスの特性から，コールセンターなど高密度な利用形態への需要を想定し，器具数に余裕度を持たせていることが読み取れる。たとえば男子用大便器のプロット図において，人員密度が 0.125 人 /m²で利用人員が 150 人となる場合，人員密度が 0.2 人 /m²になると利用人員は 240 人に増加する。このように人員密度が大きく変わった場合においても空気調和・衛生工衛学会レベル 1 を満たす，余裕のある事例が多く見られた。

分散配置型は空気調和・衛生工衛学会レベル 1 を大きく上回る傾向

すべての衛生器具のプロット図において，大規模オフィスでは，空気調和・衛生工学会レベル 1 を上回り，なかでも分散配置型はレベル 1 を大きく上回る傾向が見られた。

男子用洗面器は中規模オフィスにおいて
アメニティの拡充がされにくい傾向

男子用洗面器のプロット図において，利用人員が 100 人程度の中規模オフィス以下では，レベル 1 と同等の事例が多く，アメニティの拡充がされにくい傾向が見られた。

一方で，利用人員が 150 人を超えるような大規模オフィス以上になると，レベル 1 を大きく上回り，歯磨きコーナーのような洗面機能以外の利用を想定した個数設定の傾向が見られた。

大規模オフィスでは男女比のオーバーラップも想定

大規模オフィスでは利用人員に比例するように器具数が決定されている傾向があり，労働安全衛生規則と同等の器具数を設けている例も見られ，器具数に余裕度を持たせていることが読み取れる。これらの中には，男女比の条件が変わった場合を想定し，オーバーラップを想定している事例もあると考えられる。

たとえば女子用便器のプロット図において，女子の比率が 40%で利用人員が 200 人となる場合，女子の比率が 60%になると利用人員は 300 人に増加する。このように男女比が大きく変わった場合においても空気調和・衛生工学会レベル 1 を満たす，余裕のある事例が多く見られた。

女子用洗面器は中規模オフィス以上でアメニティ拡充の傾向

女子用洗面器のプロット図においては，利用人員が 100 人程度の中規模オフィス以上の多くの事例において，レベル 1 を上回る器具数が設けられており，アメニティ拡充の傾向が見られた。

凡例

- ：手法1　吉武泰水による論文　第 I 法
- ：手法 2　空気調和・衛生工学会　レベル 1
- ：手法 3　事務所衛生基準規則

商業施設の衛生器具の分析

田名網雅人

商業施設の便器個数算定においても，一般には空気調和・衛生工学会による算定方法が用いられる。
商業施設の場合，任意利用形態のため基準パラメータの利用人員は床面積から設計者が想定をする。
時間による人員変動等も考慮しなければならず，ファジーだ。
目安として人員密度0.3人/㎡とあるが，たとえば避難安全検証法の在館者密度は，
•売場の部分：0.5人/㎡　•売場に付属する通路部分：0.25人/㎡　•飲食室：0.7人/㎡　といったように，考え方もさまざまだ。
さらに，サービスレベルの許容値は運営者や建設担当者により異なり，優先順位をどうつけるかによっても仕様を大きく変える。
そのため，設計者は計画店舗に近い傾向をもつ既存店舗を参照して，トイレ規模を算定することが常套手段である。
今回，器具1つあたりが受けもつ面積を導き，傾向の比較分析を試みた。
ここでは郊外型ショッピングセンターと都市型多層商業施設との傾向を
それぞれ分析した。また，業態により違いはあるものの，
女性客が7割近くを占めることが多く，トイレブースの専有時間も長いため，
女性用トイレの設置器具数には特に注意が必要である。
ゆとりのある数を想定し，サービスを充実させ集客効果に結びつける考え方もある。
しかし建設担当者の想いとして，売場面積を拡大させたい，初期投資を抑えたい，
清掃維持を抑制したいという本音があり，
適度な混雑を許容せざるを得ないのも実状である。

図1　トイレ混雑に寄与する要因例

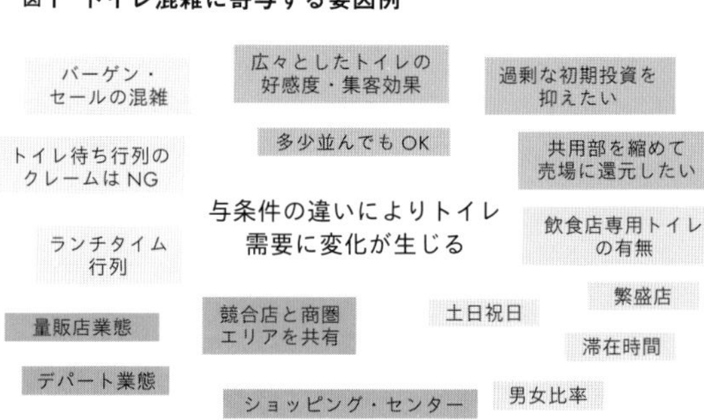

郊外型ショッピングセンターの分析

繁盛している既存店舗モニタリングから客用トイレの最少適正便器数を分析する。客入りのよい休日に客用トイレの混雑が発生し，その後トイレを増設した店舗の傾向を〈図2〉のグラフにプロットした。これにより必要最低限の便器数を読み取ることができる。この他時間帯別の混雑状況を調べると，昼時のフードコートや飲食店街周辺は特に混雑する傾向にあることがわかった。また，これらの設置個数の売場面積に対する割合は，空気調和・衛生工学会の指針を置き換えた割合に比べて下回る結果となっている。

図2　女子トイレのトイレ1カ所が受け持つ売り場面積と便器数の関係

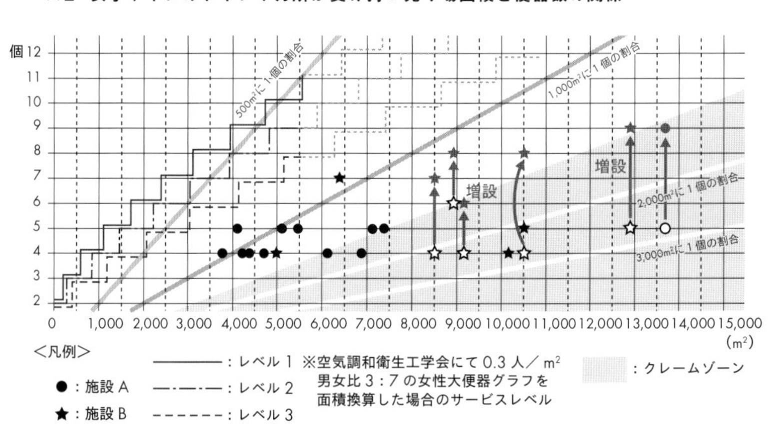

業態や時間帯によるエリアごとの混雑状況の分析

既存のトイレ混雑店舗における，各トイレの状況を詳細に分析し，混雑する時間や度合いがそれぞれ異なっていることがわかった〈図3〉。
□ 既存店の店舗構成と待ち状況から各トイレの需要を解析
① 業態特性とピープルカウンター情報を照合
専門店街，GMS（ジェネラルマーチャンダイズストア：総合スーパー），レストラン，フードコート，シネマの時間帯別滞在者数を導く
② トイレ利用に特徴がみられる属性を割り当てる
シネマ客：映画鑑賞前後にトイレ利用／飲食客：食事の前後にトイレ利用／その他
③ 利用者の属性別トイレ利用人数を推計
トイレ利用の間隔を平均値3時間，訪店所要時間を平均30分と仮定
④ 各トイレの平面受持ちエリアの想定と時間帯別利用者を推計

図3　ゾーン別滞在者数

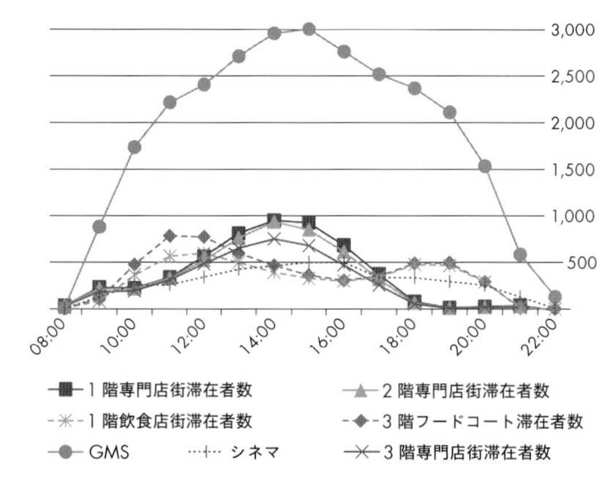

郊外型ショッピングセンターにおけるトイレ設置数の傾向

分析の結果，最低レベルとして右記程度のトイレ器具数は必要であることがわかった。それに加え，広大な店内でさまざまな業態が存在するモール形態では，エリアによって混雑する度合いや時間帯が異なっていることもわかった。特にレストランやフードコートに囲まれたトイレでは，人員数から導いた便器数以上に必要のようだ。

〈最少適正便器数（飲食周辺を除く）〉

男子大便器：売場面積 2,500～3,000㎡に1個
男子小便器：売場面積 1,500～2,000㎡に1個
女子便器：売場面積 1,000～1,500㎡に1個

都市型多層商業施設の分析

ここでいう都市型多層商業施設とは，都市の中心市街地や駅近郊に建つ，おおむね建築面積5,000㎡以上の商業ビルで，さまざまな機能が複数のフロアに積層されているものを指す。近年では，商業のみならずオフィスなど他の機能との複合が図られ，規模の拡大や複雑な平面計画など多様化する傾向にあるようだ。トイレ個数の算定を行うにあたっては，まず施設特性を把握する必要がある。設計の初期段階で紋切り型に各フロア同じ設定としてしまうと，MD（マーチャンダイジング）が決定してからの変更が難しくなる可能性がある。一般的なフロア構成を〈図4〉に示している。地上に近いフロアは，女性客をターゲットとした売場を設けることが多いようだ。

図4　都市型多層商業施設の一般的なフロア構成

飲食フロア
紳士フロア
婦人フロア
地上
地下
食品フロア

トイレまでの距離比較

都市型多層商業施設は，郊外型と比べてフロア面積が小さいとはいえ，拡大する傾向のなかでトイレを1カ所に集中すべきか，便器数を減らして分散すべきか判断が難しい。〈図5〉は，トイレ位置と，売場の一番遠方からトイレまでの距離を平面図にプロットしたものである。どの事例もトイレまでの距離を100m前後とし，最低箇所数に集約しているのがわかる。トイレまでの距離は，100m前後というのが1つの目安となるだろう。

図5　トイレまでの距離比較

■：トイレ　□：オフィス等　□：売り場　■：コア等

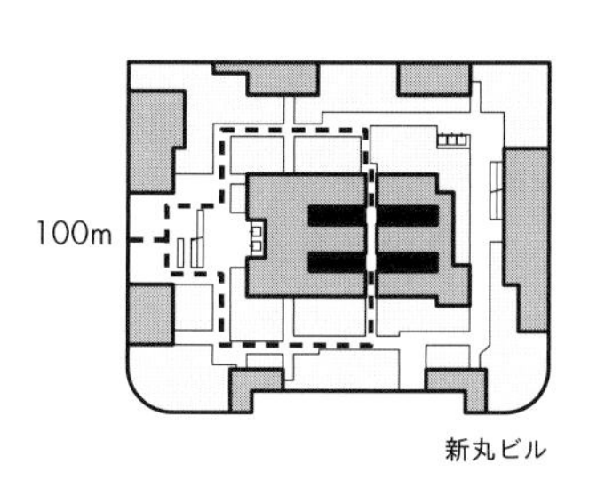

新丸ビル

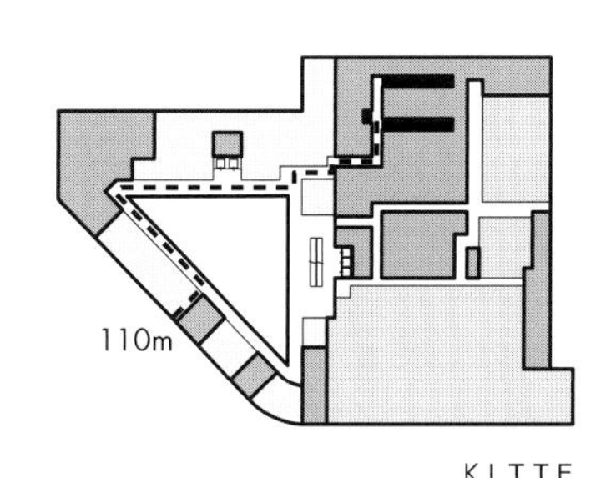

KITTE

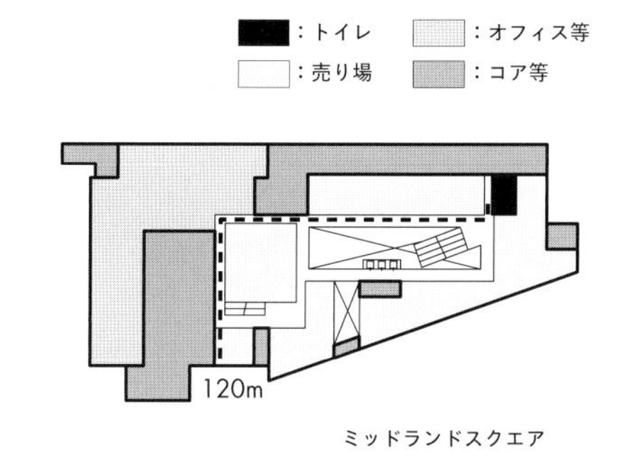

ミッドランドスクエア

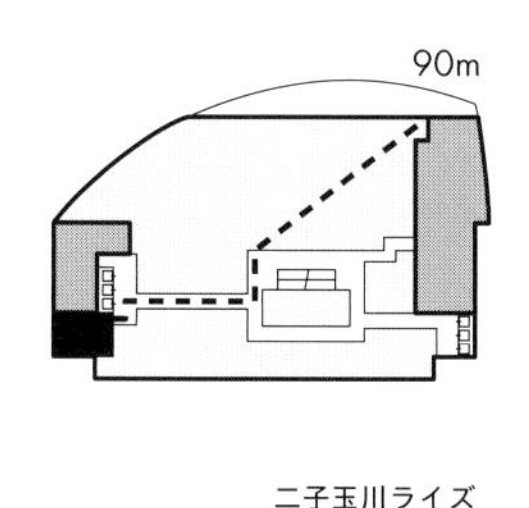

二子玉川ライズ

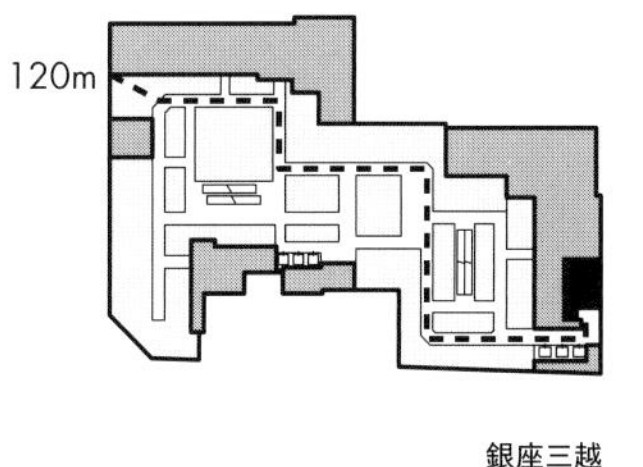

銀座三越

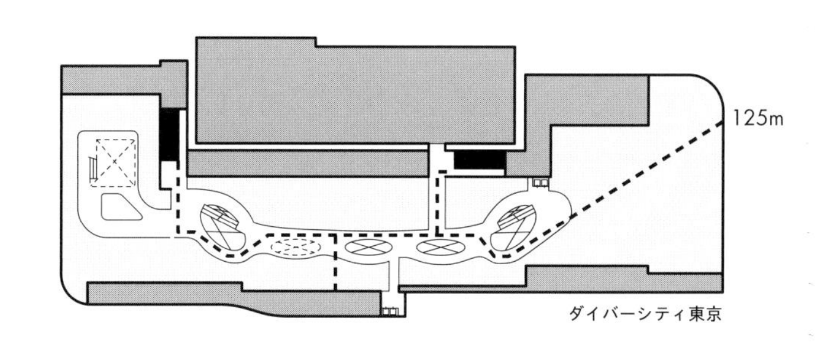

ダイバーシティ東京

都心百貨店のトイレ検証事例

百貨店の個数算定にあたり，既存店舗の調査（トイレの利用実態調査，各フロア人数・男女比，アンケート等）や他事例の分析を行い，空気調和・衛生工学会の計算式に補正をかけて算出を行った。

都心においては，地下通路等との接続も多くB1Fからの客の流入も多い。1FとB1Fを混雑フロアとして，人員密度の割増を行った。しかし，公衆便所化を避けるために1Fにトイレは設置せずに，上下階に人員数を振り分けている。また，低層階は婦人フロアのため，人員増を加味して個数算定を行っている。男女比に関してもカウンター調査の結果より，調査値を採用している〈表1〉。上階の飲食フロアに関しては，郊外型同様ランチ時に短時間で利用者が集中する恐れがあり，アンケートや利用実態調査より女性トイレを高い個数設定としている。

上記より，個数設定を高くしたフロアを抜き出すと，右記のようになる。今回は，既存店舗のある計画だったため調査をもとに個数算定を行うことができたが，参照店舗がない場合，類似店舗の入念な分析・比較が必要となるだろう。

表1　男女比の補正

フロア ＼ 男女比	初期設定値	調査値
飲食フロア	5：5	—
紳士フロア	8：2	5：5
婦人フロア	2：8	—
食品フロア	5：5	3：7
雑貨フロア	6：4	3：7
混雑フロア	—	3：7

〈百貨店の最小適正便器数の目安〉

飲食フロア　男子大便器：売場面積 約1,000㎡に1個
男子小便器：売場面積 約1,000㎡に1個
女子便器：売場面積 約250㎡に1個
婦人フロア　女子便器：売場面積 約500㎡に1個

トイレの設備計画

岩﨑克也＋長谷川巌

■設備計画の基本的な考え方

ここでは快適なトイレとするための設備計画の考え方を紹介する。当然のことながらトイレは常に清潔でなければならず，そのため衛生陶器は掃除がしやすく，臭いが滞留しない構造とし，床・壁・天井は汚れにくい材質とする。また，地球環境保全の観点からは節水と省資源を考慮した給排水システムとする必要がある。維持管理の観点からは適切な配管計画とするべきであり，また臭気をトイレの外に漏らさないための換気計画，トイレの配置によっては熱環境を維持するために，もしくは快適性を向上させるために空調計画も検討する必要がある。

■節水と省資源

大便器の１回当たりの洗浄水量は 40 年前，標準で 13ℓ であったが，15 年前あたりから８ℓ となり，最近では６ℓ が標準になりつつある。海外の事例を見ても６ℓ 便器が標準であり，水を使わない小便器も出現し始めている。節水は省資源の観点からは望ましいが，便器の洗浄水には汚物の除去，搬送，臭気の防止などさまざまな役割があることを忘れてはならない。超節水便器の採用に当たっては，便器自体の排出・洗浄能力だけでなく，給水圧や排水搬送能力を考慮した配管システムが必要になる。

こうした省資源の観点から，便器洗浄水に飲み水と同じ上水を用いることはもったいないということから，中水（もしくは雑用水，再生水と呼ぶ場合もある）を用いた洗浄システムが利用されている。中水は建物に降った雨を集水したり，排水処理をした水を再利用水としてつくり出すシステムであり，建物ごとにこの再利用システムがある場合と地域単位の水循環システムから利用する場合がある。中水システムを取り入れると，建物内への配管は上水と中水の両方が必要となり，建設費や設置スペースも多少増えることになる。さらに衛生陶器もバルブ本体が特殊樹脂コーティングされた中水仕様の製品を利用する。またホテルのユニットバスの大便器や温水洗浄便座など，人の手に触れる可能性がある部分には上水を供給している。

■衛生器具の種類と特徴

小便器

「床置きタイプ」は床に設置される小便器である。使用者の身長を限定しないので，年齢に関係なく利用できるという特長がある。衛生面では，床面が汚れにくい一方で，便器が設置されている床面部分をよけて掃除する必要がある。「壁掛けタイプ」は，標準高さに設置した場合には子供の利用に無理が生じる。また，壁から支持するための構造部材が必要となる。衛生面では，床面が汚れやすいが掃除はしやすい。上記の２種類の短所を考慮したものが「壁掛け低リップタイプ」である。男子の股下寸法までリップを下げ，床面から上げることで床掃除をしやすくしている。洗浄方式としては自動感知センサーが主流であるが，ほかに電源式，電池式，発電式があり，いずれの方式も，使用頻度に合わせて吐水量もコントロールしている。

大便器

洋風便器と和風便器があるが，パブリックトイレでは，他人の座った便座への抵抗感があることから，和風便器を用いる場合がある。洋風便器は温水洗浄便座や乾燥，脱臭機能など多機能化している。種類については洗浄方式の違いによりいくつかに分類される。「洗い落し式」が最も安価であるが，洗浄効果にやや難があり，洗浄音がややうるさい。最近では、水の流し方を工夫し静かに流れるものも開発されている。「サイホン式」は洗浄効果が大きく，洗浄音も静かである。さらに洗浄効果・洗浄音の静かさ・臭気発散の少なさにおいて優る「サイホンゼット式」「サイホンボルテックス式」などもある。

洗面器・手洗い器

洗面器は手を洗うだけでなく，歯磨きや化粧などさまざまな用途に利用される。「壁付き型」は安価ではあるが，床に水が飛散しやすい。「カウンター型」はデザイン面では最もバリエーションがあり，水栓金具の種類も多く選択の幅が広がる。高級感があり高価であるが，カウンタートップが濡れやすく，こまめな清掃が必要である。

■配管計画

衛生器具のレイアウトを行うと同時に合理的な配管スペース計画が必要となる。各給水管や排水管と衛生器具をつなぐ横引き配管のスペースや，通気管の立上げ，排水管の立下げ，多層階に配管をつなぎ修繕時に給水を停止するためのバルブが設置された縦配管のスペースが必要となる。建築設

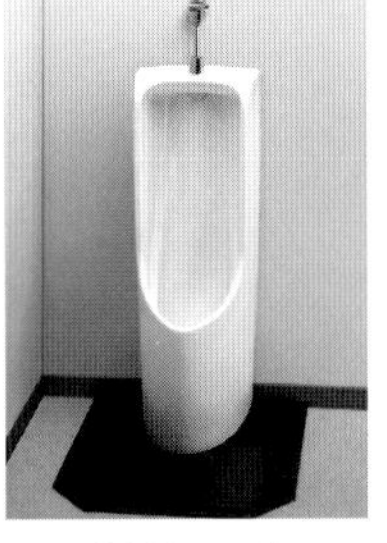
床置きタイプ
（3 点とも写真提供：TOTO）

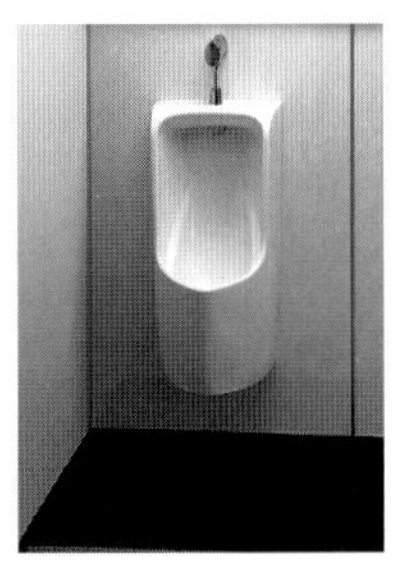
壁掛けタイプ

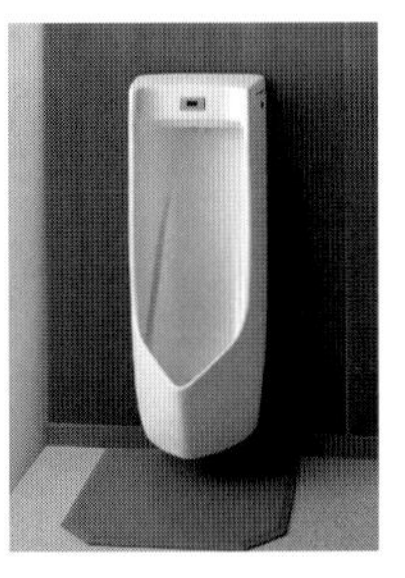
壁掛け低リップタイプ

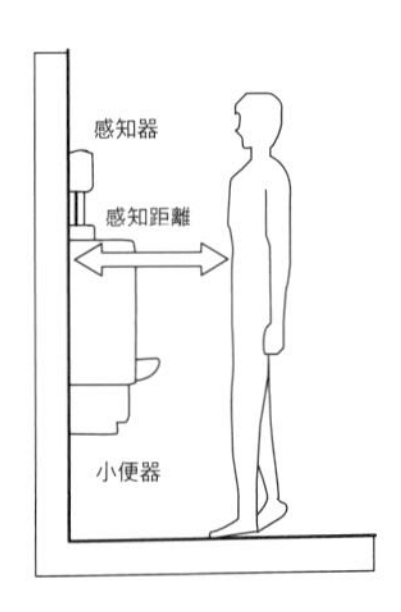

自動感知センサー

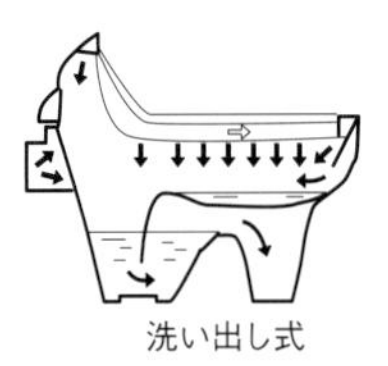
洗い出し式

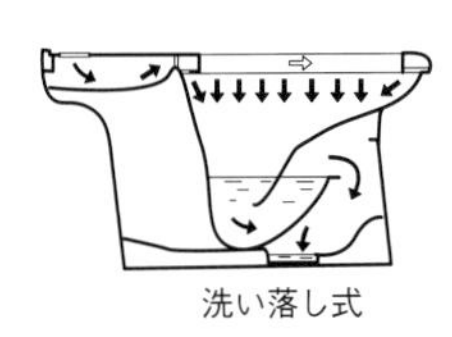
洗い落し式

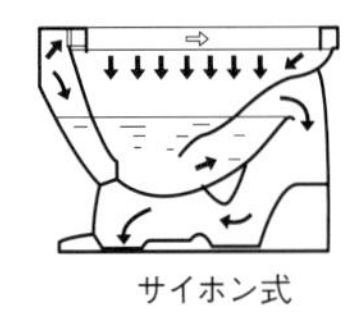
サイホン式

大便器の種類（出典：空気調和・衛生工学会　SHASE-S 206-2009　給排水衛生設備規準・同解説）

備のユニット化は，複雑な配管設備を工場で一つのユニットとして製作し，現場に搬入して組み立てることにより，現場の工事工程を大幅に短縮できるため，オフィスなどの非住宅分野で用いられている。

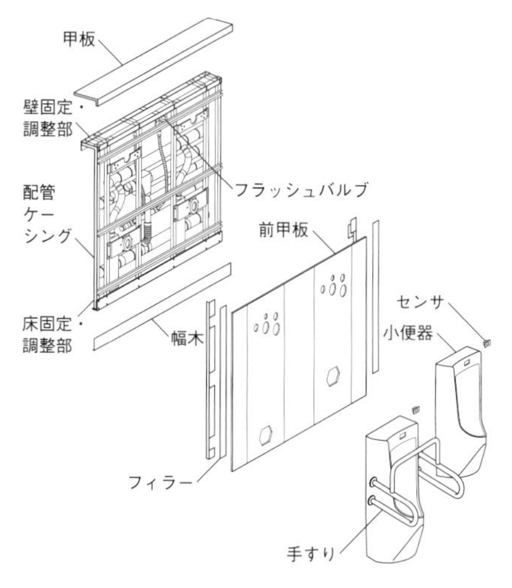

小便器の設備配管（資料提供：TOTO）

■消音計画

トイレでの音源は，排便時の音と洗浄時の音が挙げられる。ブースの遮音性能を上げれば防げるが，防犯上の問題が生じる。特に女性用トイレでは，排便時の音をマスキングするための「2度流し」を防ぐ目的で「擬音装置」を設置する例が多い。この装置によって，洗浄水の使用も本来の1回で済み，無駄な水を流さなくてよいことが効果として示されている。衛生器具自体の洗浄音にも気をつけたい。フラッシュバルブ方式は洗浄水圧が高いため洗浄音が大きいが，ロータンク方式にすることで洗浄音を小さくできる。トイレの隣に重要室があったり，遮音性能が十分でない場合には，消音の観点から衛生器具を選択することも考えられる。

■消臭・換気計画

トイレの臭いの発生を防ぐには，汚物をいつまでも空気中にさらさずすぐに排出すること，配管トラップからの封水が切れないように長期間トイレを使用しない場合でも洗浄水を一定量流すこと，床面・壁面の清掃などが挙げられる。汚物に最も近い衛生器具自体に臭気を抜く機能を持たせた脱臭便器もある。また，トイレの換気設備は通常，第3種換気と呼ばれ，廊下などの隣の空間から空気を取り入れて，トイレブースを経由してファンで排気するシステムとなっている。トイレ全体に臭いが拡散する前に局所で排気する方法を工夫する，排気口を床面に近い位置に設置したり，給気ルートを考慮するなど，換気ルートにも気をつける必要がある。

■空調計画

トイレを空調するのは，眺望・採光のための大きな窓があったり，照明による発熱が大きい場合に暑くならないようにするための配慮である。またトイレをリフレッシュコーナーの一部と考え，快適性を向上させるためでもある。一般に廊下からの余剰空気をトイレのドアガラリや通路から取り入れて，トイレブースから排気するため，外気温度ほど高くも低くもない空気がトイレに入るが，場合によっては空調を行わないとトイレが暑くなることがある。また省エネルギーの観点から，残業時には換気や空調を停止する場合があるが，トイレからの空気の逆流にも留意が必要である。

自然光の入る大きな窓を持つトイレ

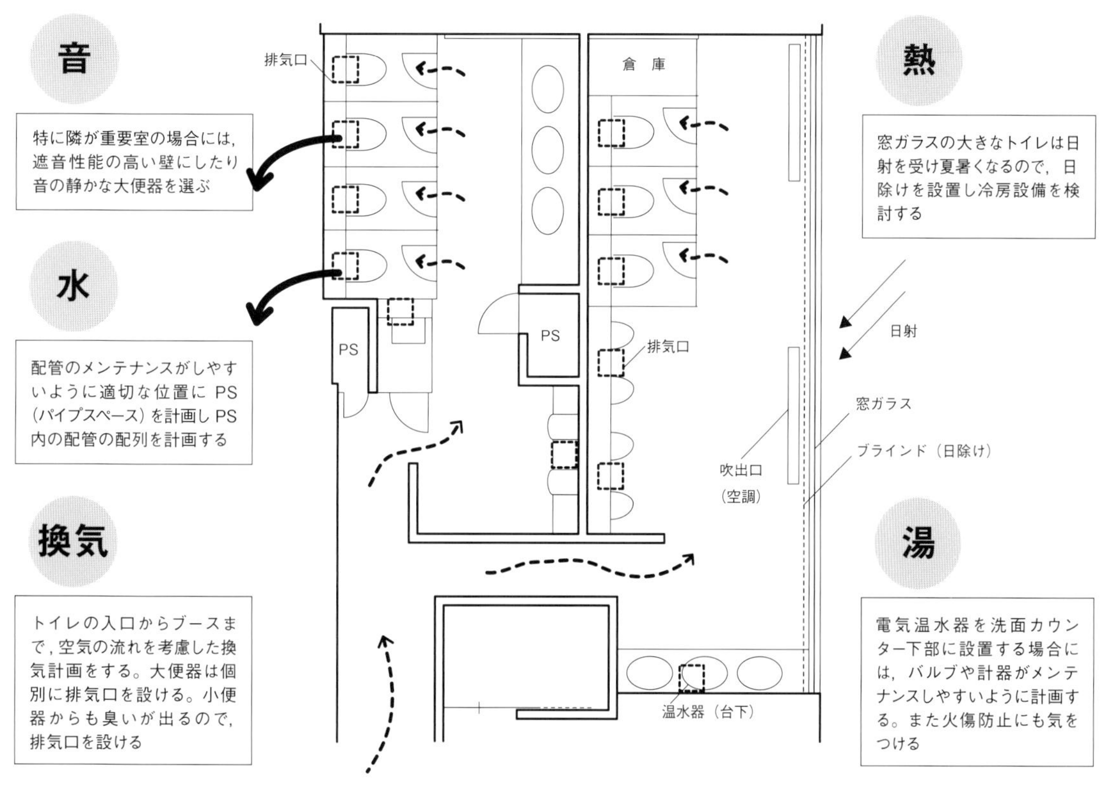

設備計画に当たっての留意点

トイレの持続する快適性のつくり方

小林純子

快適さを持続させる難しさ

快適なトイレの設計は，比較的容易に実現できるが，それを持続させる設計をすることは難しい。公共トイレは人間の排泄物を処理するところで，元来，汚く不潔になりがちな場所である。その上，そこを他人と共有するのが公共トイレ。また，トイレをどんなに快適につくって，メンテナンスに力を入れても，利用者の１人が汚くしてしまったら，次に利用する人にとっては快適ではない。それほど厳しい場所である。筆者は公共トイレの設計を続けるうち，トイレの快適さは設計者だけではつくれないと思い知った。もちろん細心の注意を払って設計したとしても，予測できないことがオープン後に起こりすぎる。盗難，破壊，怪我，落書き，宿泊，宴会，等々。閉鎖を余儀なくされることも間々ある。すべてが設計者の責任ではないことはわかっているが，目指すところが利用者への快適なトイレの提供なので，その目的が遂げられなくなる。持続させる方法の１つとして，メンテナンスの人々との協同があると考えている。

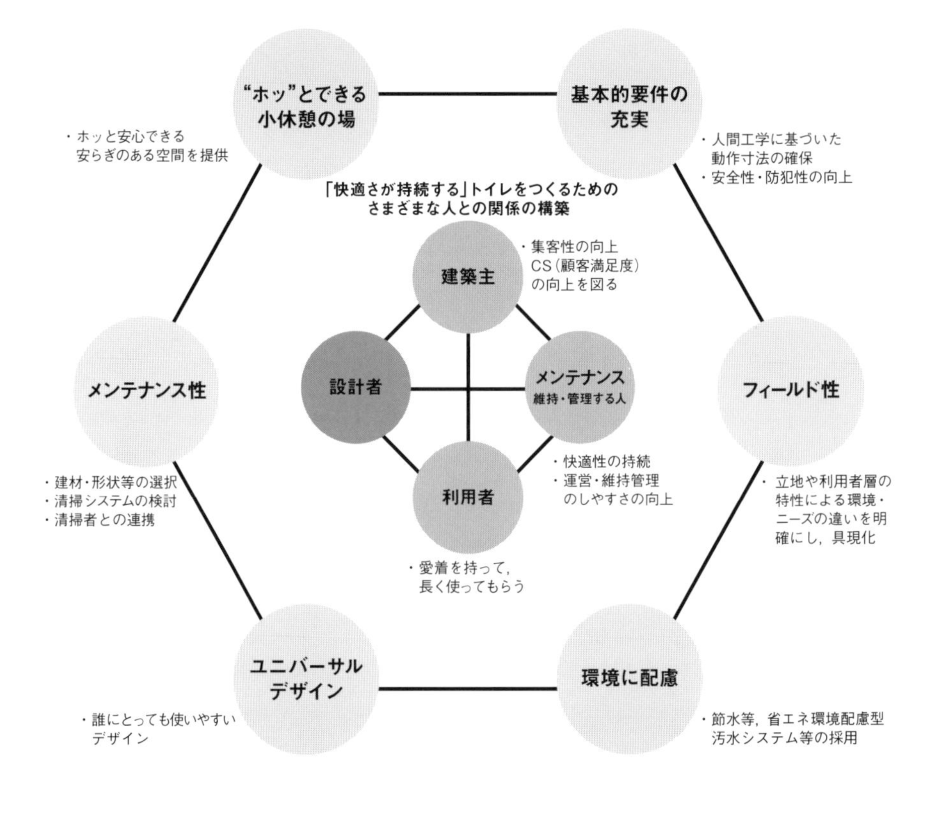

設計事務所ゴンドラの「快適な」トイレづくりの理念

荒らされた公衆トイレ

快適さ持続のための設計法

竣工直後はどこのトイレも快適である。しかし，その環境はその時点をピークに下降線を辿る。快適さを持続させるためには，設計当初から維持管理法に対応し，それを設計に組み入れておく必要がある。

１トイレ固有の属性や特性を知る

まず，長年そのトイレと付き合ってきた建築主側の管理者，清掃者たちと，情報交換する機会を持つ。われわれが事前調査をしたとしても１～２日間だけである。彼らはそのトイレを長年毎日清掃しながら，起こる出来事と格闘してきた生き字引である。彼らに利用者の特性を聞き，周辺環境からこのトイレが抱える問題はなにかを教えてもらう。ホームレスの占拠で悩む公園のトイレや，利用頻度の高さに清掃性を最重点課題として取り組む駅のトイレ，まだ排泄行為の行動能力が低く，清掃面で脆弱な学校のトイレ，利用者の要求水準の高さと他社との競争に悩む商業施設等々，現状の課題が明確になる。それらを自らの実態調査と合わせ，分析し，トイレの設計目標を決める。例えば安全な場所にあり，メンテナンスも充実した内容であれば，比較的自由にデザインできる。しかし，その逆であれば，安全性と清掃性を優先し，シンプルなデザインで仕上げ材も耐久性があり復元力のあるものにしておく必要がある。

２メンテナンスの内容を確認

●防水をどうするか

防水するか否かに関しては，後述する清掃方法と大きく関係する。しかしそれ以外にも，水洗式を採用している限り，便器の故障，嘔吐への対応等から床への水の浸入が予測される。そういう意味からもトイレには防水は施しておくことが基本である。その防水方法としては，アスファルト防水，塗膜防水や長尺シートの目地溶接等が挙げ

現場清掃者と運営側や設計者との定例メンテナンス会議

られる。どれを採用するかは，毎日の汚れの状態，清掃内容，仕上げ材，ライフサイクルコスト等を考慮して決定する。洋式化が進み，床汚れの減少したわが国では，清掃方法も，乾式が主流になっている。そういう意味からも塗膜防水が多くなっている。

●床の清掃方法の確認

清掃方法には，水洗いをする湿式清掃と水を使わない乾式清掃がある。湿式を採用している施設は公衆トイレ，不特定多数の利用の多い交通機関のトイレに多く見られる。清掃者の話では，湿式で利用する水は，汚れをすばやく落とす効果があるが，後の水拭きに手間を取り，簡単に見えるが床の快適さを獲得しにくい。しかし，経年の汚れを除き，復元する力では湿式清掃のほうが優れているという。一方，乾式は簡便ではあるが，経年の汚れが付着すると取れにくい。そのため，理想的には当初から湿式でも行えるよう防水し，耐水性，耐薬品性のある仕上げ材を採用しておき，日常の清掃の過程で，状況に合わせて併用していくことが，乾式・湿式清掃の長所を生かした望ましい方法であると考える。

●清掃計画の確認

清掃にはＡ点検・補充・日常清掃，Ｂ定期清掃，Ｃ特殊清掃がある。Ａは毎日実施する作業。ＢはＡで手が回らなかったり，時間がかかる部分や，経年汚れの付着部分を定期的に清掃する作業。Ｃは薬品等を使って尿石や悪臭等の除去や，定期清掃でやり残した場所の徹底清掃の実施作業のことである。これらの作業を計画的に組み合わせ，定期的に清掃を実施することで，快適さの持続が可能になる。そのトイレがＡ・Ｂ・Ｃ作業を計画的に実施しているか，清掃頻度等はどうかなど，現実的には施設によって大きく差がある。

例えば，学校の清掃はＡを子どもたちが１日に10分間程度を１回。しかもＢとＣの清掃作業の実施は少ない。商業施設などは，１日に５～10回ほどのＡの作業に加え，Ｂの作業は月に１回，Ｃの作業は年に１，２回程度実施している施設が多い。駅，オフィスも各施設で格差があるが，おおむね商業施設に準ずる。一方，公衆トイレの場合，Ａの作業は１日に１，２回程度で，Ｂはほとんど実施されない。このような現実の中に竣工後のトイレは存在している。設計時点からそのトイレの竣工後の清掃計画を確認し，快適さの持続に対し適切なものであるかを判断しておく。つまり，いつ，誰が，どんな頻度で，どんな清掃を施してくれるかを知り，設計時点で建築的に補足対処しておくことや，事前に清掃方法にまで踏み込んで提案し関係者と協議しておくことが重要だと考える。

３メンテナンスの人と協同する「スパイラルアップ」

メンテナンスの人たちとは，設計の中間段階でも意見を聞き，議論をし，具体的な形で反映しておく。竣工後は，彼らに快適さの実現を託さねばならない。彼らのモチベーションを高めるためにも，形になる前の話し合いは重要である。また，竣工後の調査ヒアリングも欠かせない。設計者の予測できなかった事象を清掃者はよく把握しているからである。これらを理解し，予測の幅や奥行きを深め，次回の設計の際に生かす。この繰り返しが快適さを持続するトイレをつくるために欠かせない。

公共トイレ設計の難しさ

当然，設計や計画のあらゆるプロセスの中で，快適さの接続について取り込んでおく必要がある。それは平面計画，性能，仕上げ，機器の選択の時点等である。しかし，ここでも難しいのは，トイレの置かれた立地，周辺環境，利用者層など（フィールド性）から，そこ固有の優先テーマを見つける点である。例えば，繁華街のトイレは，ゆとり感より安全性，清掃性が重要との判断だが，その場所の特性に沿った選択が，その場の快適さの持続に関係する。

今後のトイレの考え方

トイレは今後どう変わっていくのだろう。今後さらに，治安の悪化，公徳心の欠如は進むと思われ，快適さの持続に対して厳しい条件になりそうだ。そのためには，安全性の担保，メンテナンスの強化がさらに必要となる。一方で人々の求める快適性のレベルは高くなり，利便性，デザイン性，その一方で，コストの削減が求められるであろう。そう考えると，その解決法は欧米のように受益者負担の形式に繋がると予測される。しかし，長い間，水も安全もトイレも無料で享受できた日本人に有料トイレは合意されるだろうか。まだ試行錯誤の段階だが，最近，他用途の施設と場所を共有し，トイレの持つ集客性を利用しながら，トイレ利用者の安全を担保するといったコラボレーションの形が試行され始めた。このように新しい試みが出現してくる時代になっている。

おわりに

日建設計名誉顧問の林昌二さんが，トイレについてふと話された言葉を最後に記すことにしたい。「トイレと階段の設計を見れば，その人の建築に対する考え方がおよそわかる。両方とも，使用者の心理状態をうまく捉えて設計しているかどうかが鍵になる。人間というのはなかなか複雑なもので，これだけ歴史を経てくれば，その中での積み重ねもあって変化する。だから考えれば全部わかると思わないほうがいいと思う。トイレ空間についても，使う人の神秘性を念頭に置くとすれば，完璧なパターンを模索するより，ある程度，のりしろを残して設計したほうがいいかもしれない」。このののりしろを残した設計という言葉は，とかく，調査して，そこからすべてを類推，規定，設計し，安心してしまいがちな私どもへのメッセージであると思う。

公共トイレの今後の課題

治安の悪化・公徳心の欠如
快適性の要望の増大

メンテナンスの強化
安全性の担保
コストの削減
デザイン・サービスの強化
話題性の創生

有料化・複合化
コストの合理化

トイレの設計作法

岩﨑克也

トイレ空間にも,施設のアメニティ要素としての快適性が求められる。
オフィス,特に一般的な賃貸ビルの場合には,コンパクトさが課題である。
また,その他のビルディングタイプでも,その必要性や利用者の特性に応じた工夫が必要となる。
ビルディングタイプを問わず,共通して検討・配慮が必要な項目として,以下のものが挙げられる。

- 出入り口は衛生面からドアレスを基本とし,視線制御のためのトラップを設ける。なお,防犯・音漏れの面からも扉の要否について十分な検討が必要である。
- 出入り口に扉を設ける場合には身障者などの利用に配慮する必要がある。また,進入方向から見て手前を男子用,奥を女子用とするのが望ましい。
- SK(スロップシンク)は男子用・女子用それぞれに設けるのが望ましいが,不可能な場合には,ニュートラルゾーン(PSを含む)に設ける。それもできない場合は男子用トイレ内に設ける。
- 洗面ゾーン,パウダーコーナーは,混雑の緩和などの面からもトイレゾーンから独立したかたちで設けることが望ましい。
- 採光・換気・眺望などのために外気に面した窓を設ける。特に,ガラス面が多い場合には,冷暖房設備の設置を検討する。
- 内装計画は,清涼感のある明るいデザインを心掛ける。また,清掃メンテナンスがしやすいプランニングと仕上げ材料を選択する。
- 福祉条例に基づき,行政庁に扉幅,手摺,点字ブロックなどの条件を確認すること。また,建物の用途や公共性により,オストメイト対応も考慮する。
- 多目的トイレの設置を考慮する。男子用・女子用それぞれに設けることが望ましいが,面積的な制約がある場合は,ニュートラルゾーンに設ける。
- 多目的トイレは利用対象の想定により設置する備品が変わるので,確認が必要である。
- 最近では事例も増えてきている中水利用は,それぞれの地域の降水量なども考慮し,ランニングコスト,イニシャルコストの両面からの検討が必要である。
- 工期短縮,省メンテナンス,リニューアルが容易なシステムトイレの採用を検討する。

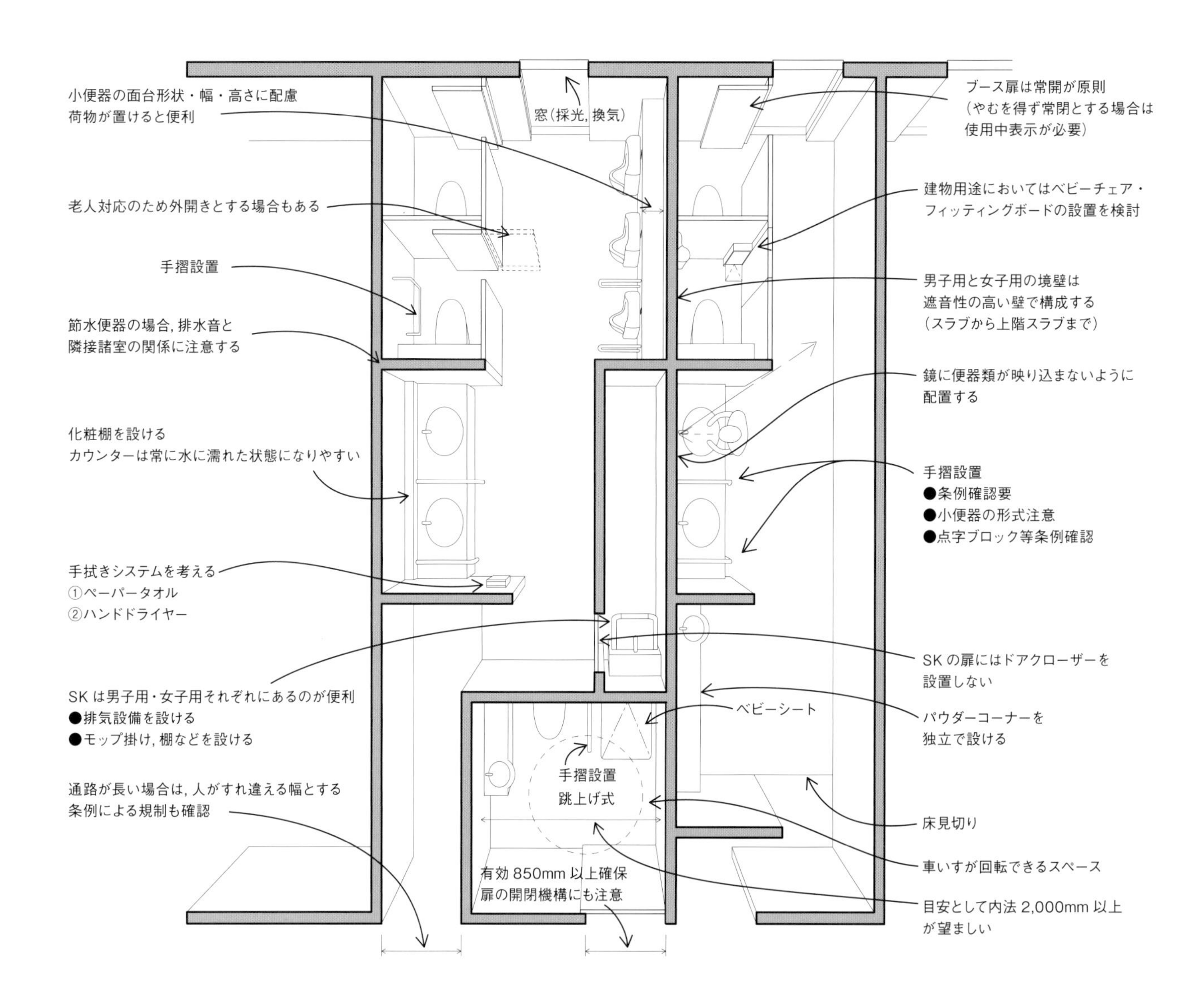

チェック! 出入り口

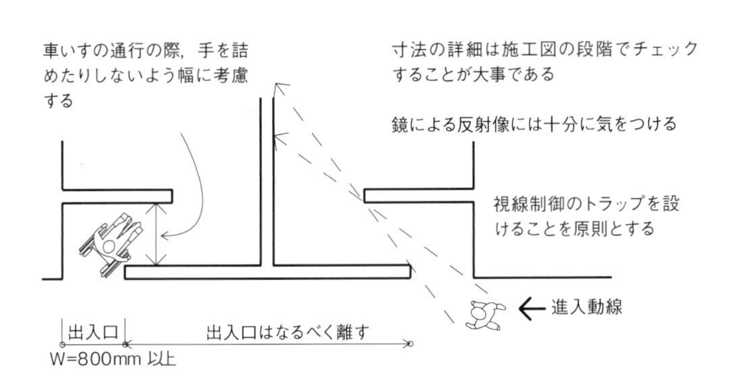

チェック! 床材

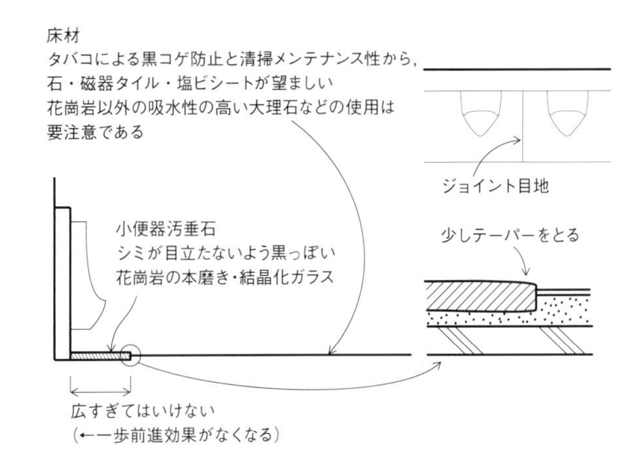

チェック! 窓とレイアウトの関係

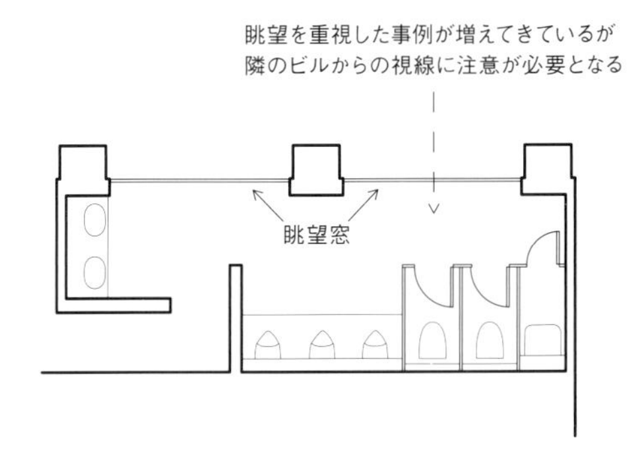

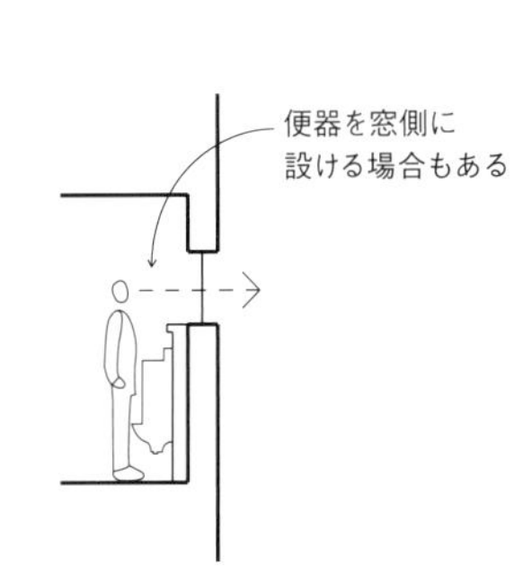

鹿島本社ビル（設計／KAJIMA DESIGN，p56）
大きな窓をもつトイレの例。手動ブラインドを設け，スラットの角度を調整することで隣接するビルからの視線と日射を制御している

チェック! 洗面カウンター

女性の場合特に，鏡の映り込みは気になるもの。鏡の対面設置は不可である

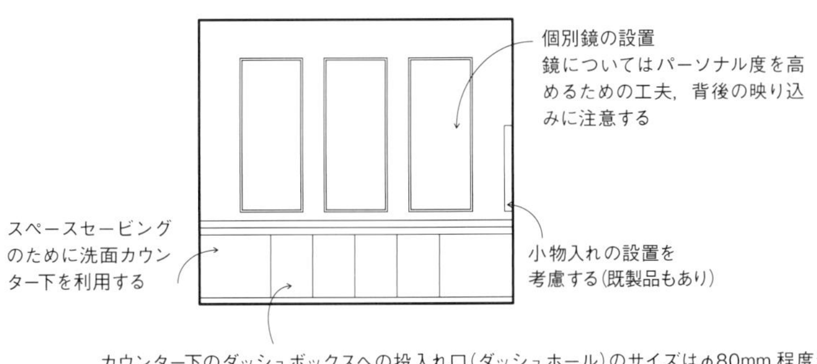

カウンター下のダッシュボックスへの投入れ口（ダッシュホール）のサイズはφ80mm 程度が良い

ブース内に手洗いを設けたり，大便器ゾーンに手洗いを設けたりして，パウダーコーナーを独立させる。混雑防止のため，パウダーコーナーには棚と鏡のみを設置する場合もある

丸の内パークビルディング（設計／三菱地所設計，p66）
洗面カウンターの鏡に人や便器が映り込まないよう衝立を立てている

チェック! ブーススクリーンおよび扉の例

防犯上，公共性の高い用途の建物では，ブース間の隔板を天井面まで延ばす場合がある
仕上げ材料（結晶化ガラスなど）によっては定尺寸法に制限があるので総合的に天井高さを検討する必要がある

スクリーン・扉とも天井までとし，ブースを独立させる

ブース内に換気・照明設備を設ける

ブース内で具合が悪くなった人を助けられるように，外側から解錠できる考慮が必要な場合がある

頭つなぎをつけない

天井

FL

頭つなぎをつける

頭つなぎフラットバー

天井高さ
2,500mm 以上としたい

ブース高さ
2,000mm はほしい

チェック! トイレブース内

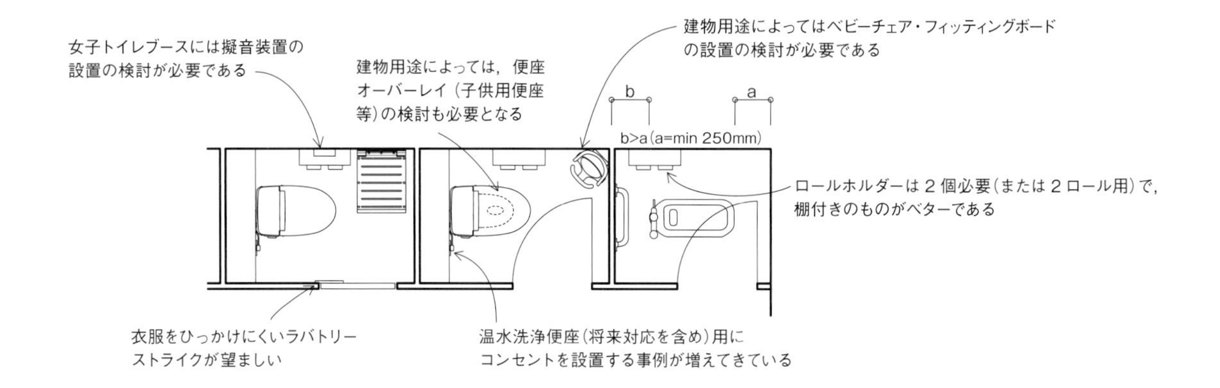

チェック! アクセサリーその他

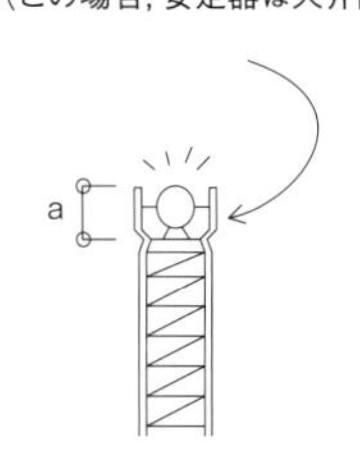

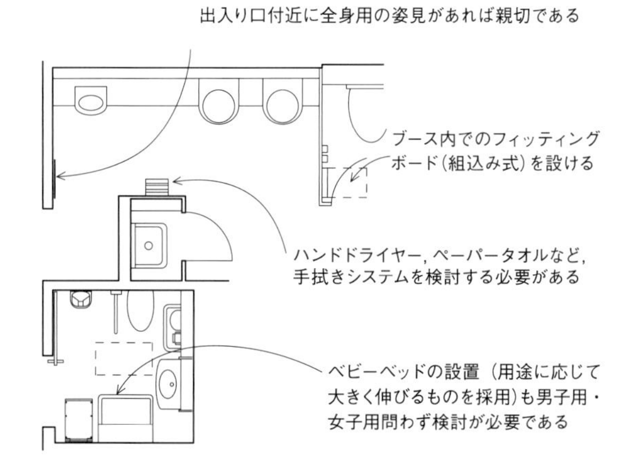

チェック! 衛生陶器の種類と特徴

トイレに使用する衛生陶器は，建物の用途や機能面からのみで選定するのではなく，施設のアメニティ要素としての快適性が求められており，水栓金具類を含めて機能とデザイン両面からの選定が必要となっている。

上記の趣旨を踏まえて，おもな衛生陶器の種別・特徴を整理すると右表の通りとなる。

衛生陶器種別	備考
小便器	防汚型が主流 自動洗浄センサー付きがほとんど
床置きストール	年齢に関係なく利用できる 床面が汚れにくい 高級感がある 壁掛けストールに比べて高価 床の清掃がしにくい
壁掛け型ストール	標準高さに設置した場合，子供の利用に無理がある 床が汚れやすい 床の清掃がしにくい
低リップタイプ	子供から大人まで誰でも使いやすい 床の清掃が容易
大便器・洋風大便器	温水洗浄便座対応が増加。脱臭機能付きもあり 防汚型が主流
洗い落し式	最も安価 洗浄効果にやや難がある やや洗浄音がうるさい
サイホン式	洗浄効果が大きい 洗浄音が静か
サイホンゼット式	洗浄効果が非常に高い 洗浄音がきわめて静か 高価 臭気の発散が少ない
サイホンボルテックス式	洗浄効果が非常に高い 洗浄音が最も静か 最も高価 臭気の発散が少ない
洗面器・手洗い器	防汚型が主流
壁付け型	床に水が飛散しやすい 安価
カウンター型	水栓金具の選択に幅がある カウンタートップが濡れやすい 高級感がある 高価

第2章
今を映すトイレ

付加価値／アクティビティー ＼ ビルディングタイプ	老人施設	病院	オフィス	大学	公共	小中学校	幼稚園	図書館	パーキング	鉄道	空港	商業施設	ホール	スタジアム
交流					25	29			32			44		
発信					22 23 25						01			
コラボレーション					25	26						40		
アミューズメント						26	30 31			38		42 43 44		
安全性	02 03 06			21	24 25	27	30 31						53	
ユニバーサルデザイン	02 03 06	04 05	07 14 15			27 29	30	08			01 39			
可変性		05	14					08					49 50	
清潔メンテナンス					22	26	31		34 35	36				
快適性	02 03		10 11 12 13			26 29	30		32 35	37 38	39	40 43 45		
混雑緩和		04		20				08	33	36 38			49 50 53	52
リフレッシュ			11 14 16 18		25		30		32 34 35			41		
コンパクト			09											
その他			17 19		22 23						01	46 47 48		

ビルディングタイプとアクティビティーによるトイレ空間マトリクス

トイレをめぐる環境が大きく変化している。「今を映すトイレ」という視点で事例をまとめるにあたり、
ホールやオフィスといったビルディングタイプごとの整理を縦軸に
交流、混雑緩和、メンテナンス性といったそこでのアクティビティーや付加価値といった項目を横軸にした2軸を基盤に、
これから紹介する事例を抽出した。上のマトリクス中の数字が後出の事例番号に対応している。
ここに挙げた各々の視点でこれらのトイレ空間の思想と工夫を読み解いて、これからの次世代トイレ空間へと繋がるヒントを探していきたい。

⓪① 世界中の人々が注目する最もプライベートな空間

GALLERY TOTO　クライン ダイサム アーキテクツ

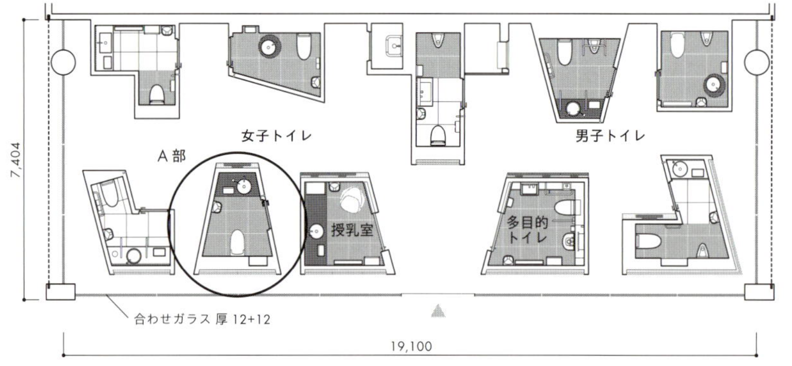

平　面　1/200

GALLERY TOTOは成田空港第2ターミナル内の体験型のトイレギャラリー。世界中の人が行き交う空港内に，彫刻のように真っ白なボリュームが林立するアートギャラリーのように開放的なトイレ空間が現れる。各ブースはファブリックで覆われた大型LEDパネル「ルミナス テキスタイル」をミニマルなディテールで納め，壁の一面に障子越しの影絵のような不思議な奥行き感を醸し出している。このスクリーンが連続しファサードの魅力を強く印象づける。ブース内部にはTOTOの最新の衛生機器を空間に合わせて設置し，大判のハイドロセラウォールにプリントを施した壁面で清潔感と風景のあるトイレ空間を演出した。トイレライフの映像コンテンツや砂時計のように滞在時間を示すドアのインジケーターなど，随所に遊び心をプラスし，クオリティとともにユーモアが人々の記憶に残るユニークな空間としてデザインした。（クライン ダイサム アーキテクツ）

主要用途／空港旅客取扱施設内トイレ　実施・製作設計／TOTOエンジニアリング，丹青社　建築・トイレ・設備施工／TOTO エンジニアリング，丹青社
映像制作・サイン・グラフィック／ブラックバス　大型LEDパネル（Luminous textile）／Philips　構造／S造　面積／138㎡

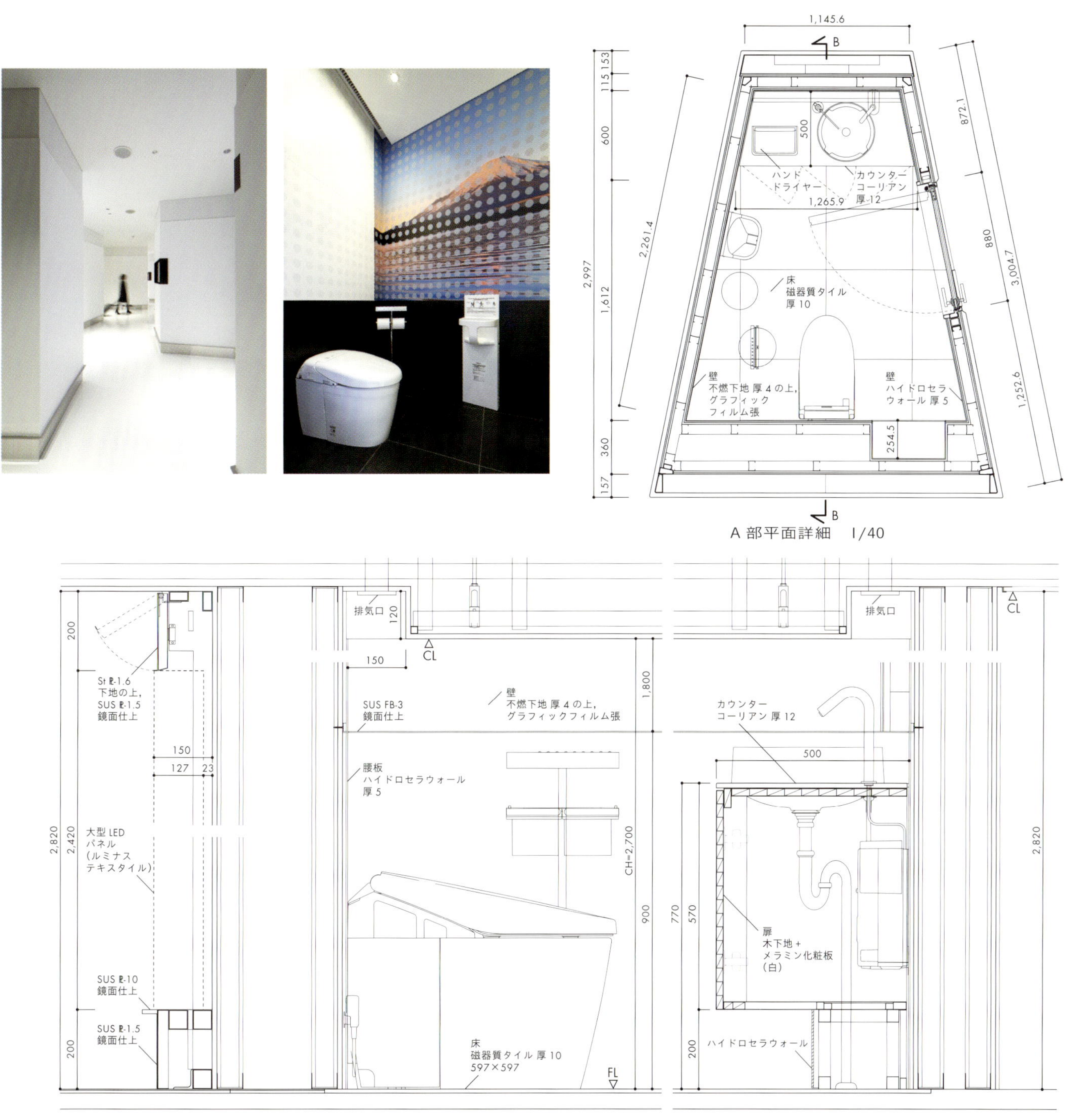

主な使用機器/大便器:ネオレスト AH2W/RH2W(以下すべて TOTO), RESTOROOM ITEM 01, 小便器:RESTROOM ITEM 01, 洗面器:MR700(クリスタル丸型),
自動水栓:TEN12LH, ハンドドライヤー:クリーンドライ TYC420W 竣工/2015年4月 所在/千葉県成田市 撮影/阿野太一

⑫ 体の障害に合わせて選べる，ユニバーサルデザインのトイレ

特別養護老人ホーム たまがわ　　日建設計

体の障害に合わせて，トイレのタイプを居住者の意思で選択できるユニバーサルデザインである。特別養護老人ホームという重度の障害のある高齢者のために，居室に隣接した水回り三つのタイプのトイレで構成した。大便器の位置と寄付きの関係を，それぞれ右，左，前アクセスとし，これらを一つのフロアに分散配置して組み合わせる。これは，左麻痺，右麻痺，あるいはその他の体の障害の状況に応じて，トイレを選択できるようにという意図である。トイレ空間にはガラスブロックから自然の光を採り入れるとともに，廊下に配したベンチ上のスリット窓から洗面コーナー越しに内部の気配が感じられるようにした。これらは，ここで生活する高齢者が安心して生活でき，かつ，それを見守るためのディテールである。

（日建設計　岩﨑克也）

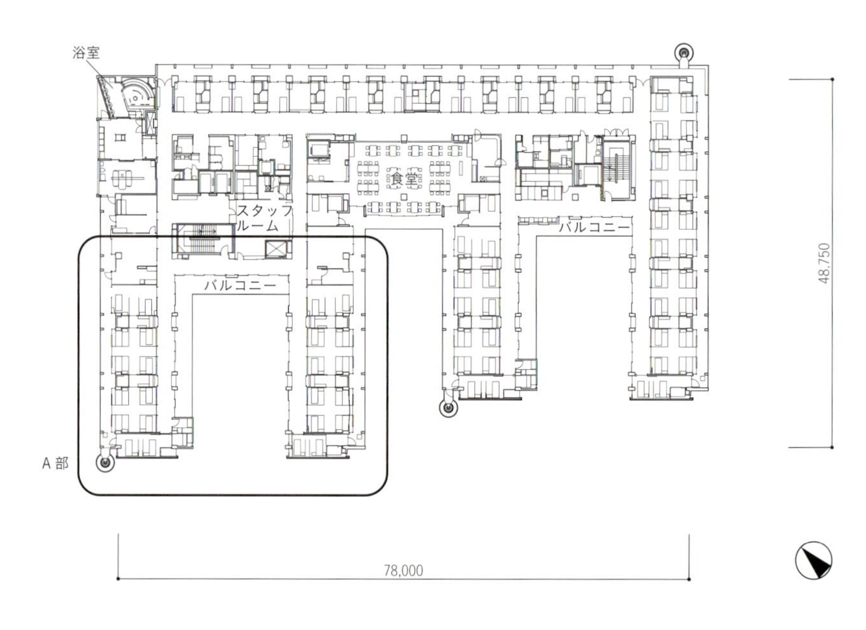

4階平面　1／1,000

主要用途／特別養護老人ホーム　施工／北進土建・山田建設・湯建工務店・神園工務店共同体　構造・規模／RC造・地上5階　基準階面積／3,566㎡
主な使用機器／大便器：便器C48AS（TOTO），洗面器：アンダーカウンター式洗面器M928（TOTO）　竣工／2000年5月　所在／東京都大田区　撮影／彰国社写真部

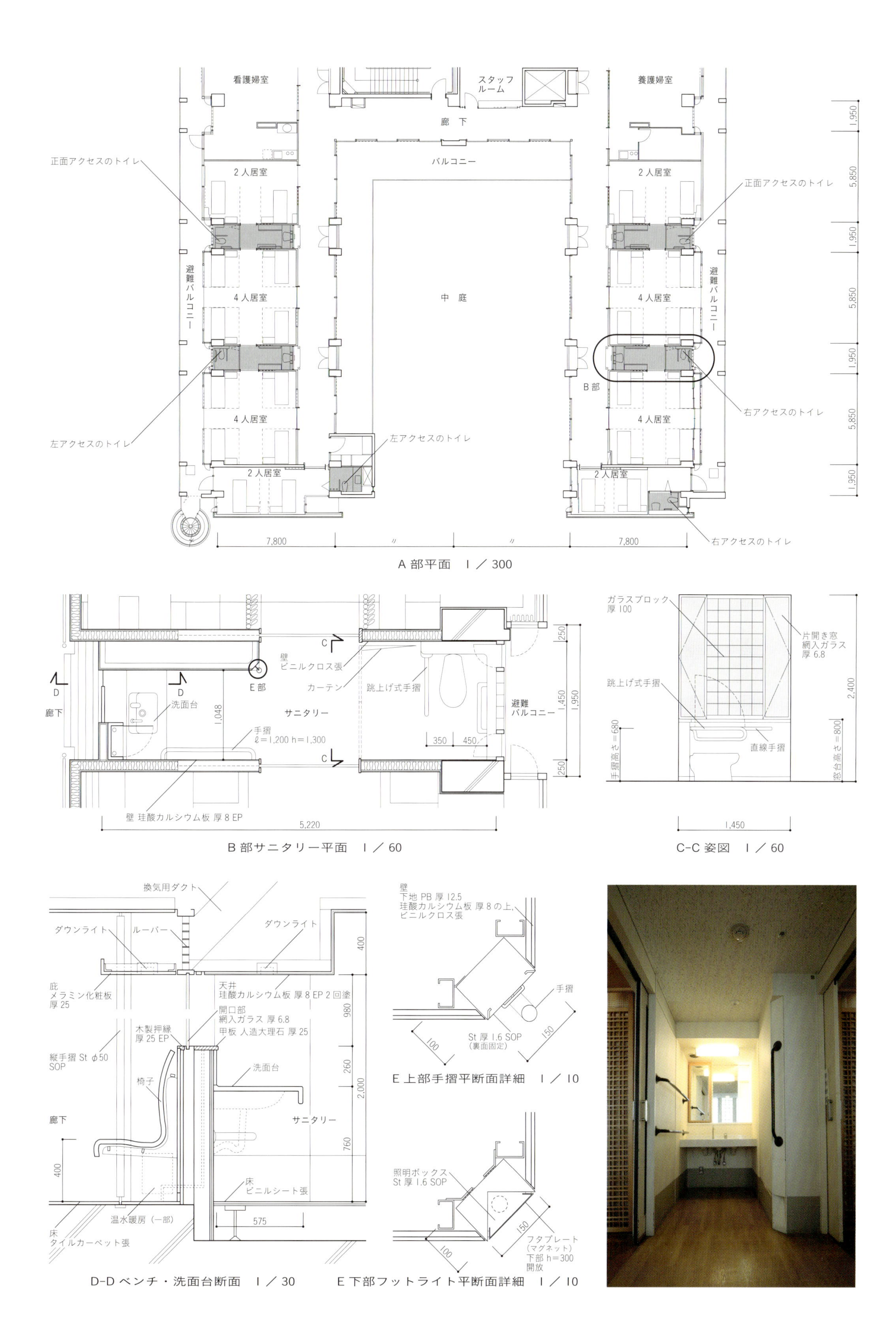

A 部平面 1／300

B 部サニタリー平面 1／60

C-C 姿図 1／60

D-D ベンチ・洗面台断面 1／30

E 上部手摺平断面詳細 1／10

E 下部フットライト平断面詳細 1／10

⓪③ 自分らしい生活を支えるトイレ

地域密着型特別養護老人ホーム ここのか　　ゆう建築設計

特養ユニット１の居室9。ベッドサイド水洗トイレを設置した状態
協力：TOTO（株）

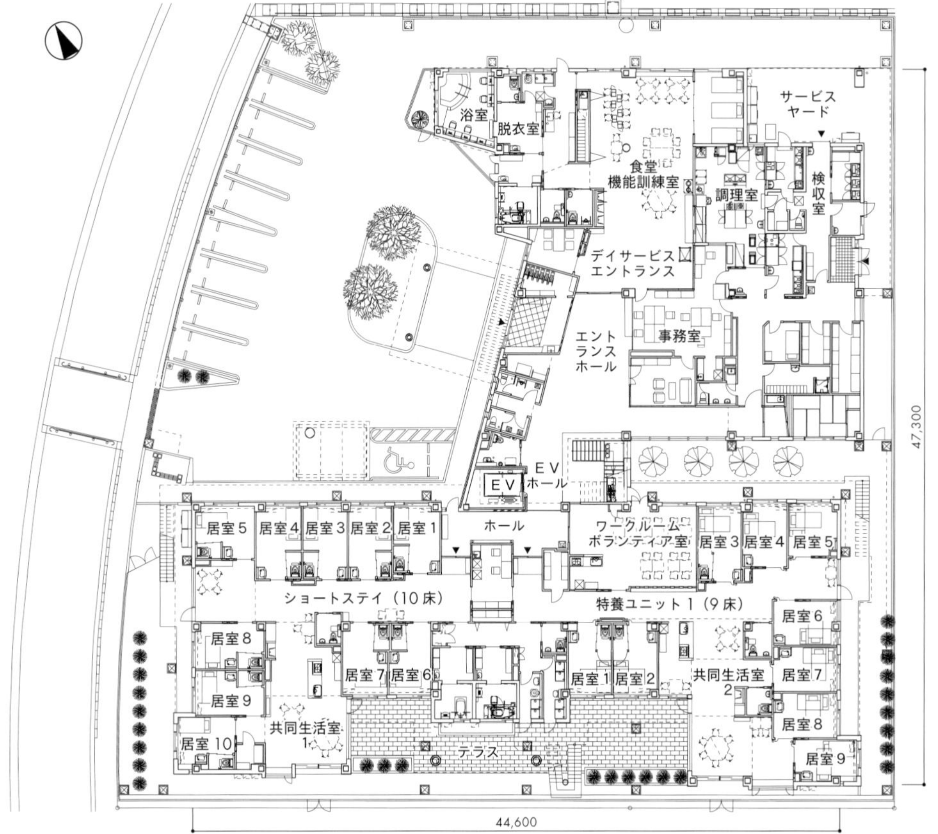

1階平面　1/500

施設では一般的に，数歩の移動で転倒の危険がある利用者は「ポータブルトイレ」を，それも難しい方はおむつを使用している。数歩ならば移動できる方にも「普通のトイレ」を使っていただくため，扉を外し，ベッドと便器を近づける「オープントイレ」を考えた。「ベッドサイド水洗トイレ」は，その数歩の移動が難しくなった方が，「ポータブルトイレ」に代わって自分の排泄物を自分で処理できるようにしたものである。

右麻痺・左麻痺の方でも使用できるよう，「ベッドサイド水洗トイレ」の配管は各室に2カ所設置し，配管でつまずいて転倒しないよう，ベッドの下に配管を通し，便器を設置することにした。低床ベッドを想定し，配管取出し口の高さやディテールを決めている。できるだけ長い間自力でトイレを済ませられることは高齢者の尊厳を守り，自分らしい生活の支えとなるだろう。

（ゆう建築設計　伊藤健一）

主要用途／特別養護老人ホーム，ショートステイ，デイサービス　建築施工／中川工務店　トイレ・設備施工／高山設備　衛生陶器工事／TOTO
構造・規模／S造・地上2階　面積／1階：1,386.94㎡，2階：919.88㎡

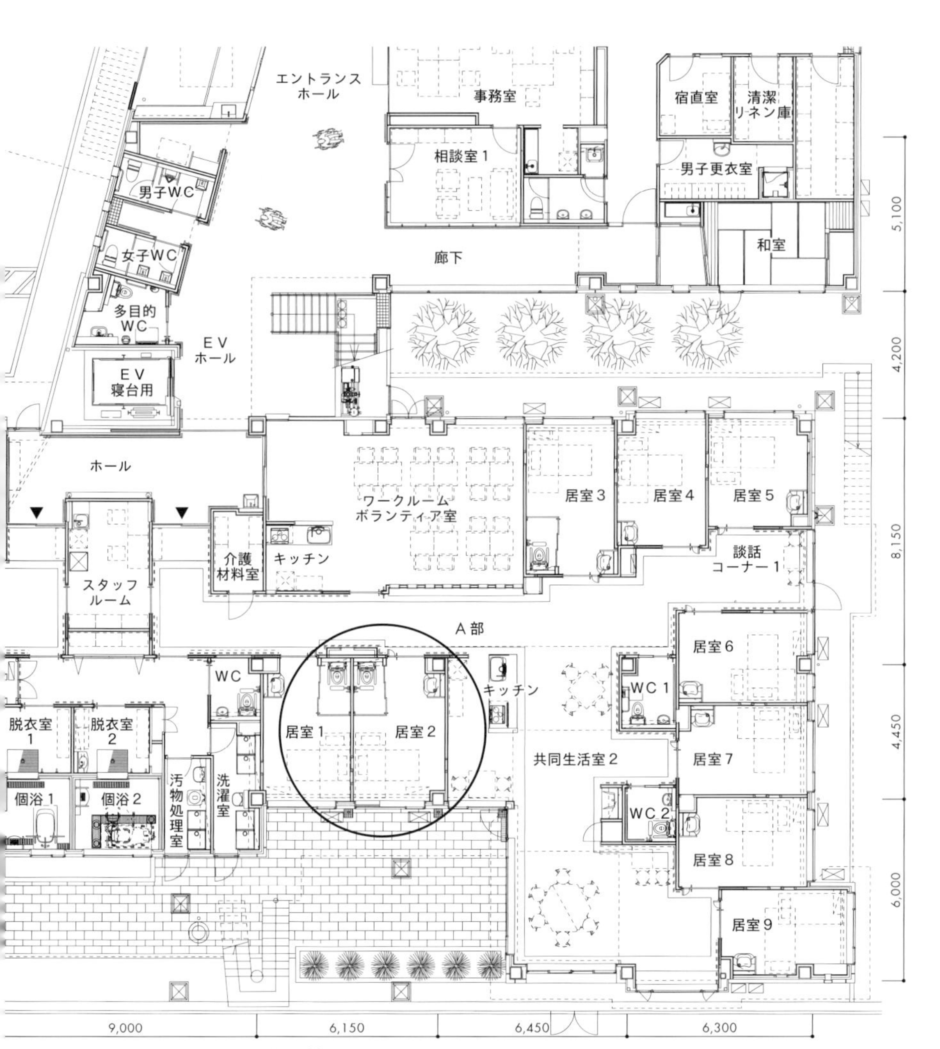

1階特養ユニット1平面　1/250

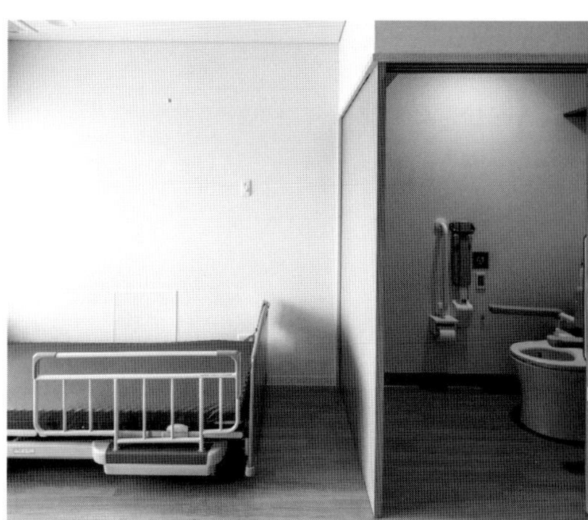

特養ユニット1の居室2　協力：TOTO（株）

電動ベッドのコンセントに近い位置に配管取出し口と点検口を設けている　協力：TOTO（株）

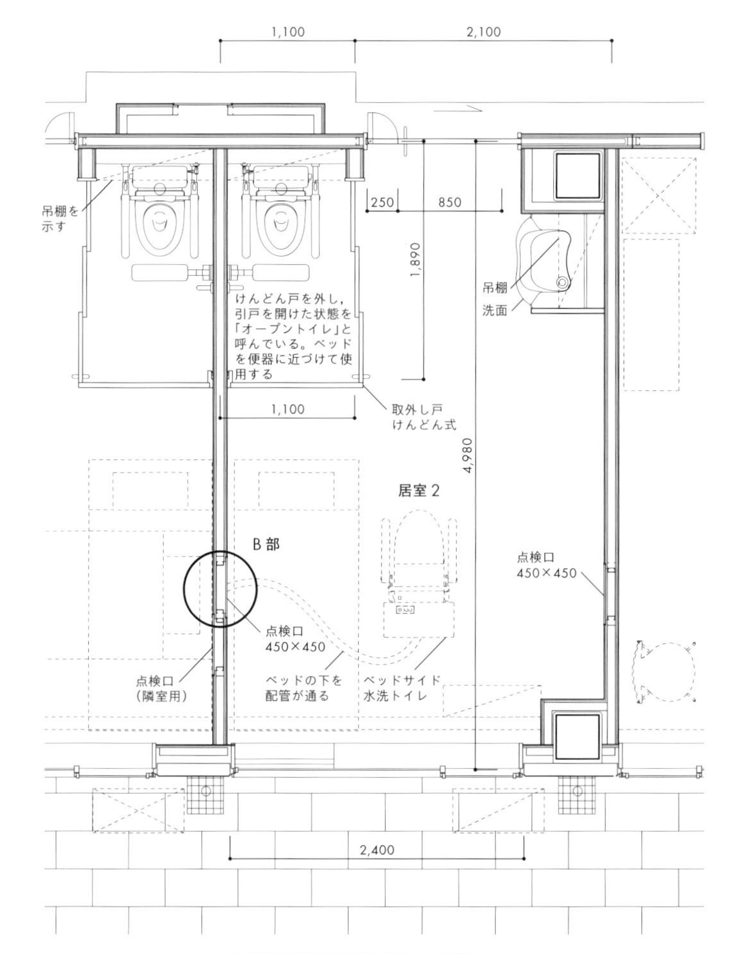

A部居室平面詳細　1/60

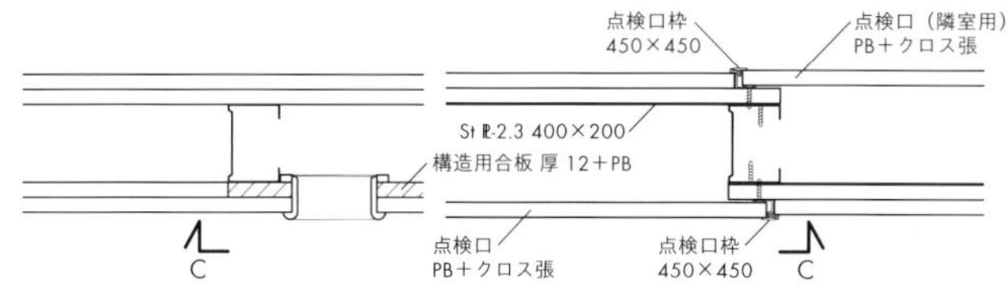

B部点検口平断面詳細　1／10

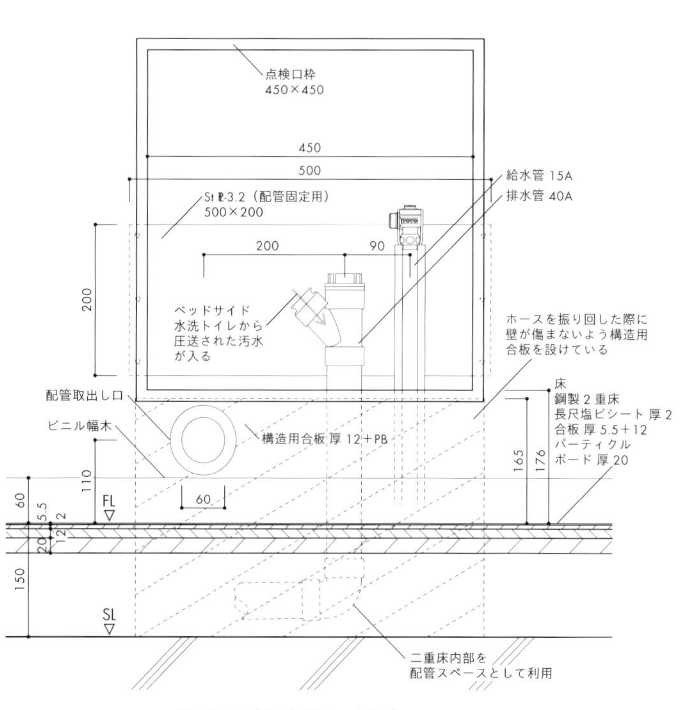

C-C点検口姿図　1/10

主な使用機器／大便器：ベッドサイド水洗トイレ（TOTO），CS230B（TOTO），小便器：UFS800（TOTO），洗面器：MLHD（TOTO）
竣工／2014年3月　所在／兵庫県豊岡市　撮影／川辺明伸

⓪④ 運用から導き出す病棟トイレ

がくさい病院　　KAJIMA DESIGN

がくさい病院は、スポーツ整形中心の整形外科領域と回復期リハビリテーション領域に特化した地域医療中核病院である。「トータルケアリハビリテーション」をコンセプトとして、車椅子や歩行器での患者の移動やスタッフの介助のしやすさに配慮した設計をしている。4床室の患者用の病棟共用トイレは、多様な使用状況に対応する大きめのトイレブースを分散集中配置している。病室からの距離を考慮して分散させる一方、集中させることで利用と介助の効率化を図っている。1床室では、病室内にトイレを設け、ある程度のプライバシーが確保できることを前提に広く開放できる建具を設けた隅切り部は、車椅子や介助のための十分なスペースを確保している。戸先に手摺を設けた扉がベッド側を向くことで患者の自立を促すことも意図している。(KAJIMA DESIGN　星野大道)

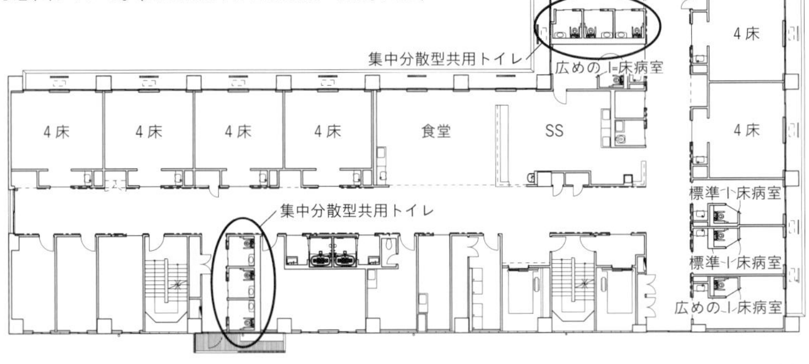

3階病棟平面　1／500

(写真提供:星野大道 KAJIMA DESIGN)

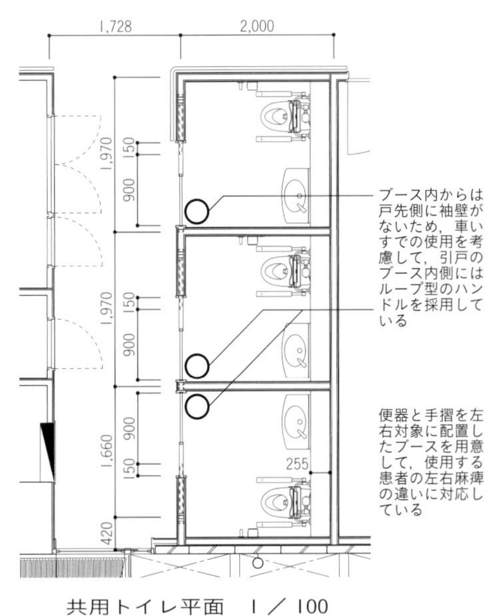

共用トイレ平面　1／100

(撮影:野口兼史 K's Photo Works)

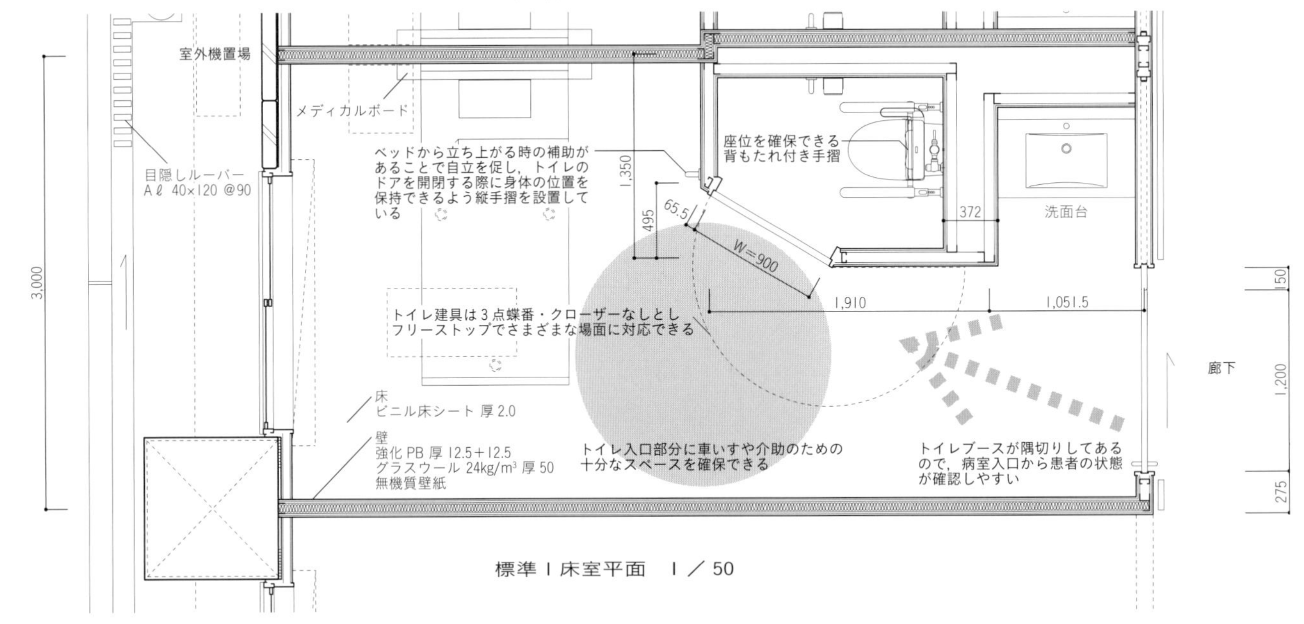

標準1床室平面　1／50

主要用途／病院　施工／鹿島建設　構造・規模／RC造，一部S造・地上5階　基準階面積／1,029.32㎡
共用トイレの主な使用機器／大便器:C550SU(TOTO)，洗面器:L270DF(TOTO)+自動混合水栓TEN50AX，背もたれ付手摺:EWCS770R(TOTO)+I字手摺:NS-T800(ナカ工業)，ブース内引戸ループ型ハンドル:別製T5650(ユニオン)　1床室トイレの主な使用機器／大便器:C743PVN(TOTO)，カウンター式洗面器:特注(ハンセム)+シングルレバー混合水栓:TLNW31B1F(TOTO)，背もたれ付手摺:EWCS770R(TOTO)+I字手摺:NS-T800(ナカ工業)　竣工／2013年10月　所在／京都市中京区

⑤ 限られたスペースを最大化する1床室トイレ

東京都済生会中央病院　　KAJIMA DESIGN

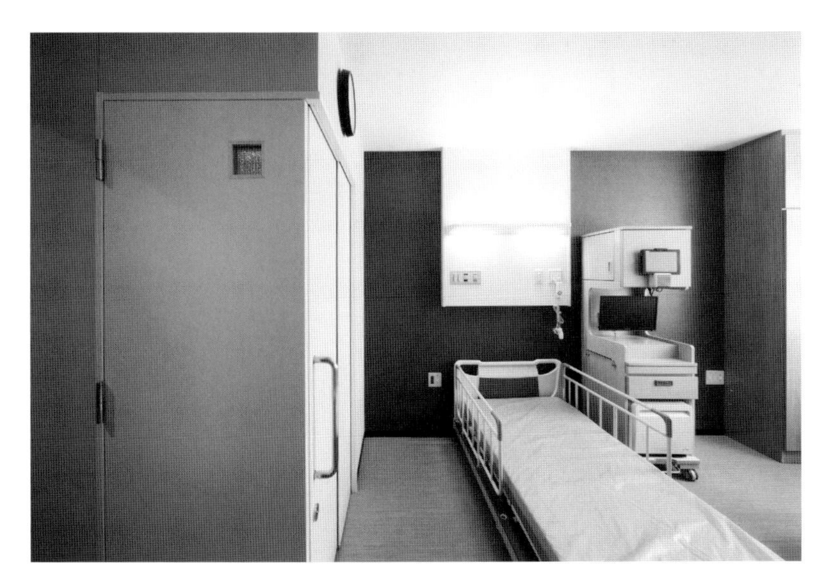

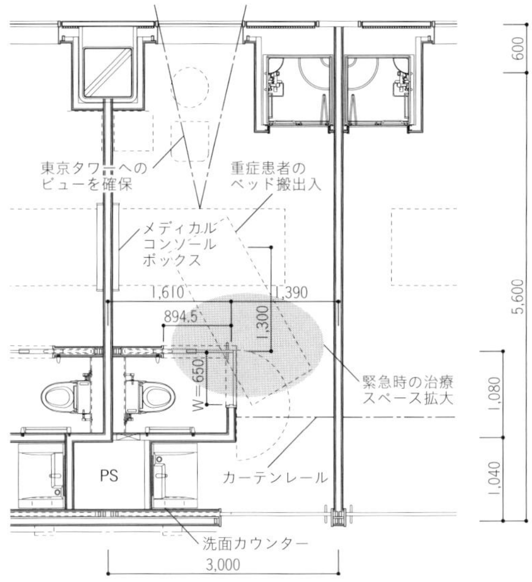

病室平面　1／100

東京都済生会中央病院は、東京タワーのほど近くに建つ災害拠点病院である。周囲を挟まれた限られた敷地の中で、どれだけ患者の療養環境と治療環境を両立するスペースを確保できるかがテーマであった。1床室では、トイレの扉を引き戸＋開き戸のL字形建具とし、日常使用時は有効幅800の引き戸、介助時には開き戸も開放して最大有効幅950以上確保を可能とした。緊急時にもL字形建具を開放することで、重症患者のベッド搬送や治療スペースの拡大にも対応可能とし、1床室という限られたスペースの最大活用ができるよう考慮した。なお、設計当初の1床室は窓側にトイレシャワーユニットが配置されていたが、廊下側にL字形建具トイレ、窓側に小型ユニットシャワーと分けることで、療養・治療環境の向上と外部へのビューの確保を両立させた。　　（KAJIMA　DESIGN　中山純一）

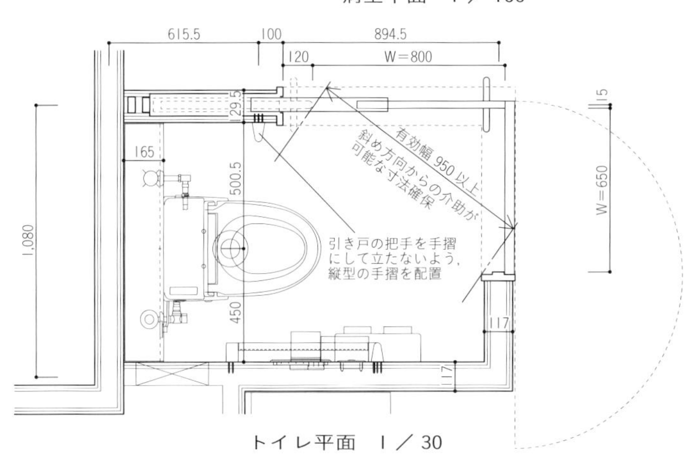

トイレ平面　1／30

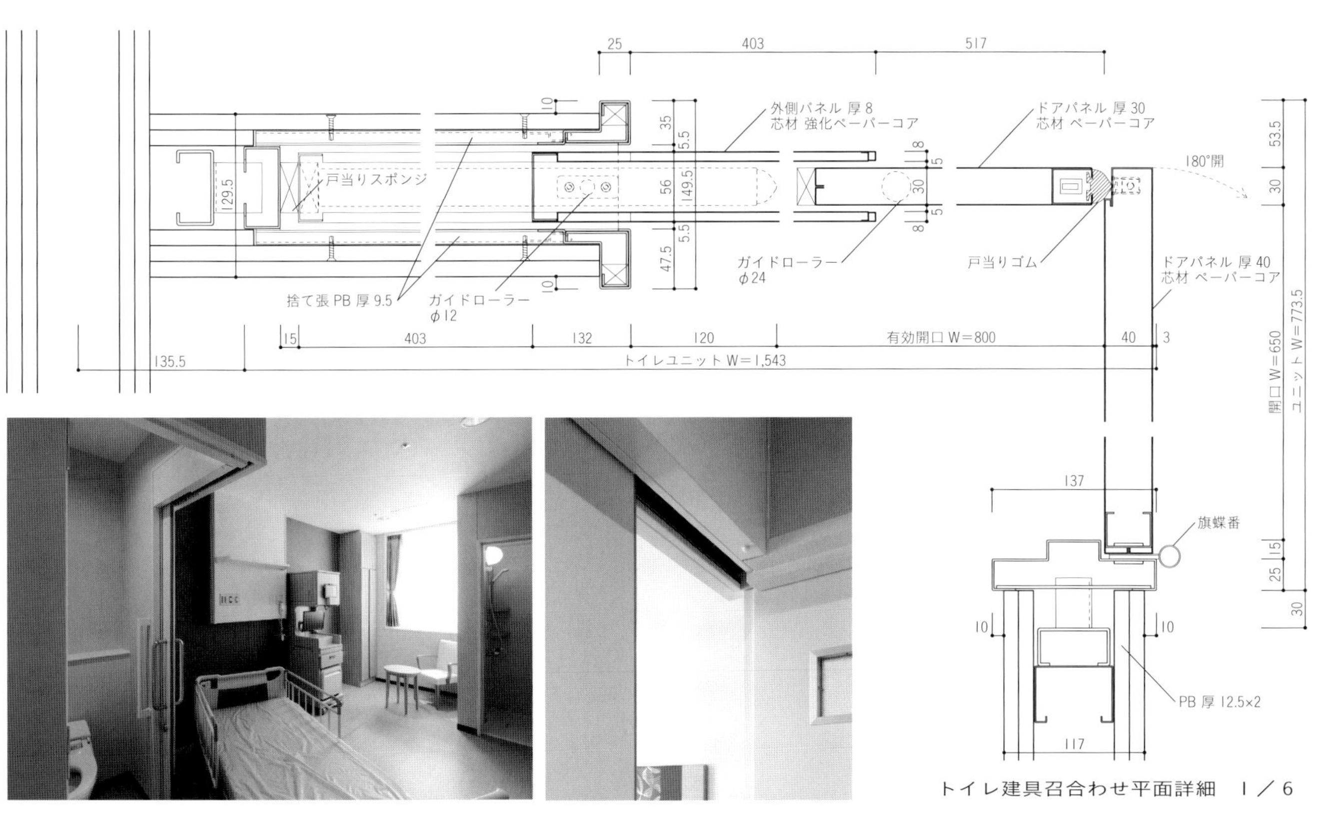

トイレ建具召合わせ平面詳細　1／6

主要用途／病院　施工／鹿島建設　構造・規模／S造・地下1階，地上14階　基準階面積／2,062.55㎡
主な使用機器／大便器：BC-K21S（LIXIL），洗面器：ドゥ・ケア（LIXIL）＋サーモスタット付自動混合水栓 AM-210TC，L形手摺：NKF-520（LIXIL），I形手摺：NKF-510（LIXIL），ユニットシャワー：JSV0808T（TOTO），1床室トイレ建具：くろがね工作所　竣工／2017年2月（新病棟部分）　所在／東京都港区　撮影／畑拓

⑥ トップライトで自然光を採り込んだ多機能トイレ

南アルプス市健康福祉センター　　日建設計＋山梨建築設計監理事業共同組合

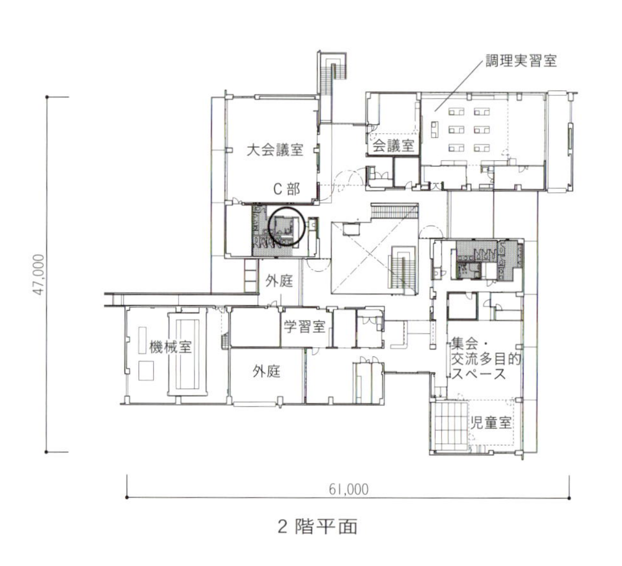

2階平面

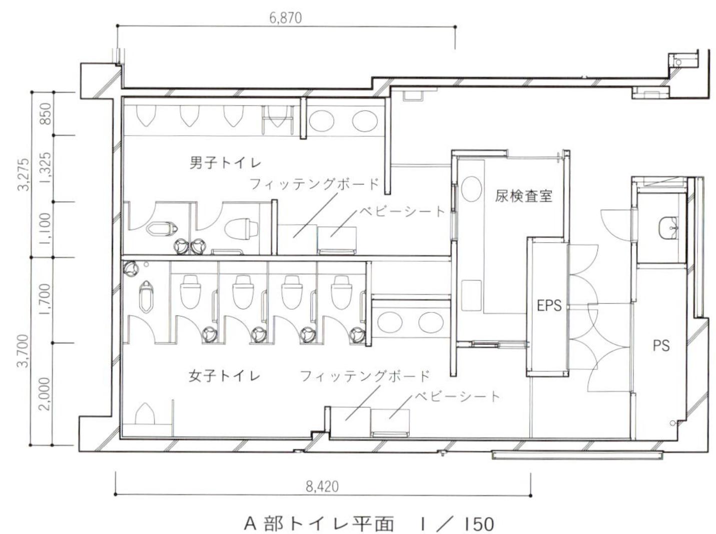

A部トイレ平面　1／150

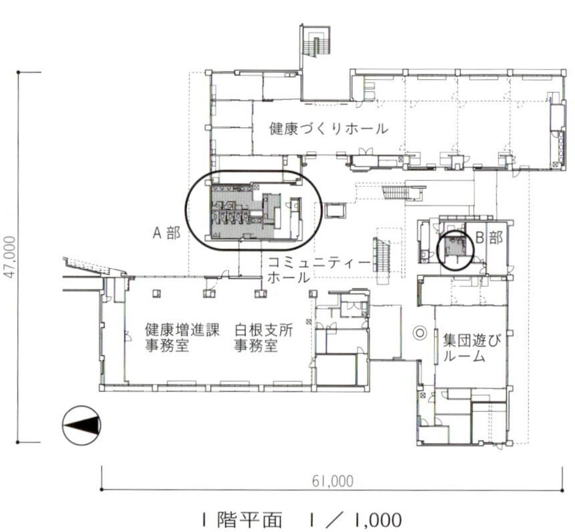

1階平面　1／1,000

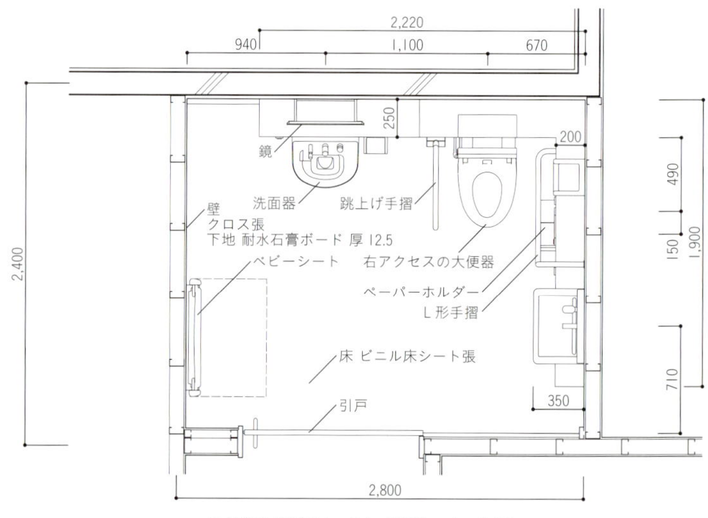

B部多機能トイレ平面　1／50

主要用途／健康センター，幼児童施設，市町村の庁舎　施工／早野組，宝建設，米山住研　構造・規模／RC造・地上2階　主な使用機器／大便器：C743PVRS（TOTO），小便器：UFS800CE（TOTO），洗面器：L546U＋TEN51AX（TOTO），多機能トイレ：XPDA8L/RSA81AWWW特（TOTO）　竣工／2010年3月　所在／山梨県南アルプス市　撮影／彰国社写真部

自然採光とライニング高さを750mmに統一した多機能ユニットトイレの組合せである。ここでは，採光と換気併用のトップライトを設けることで，今まで，自然の光が入ることが少なかった多機能トイレに光と風を導き，災害時などでも真っ暗な閉所に閉じ込められるといった不安を払拭した安心，安全のためのデザインである。
また，1階と2階の2カ所の多機能トイレの便器の位置と入口扉の関係を使い分け，整理し，組み合わせることで，それぞれ左右の異なるアクセスを可能とした。これは，左麻痺，右麻痺といった体の障害の状況に応じて利用するトイレを選択できるという，限られたスペースの中で展開するユニバーサルデザインの一つの解答である。

（日建設計　岩﨑克也）

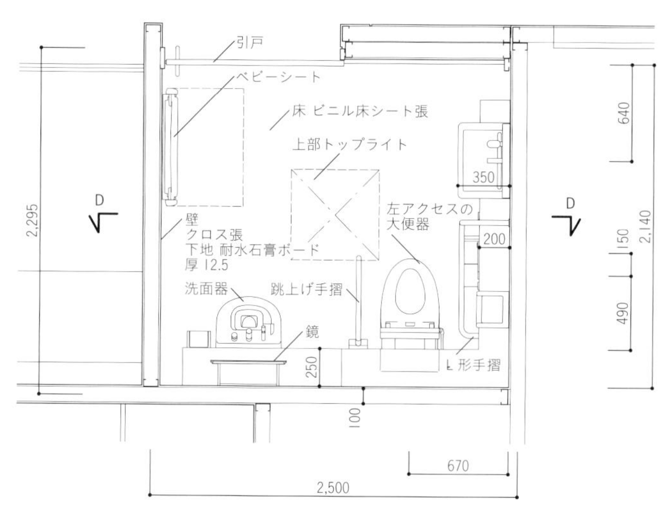

C部多機能トイレ平面　1／50

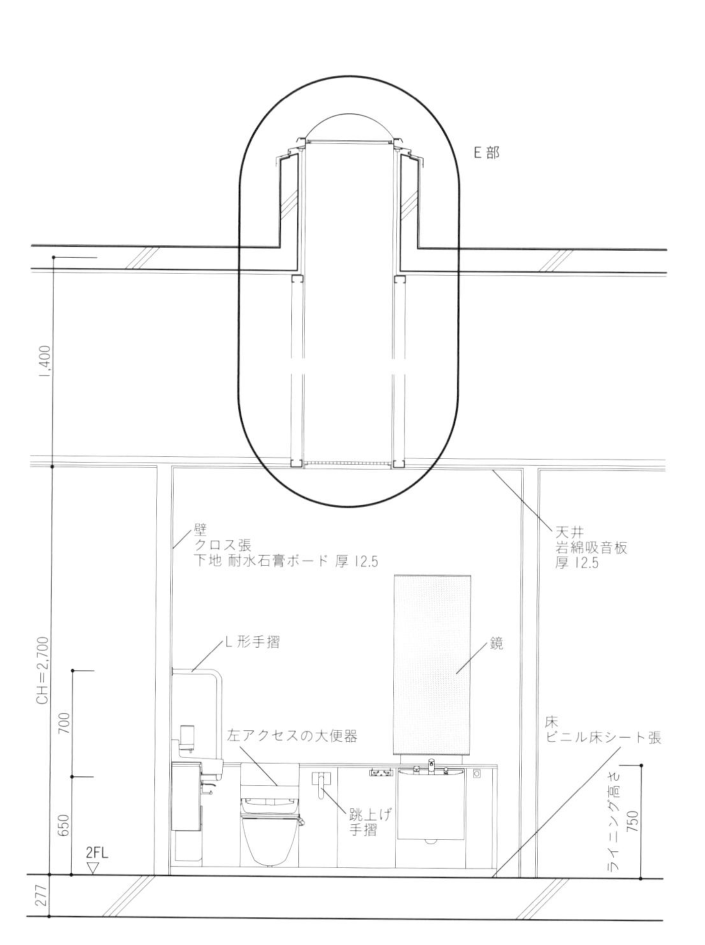

D-D 多機能トイレ断面　1／50

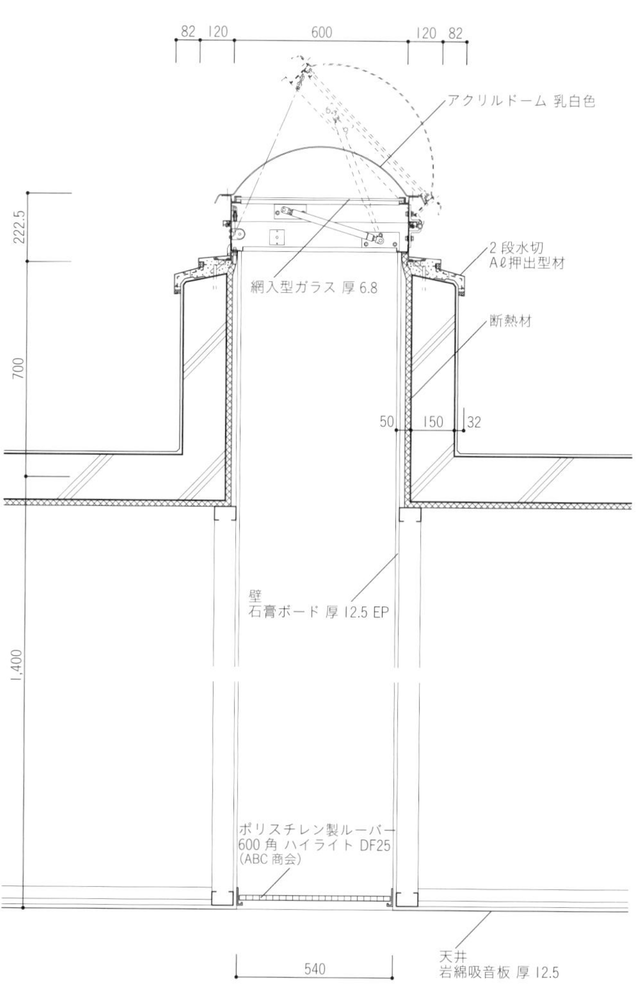

E部トップライト断面　1／25

⑦ 逆勝手を並列させてニーズに応える多機能トイレ

日本財団 パラリンピックサポートセンター 共同オフィス　　トラフ建築設計事務所

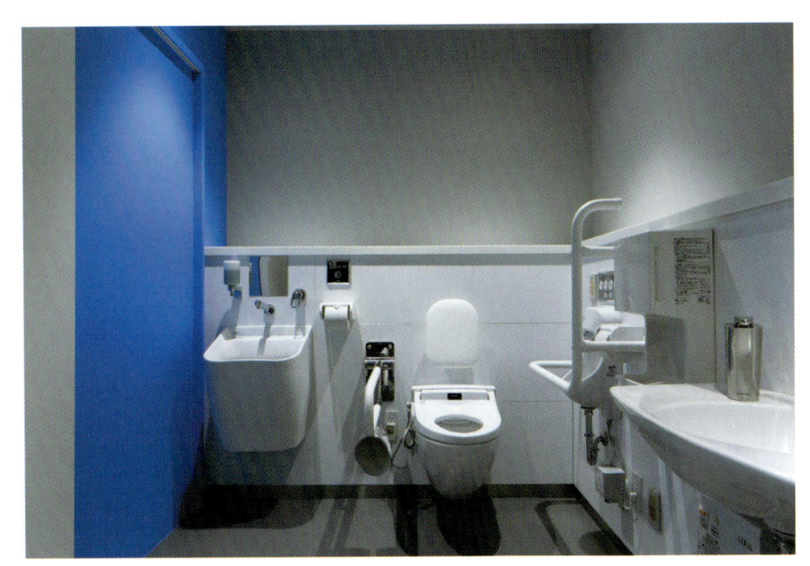

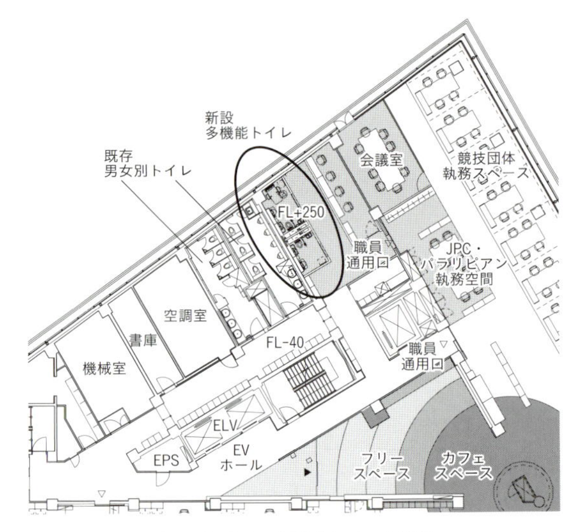

トイレまわり平面　1／500

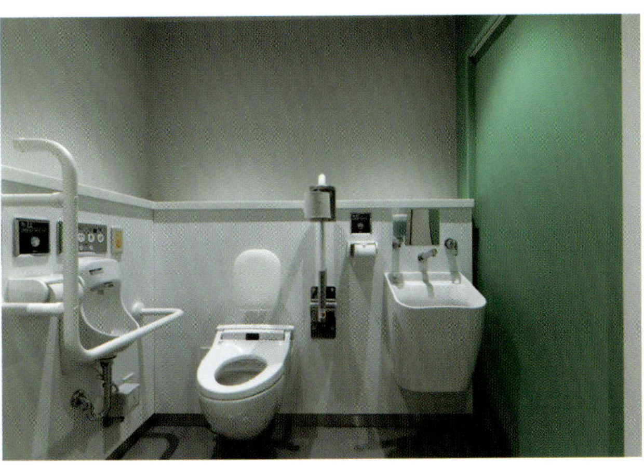

日本財団パラリンピックサポートセンターのオフィスの内装計画において、二つの多機能トイレを同階に新設した。ユニバーサル・デザインに配慮しながらも、パラリンピアンの祭典をサポートする競技団体のためのオフィスとして、緊張感と誇りを持って働けるような環境を目指した。

二つのトイレは対称のつくりとなっていて、半身麻痺の利用者の方が選択的に利用できるように計画した。各トイレ内の廊下側壁面一面を青色と緑色に塗り分け、無機質になりがちなトイレ空間のアクセントとした。また、分かりやすく大きなピクトグラムとサインを車いす利用者でも判別しやすい高さに設置し、スムーズに誘導することにも配慮した。

余裕を持った内部空間と、配色によるアクセントなどで、機能性だけではない、快適な空間を目指している。　　（トラフ建築設計事務所　鈴野浩一・禿真哉）

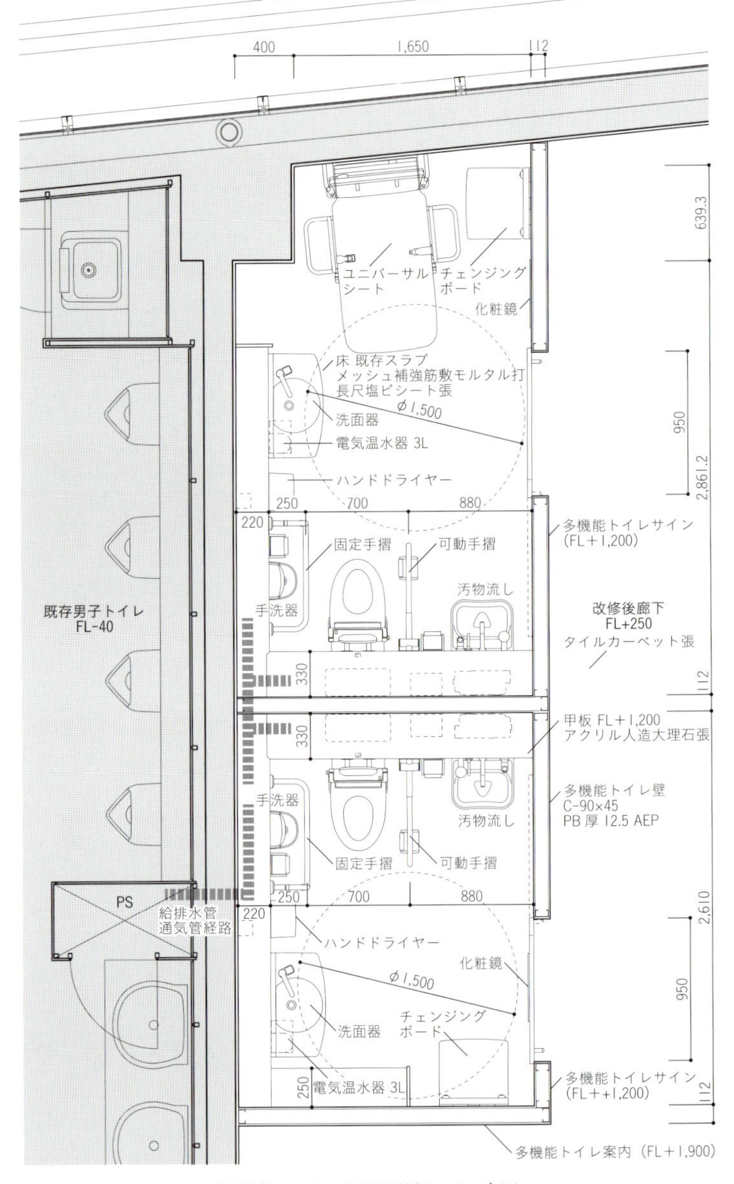

多機能トイレ平面詳細　1／50

主要用途／オフィス　トイレ改修施工／LIXIL　構造・規模／SRC造・地上８階(うち改修工事範囲は４階)　基準階面積／1,217.63㎡
主な使用機器／大便器:C-23PC(LIXIL), シャワートイレ:CW-PC12-NECK(LIXIL), 洗面器:L-275AN(LIXIL), 自動水栓セット:EHMN-CA3S10-AM213CV1(LIXIL), 手洗器:AWL-71U2AM(P)(LIXIL), 汚物流し:S-210(LIXIL), ハンドドライヤー:KS-560AH(LIXIL), チェンジングボード:AC-CB-01(LIXIL), ユニバーサルシート:AC-US-01(LIXIL)　竣工／2015年11月　所在／東京都港区　写真提供／LIXIL

⑧ 広義のユニバーサルデザインを目指したたまご形トイレ

茅野市民館　　古谷誠章／NASCA＋茅野市設計事務所協会

人の行き交うロビーに，平面がたまご形をしたオブジェのような四つのガラス箱のようなトイレが置かれている。ここには，合計六つの個室ブースがあり、それぞれに別のしつらえがされている。ブースを選ぶことで，単に用を足す以外に，休憩や介護，着替え，授乳，おむつ交換，オストメイトのパウチ交換など多様な利用が可能である。

たまご形の壁は所々に穴を穿った鉄板とフロストガラスでつくられ，閉塞感を解消し，内部に柔らかな光を採り入れている。手摺と手洗いを兼用したカウンターやおむつ台など内部の造作は主に家具工事で対処した。電気，換気，給排水設備はすべて床から供給されている。

（NASCA　八木佐千子）

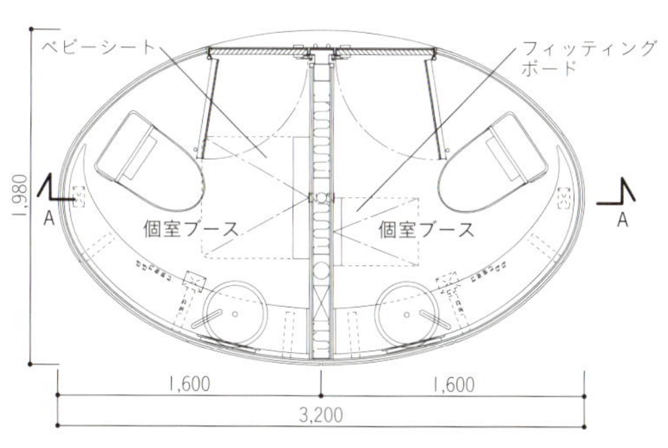

たまご形トイレ平面　1／60

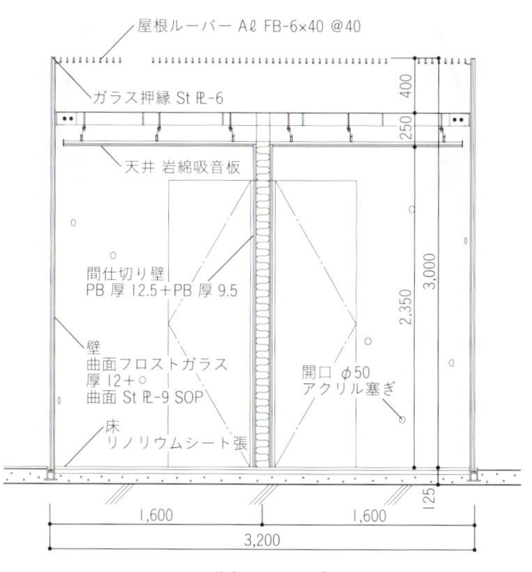

A-A 断面　1／60

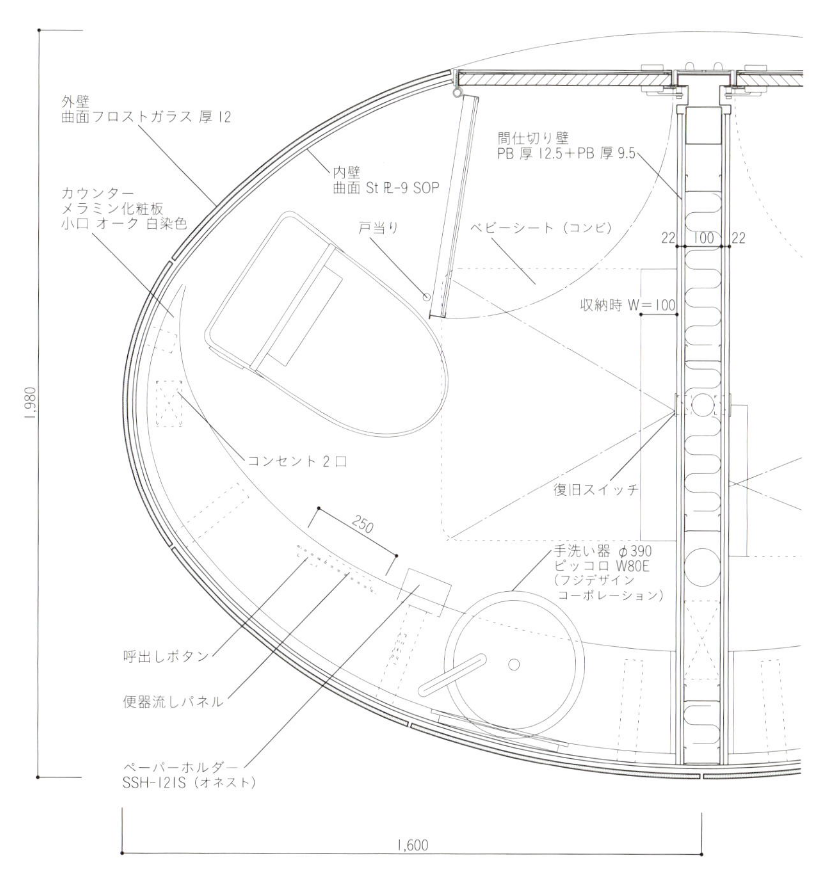

個室ブース平断面詳細　1／20

主要用途／劇場，音楽ホール，美術館，図書館　施工／清水建設・丸清建設共同企業体，新菱冷熱工業・大信設備共同企業体（機械設備）
構造・規模／SRC 造＋一部 S 造，RC 造・地下 1 階，地上 3 階　主な使用機器／洋風大便器：CES9561（TOTO），オストメイト：SK35（TOTO）
洗面器：ピッコロ（フジデザインコーポレーション），手すりカウンター：製作（celia）　竣工／2005 年 3 月　所在／長野県茅野市　撮影／彰国社写真部

⑨ 階段室からアプローチするコンパクトトイレ

鹿島本社ビル　　KAJIMA DESIGN

本社ビルのコンパクトなトイレである。効率的なコア形状を追求する中で，廊下を最小限にする配置計画と，合理的なトイレプランが考えられた。執務室から扉の開閉なくアクセスできるオープンな階段室に，ドアレスのトイレを直接接続している。それにより扉の開閉を一切することなくトイレにいたることが可能である。役所指導により要求された出入り口部分の前室も，２枚の常開扉を設けることで対応し，開放性を維持した。長手方向で外壁に面したこのトイレの窓には，接続する階段室とともに一般執務室並みの大型サッシュを採用し，視線のコントロールのためのブラインドも設置している。その結果，執務室からトイレにいたる経路も含めて，開放的で心地よい空間構成となっている。(KAJIMA DESIGN　向井千裕)

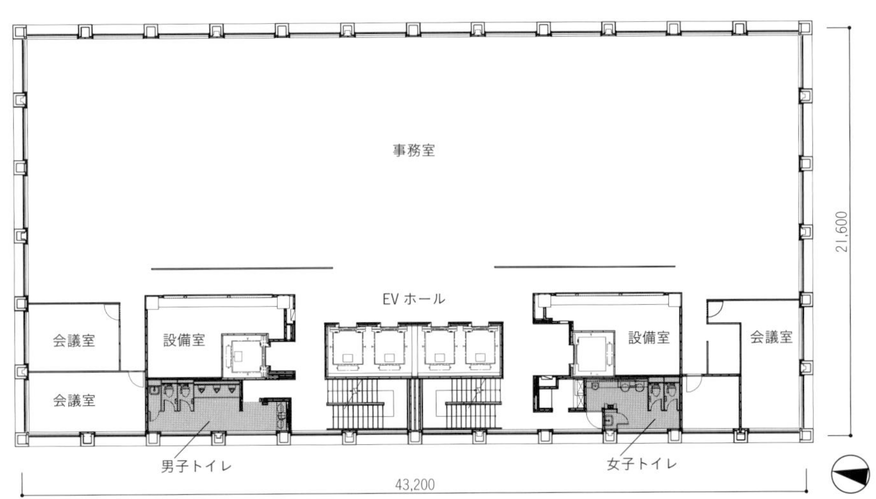

基準階平面　1／400

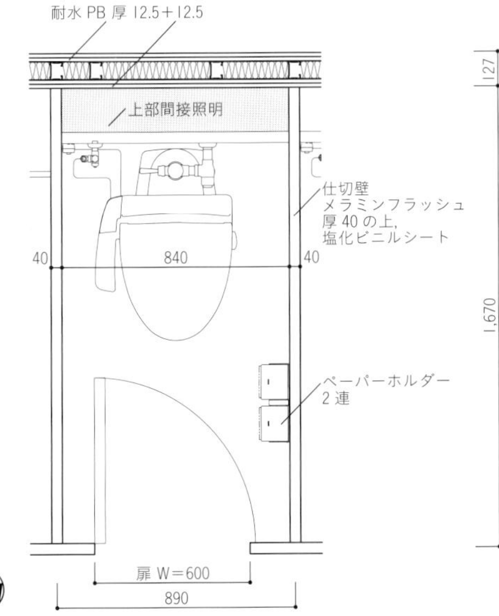

個室ブース平面　1／30

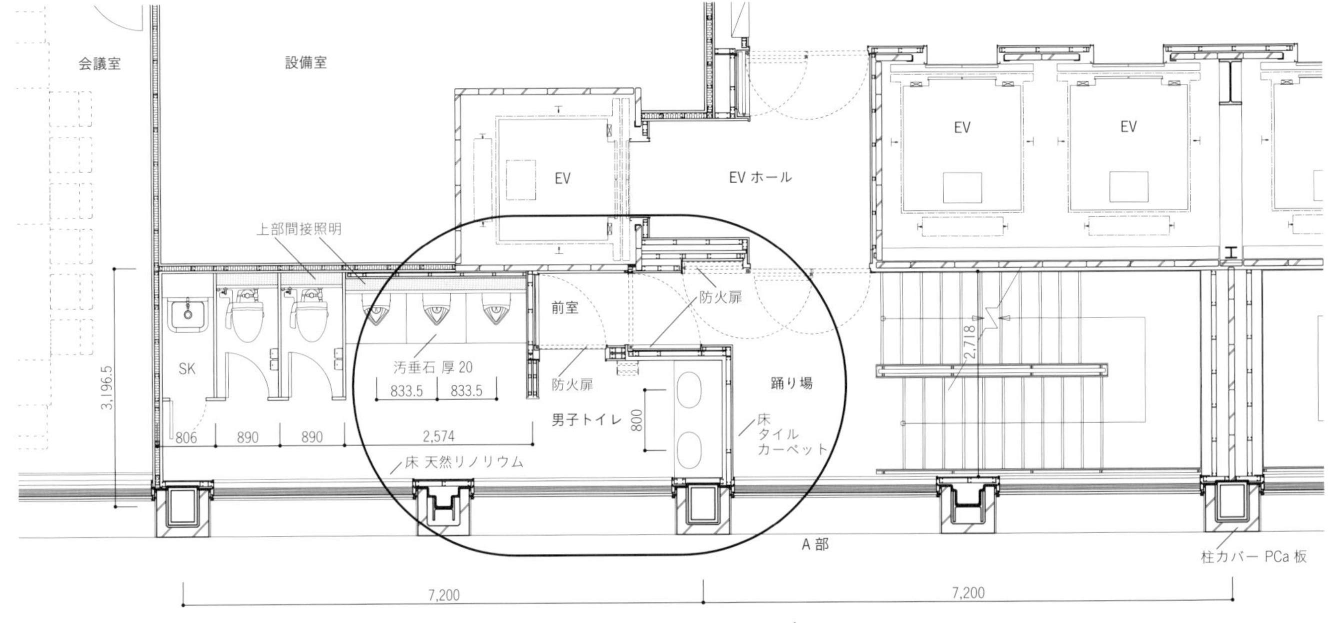

トイレ・階段まわり平面　1／100

主要用途／オフィスビル　建築施工／鹿島建設　トイレ施工／モネー　設備施工／西原衛生工業所　構造・規模／S 造・地下２階，地上 14 階　基準階面積／911.08㎡
主な使用機器／大便器：フラッシュバルブ式腰掛便器　C480S (TOTO)，小便器：自動洗浄小便器 ジアテクト　UFS800CE (TOTO)，はめ込楕円形洗面器　L546 (TOTO)
竣工／2007 年 7 月　所在／東京都港区　撮影／彰国社写真部

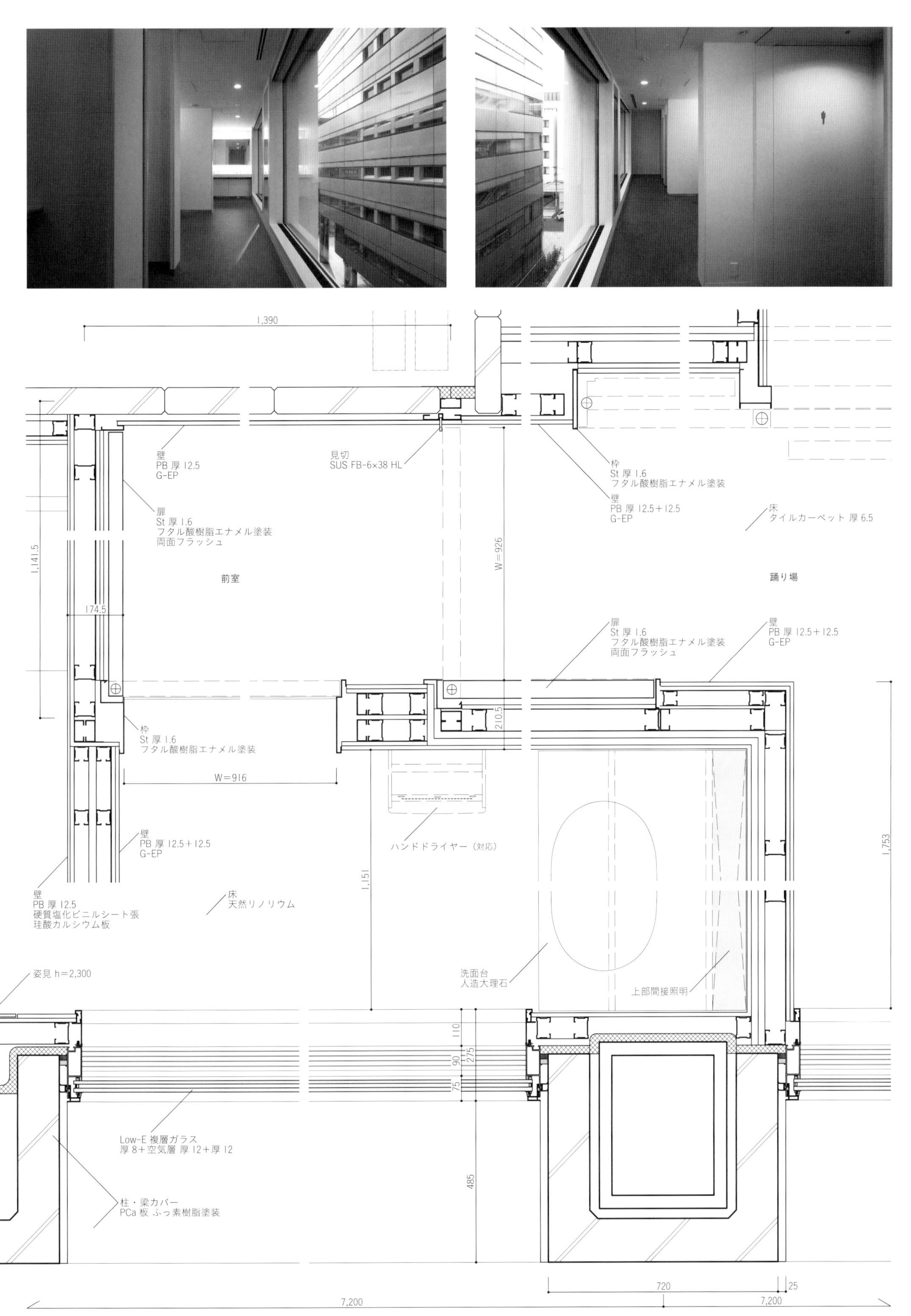

カーテンウォール・前室扉まわりA部平断面詳細 1／15

⑩ 垂直と水平の広がりを感じるトイレ

室町東三井ビルディング COREDO室町　　日本設計，清水建設一級建築士事務所，フィールドフォー・デザインオフィス

一面が外部に面する窓をもつ高層オフィスのトイレである。正方形に近い矩形の平面の中央に仕切り壁を設け，その周囲の各面に歯磨き・バニティカウンター，洗面カウンター，個室ブースを配置した構成である。眺望の良い窓に向けて，女子トイレは洗面カウンターを，男子トイレは小便器ブースを配置した。小物入れやハンドドライヤーを仕込んだ中央の仕切り壁は，高さを抑えて水平的な連続感を感じさせるとともに，アッパーライトで高天井を照らすことによって垂直方向の開放感を高めている。床から浮かせたカウンターも，洗面用と歯磨き用の高さを揃え，水平的な連続感を強調している。点検パネルをダンパー付きの開き扉にし，目地幅と面材の出入りをコントロールして，シンプルでソリッドなディテールとした。洗面，歯磨きは洗面器の高さを変えることで対応している。また，カウンター自体の高さも女子と男子で変えている。

（フィールドフォー・デザインオフィス　内田 淳）

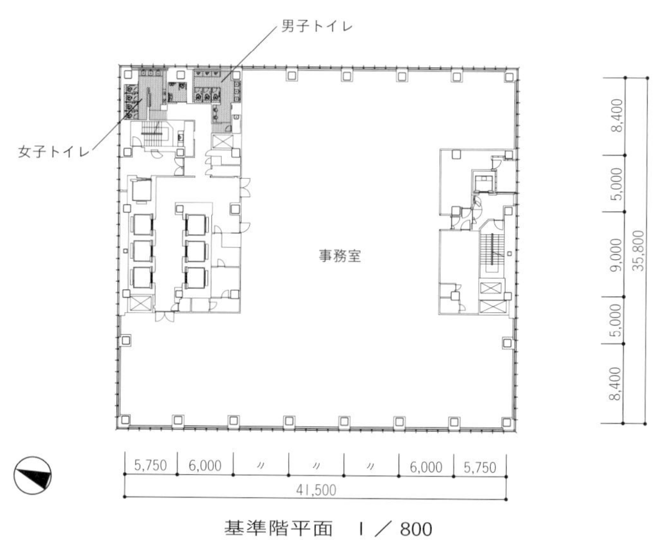

基準階平面　1／800

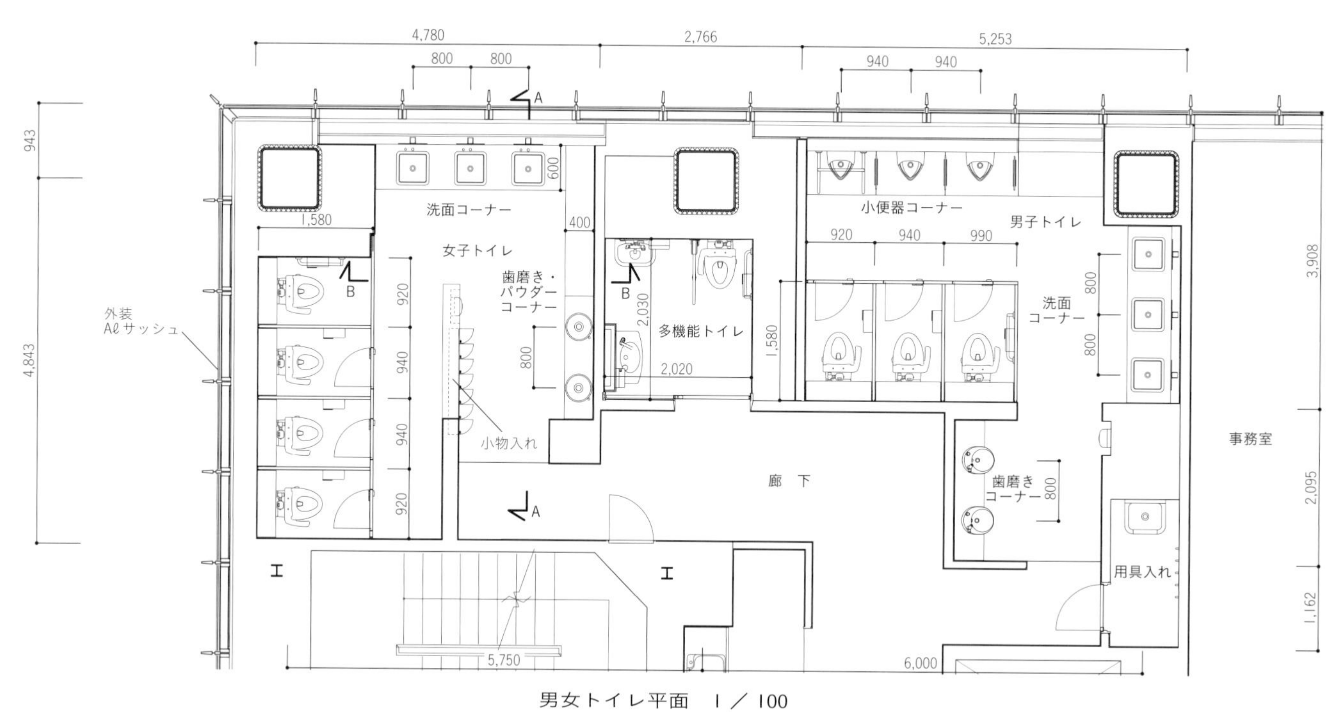

男女トイレ平面　1／100

主要用途／事務所・劇場・物販飲食店舗・駐車場　建築設計／日本設計，清水建設一級建築士事務所，團紀彦建築設計事務所　施工／清水建設，銭高組
構造・規模／RC造＋S造・地下4階，地上22階，塔屋2階　基準階面積／1,609.54㎡　主な使用機器／大便器：UAXC2LCN（TOTO），小便器：UFS800CE（TOTO），洗面器：6162.20.01（ビレロイ アンド ボッホ），自動水栓：TEL84GSX（TOTO），ハンドドライヤー：TYC300GS（TOTO）　竣工／2010年10月　所在／東京都中央区　撮影／エスエス（島尾望）

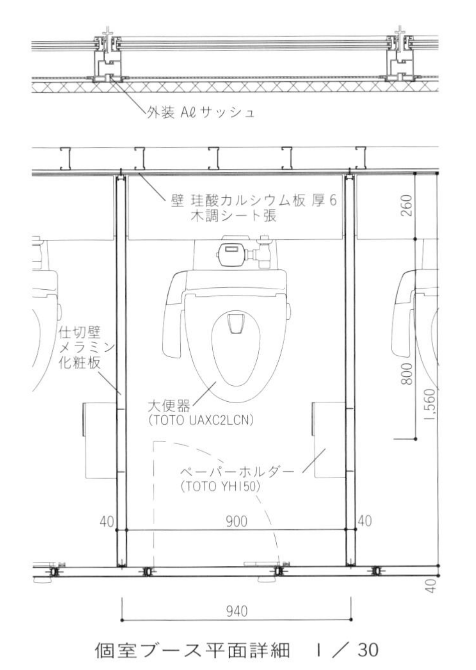

個室ブース平面詳細 1／30

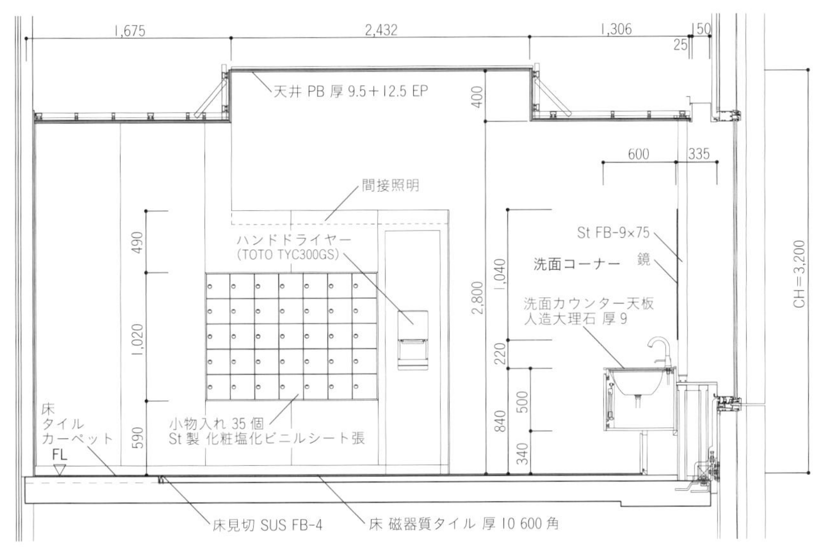

女子トイレ A-A断面 1／60

天井 PB 厚9.5+12.5 EP
180
503.5
800
800
913.5
St FB-9×75
壁
石膏ボード
厚12.5
ビニルクロス張
400
鏡
1,040
洗面カウンター天板
人造大理石 厚9
220
500
840
340
FL
幅木 SUS ℞-2 HL
床 磁器質タイル 厚10 600角

女子トイレ B-B断面 1／60

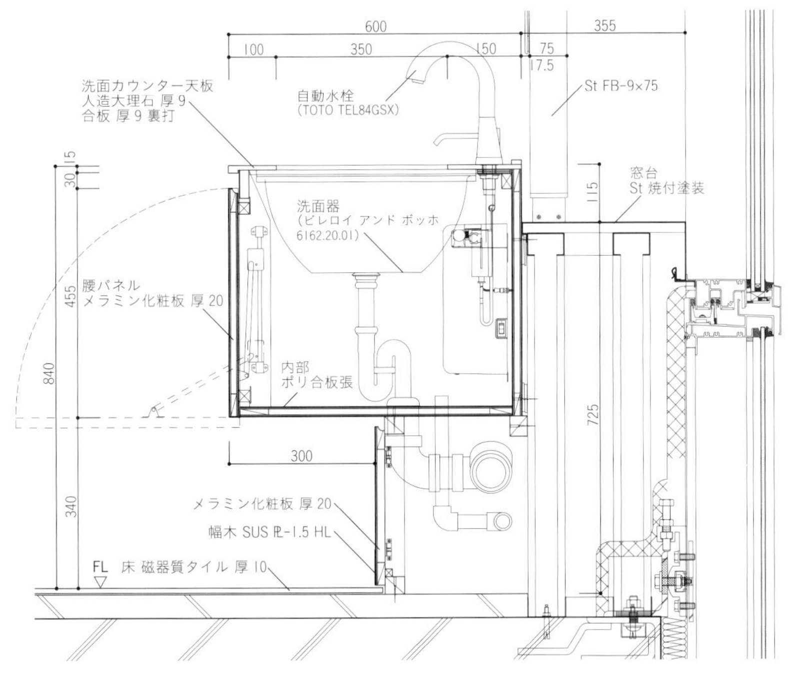

女子トイレ洗面台断面詳細 1／15

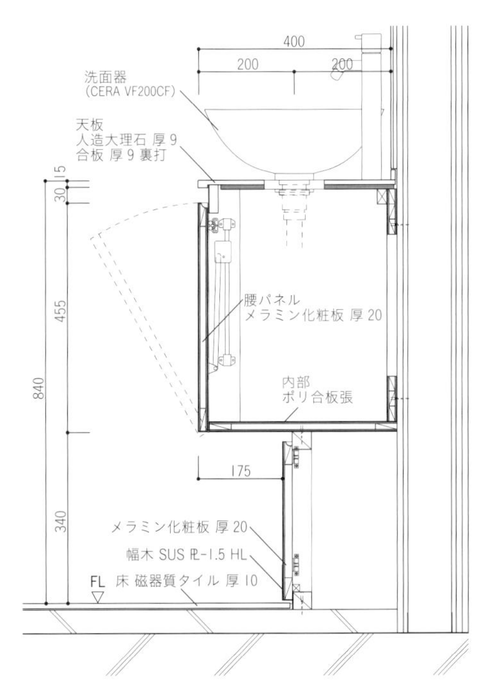

女子トイレ歯磨き用洗面台断面詳細 1／15

⑪ 光を呼び込む自立型トイレ

土佐堀ダイビル　日建設計

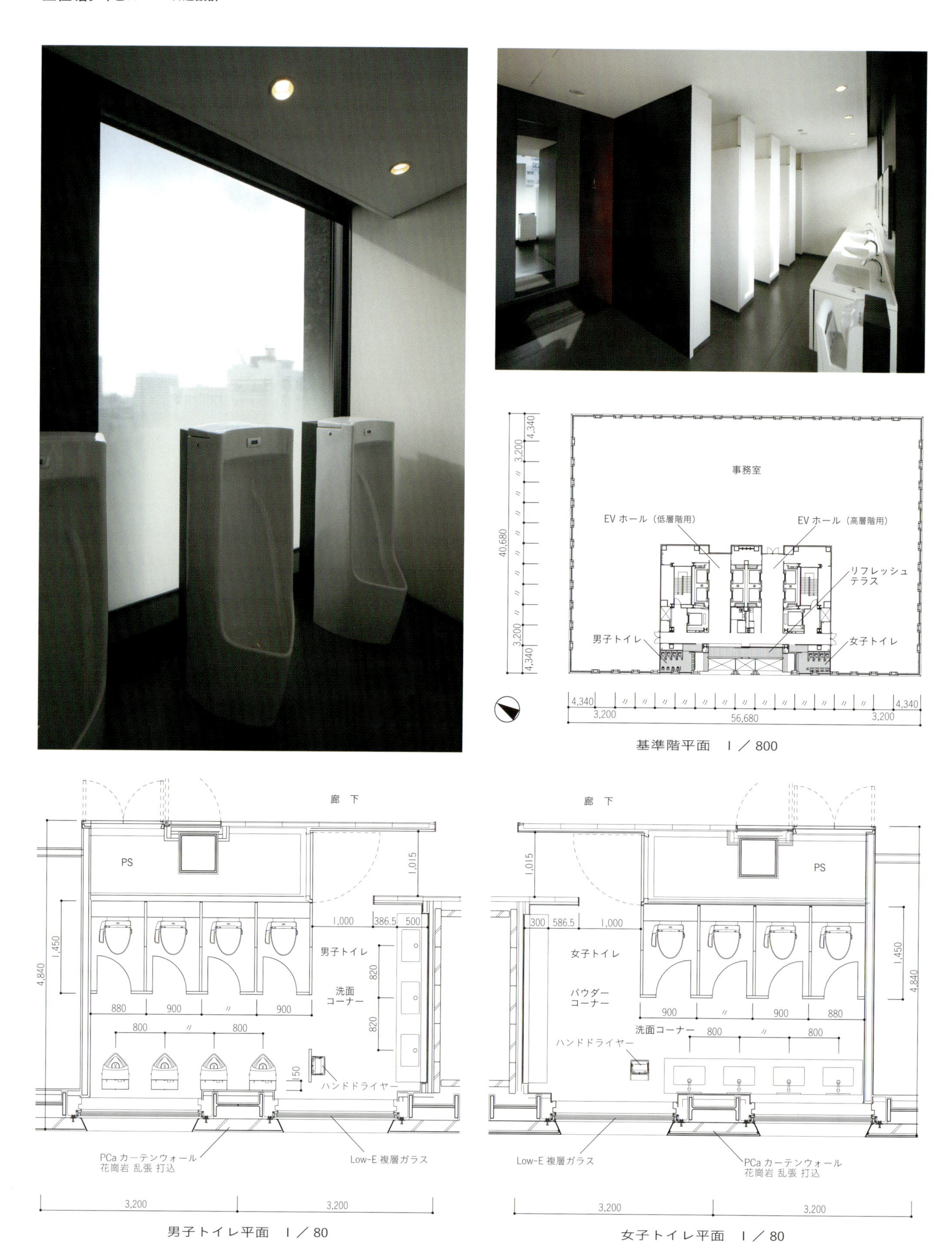

基準階平面　1／800

男子トイレ平面　1／80

女子トイレ平面　1／80

主要用途／事務所　トイレ施工／三興（下地），朝日興産（仕上げ）　建築施工／竹中・大林・鴻池 JV　設備施工／ダイダン　構造・規模／S造，一部RC造，SRC造・地上17階，地下1階，塔屋3階　基準階面積／2,211.70㎡　主な使用機器／大便器：CU466P（TOTO），小便器：UFS820C（TOTO），洗面器：L520（TOTO），ハンドドライヤー：JT-HC116GN-W（三菱電機），個室ブース／コマニー　竣工／2009年7月　所在／大阪市西区　撮影／彰国社写真部

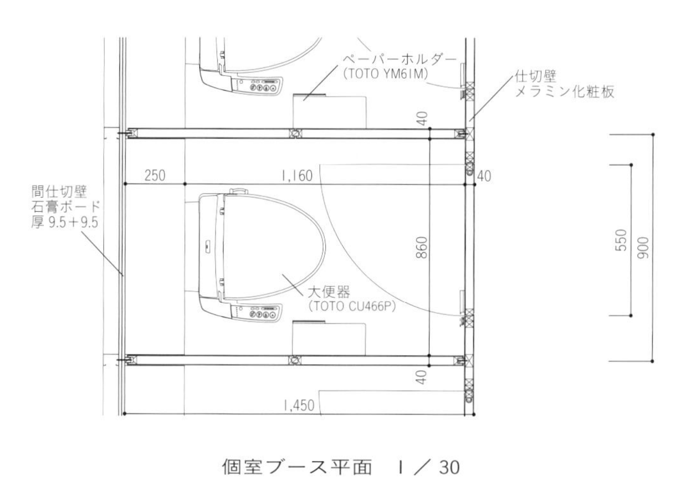

個室ブース平面 1／30

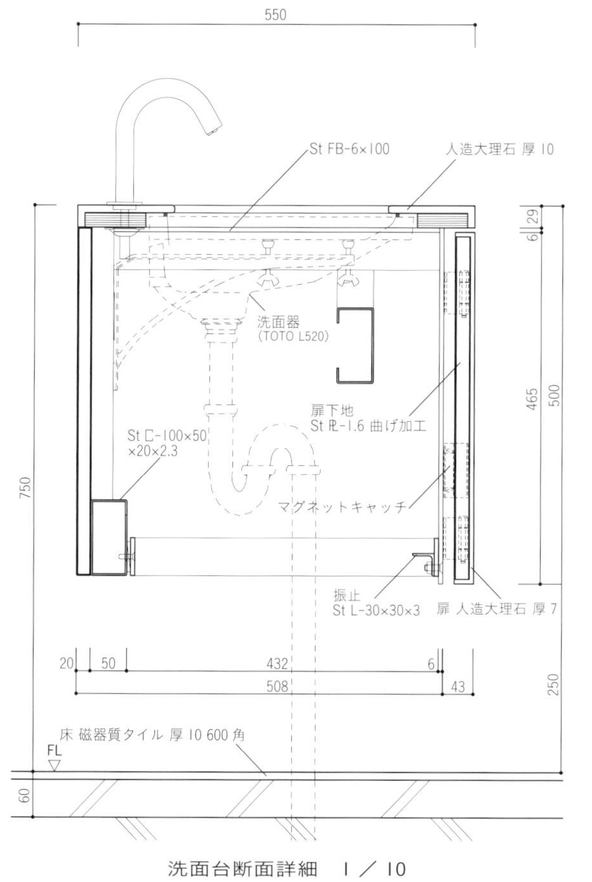

洗面台断面詳細 1／10

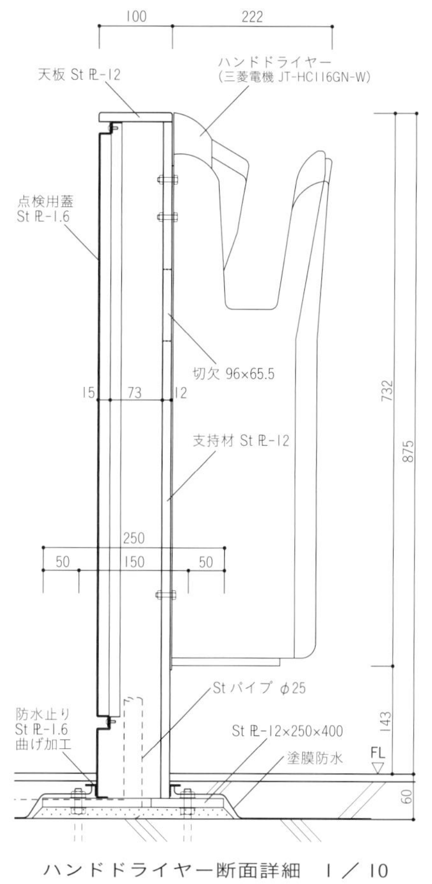

ハンドドライヤー断面詳細 1／10

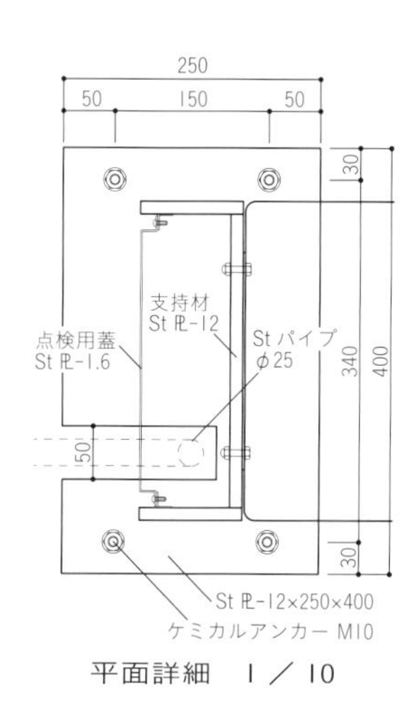

平面詳細 1／10

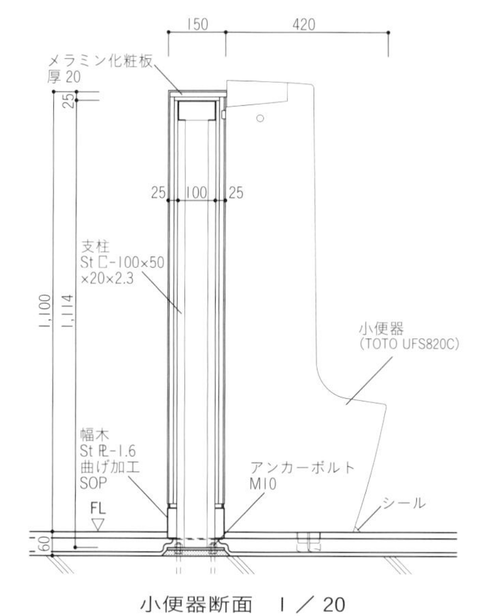

小便器断面 1／20

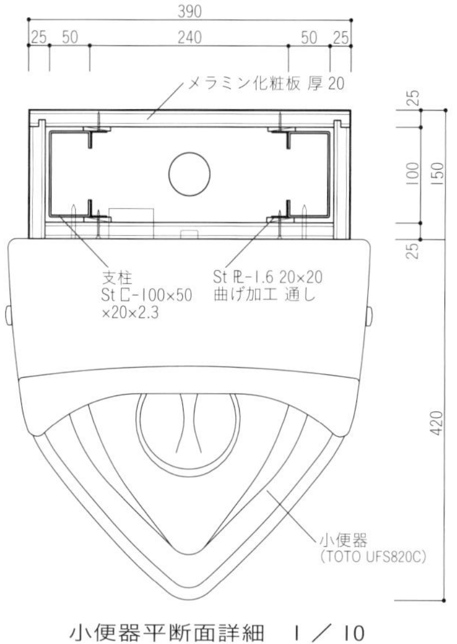

小便器平断面詳細 1／10

オフィスワーカーにとって休息の場でもあるトイレを明るく心地よい空間とするため，移りゆく自然光で満たしたいと考えた。男子トイレは小便器を自立型に，女子トイレは窓に面してカウンターを配置している。窓まわりは事務室と同じくフルハイトサッシュとして，最大限の自然光を取り込んだ。自立型の小便器は裏積みを少し面落ちさせて，足元までの十分な採光を確保しながら，小便器の形がそのまま立つように計画した。女子トイレはカウンターから洗面鏡やハンドドライヤーを自立させ，それぞれの機能を分節しながらも，自然光を呼び込むかたちを追求した。トイレの壁面はテクスチャーのある吹付け材を選択して繊細な陰影を生み出すことにより，真っ白なトイレブースと人造大理石のカウンターと相まって，光を柔らかく拡散させ，奥行きを与えている。(日建設計　喜多主税)

⑫ やわらかい光でトイレ空間を包み込む

ヒューリック 豊洲 プライムスクエア（旧SIA豊洲 プライムスクエア）　清水建設一級建築士事務所

都心近郊に建つ60 m立方の外観のオフィスビル。センターコアとしつつもトイレを外壁側に配置し，自然光を取り入れ，この光を最大限に生かす空間づくりとした。その天井にはダウンライトが一つもなく，照明は白い天井や壁を照らしている。自然光はこうした光と混ざり合い，外部環境の変化によって空間全体が柔らかく変化する。開口部は自然光と人工光がシームレスに連続するように窓枠を埋め込んで影を消し，各所は影のでないミニマルな納まりとした。洗面台やライニングは指物のように無駄なチリを一切もたせず，建築と同化させた。一見単純なこの納まりには，施工手順の段取りと施工精度の検討に多くの時間が費やされている。目を瞑るとそれまで気付かなかった音が聴えてくるように，自然光という要素を線や影を消した空間で包むことで，微かな自然の変化や表情が，ふと感じられるよう意図している。　（清水建設　牧住敏幸）

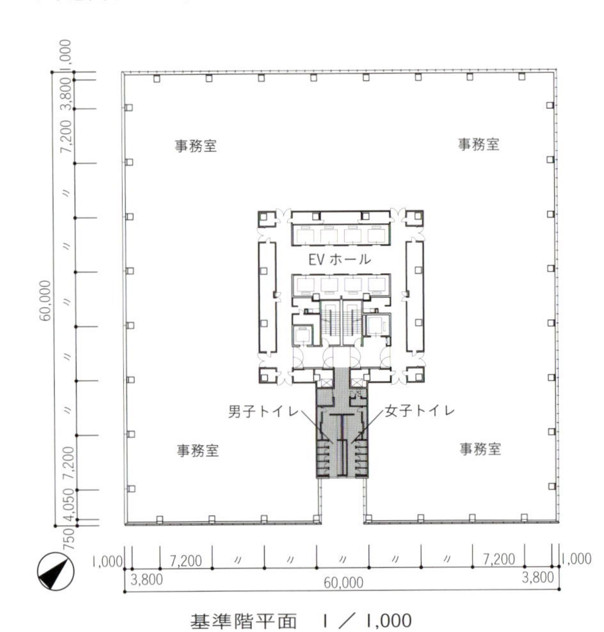

基準階平面　1／1,000

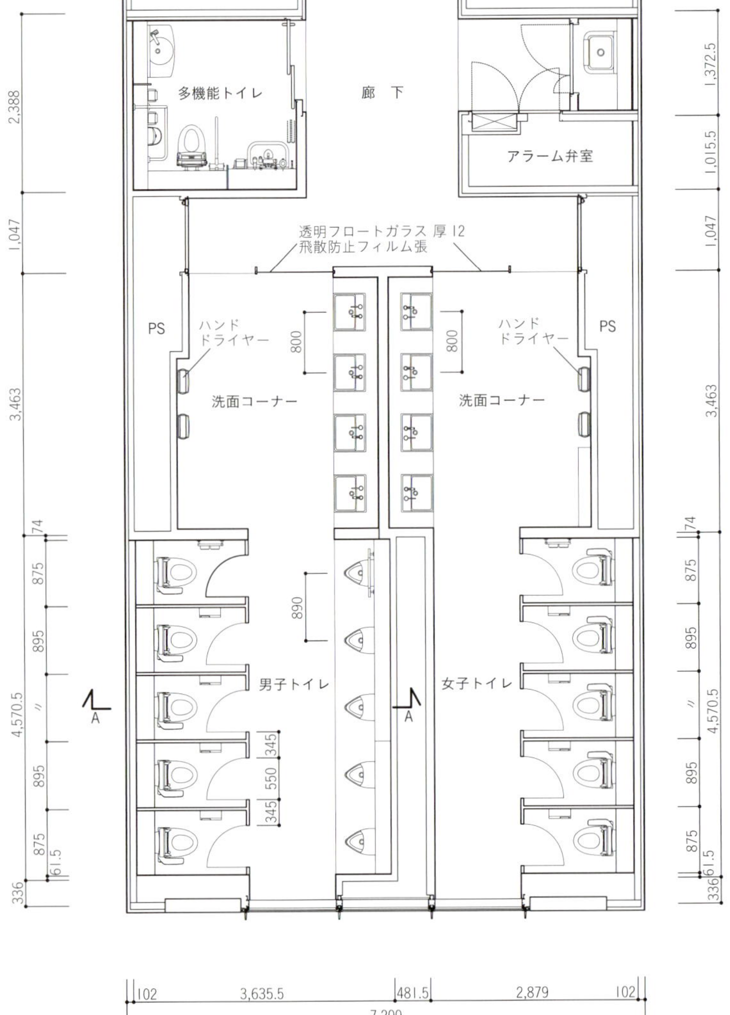

トイレ平面　1／100

主要用途／事務所＋店舗　施工／清水建設　トイレ施工／INAX　設備施工／三建設備　構造・規模／S造・地上12階，塔屋1階　基準階面積／3,564.8㎡
主な使用機器／大便器：C-24PRCN（INAX），小便器：U-406RCD+OKU-132SM-TU2（INAX），洗面器：L-533（INAX），自動水栓：AM-97K（INAX），水石鹸：KF-24EM（INAX）
個室ブース／野原産業　竣工／2010年8月　所在／東京都江東区　撮影／彰国社写真部

床 磁器質タイル 厚 10
600 角
FL
シール
汚垂石
河北黒 本磨き 厚 20
モルタル充填
ボンド圧着

汚垂石 B 部断面詳細　1／5

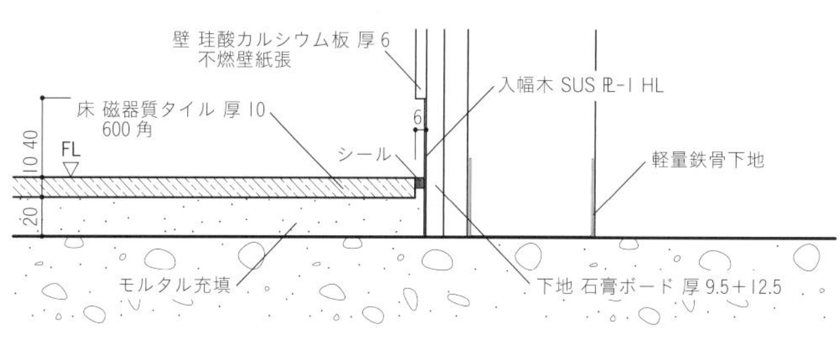

床ー壁取合い断面詳細　1／5

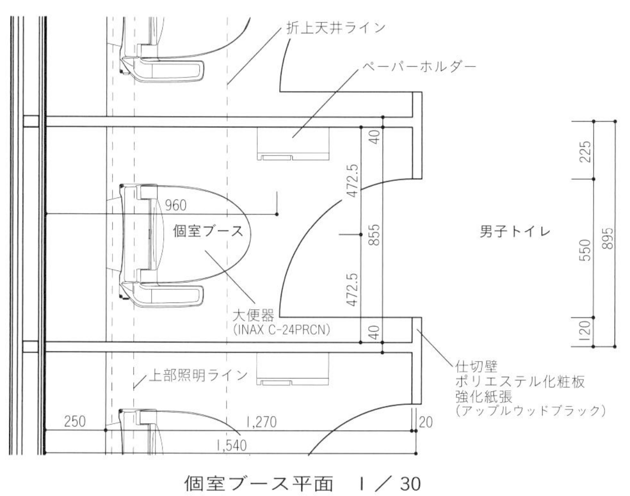

個室ブース平面　1／30

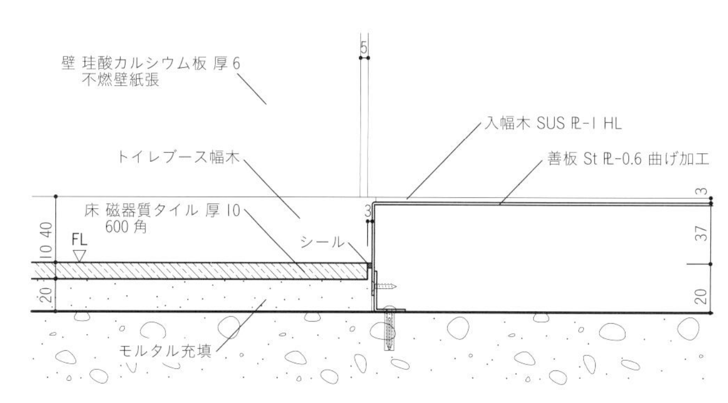

床ー善板取合い断面詳細　1／5

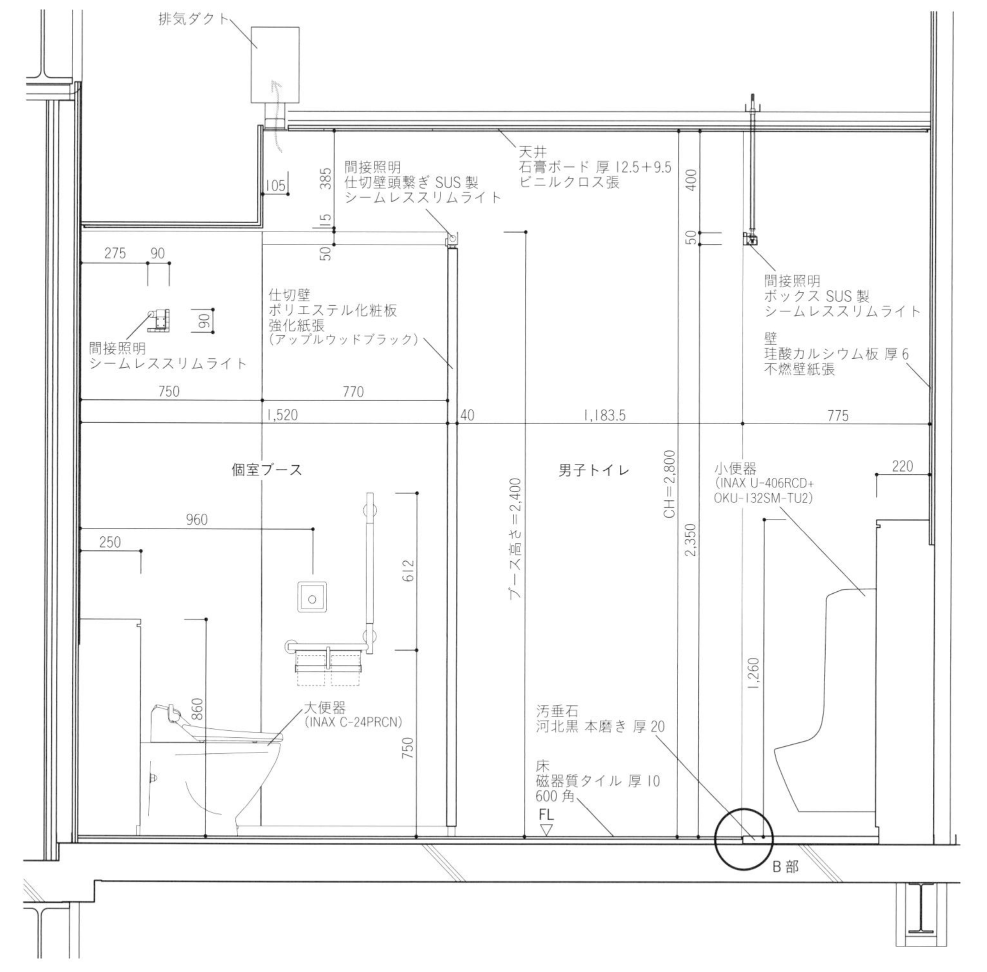

男子トイレ A-A 断面　1／30

⑬ 桜並木をモチーフとした「木漏れ日トイレ」

渋谷桜丘スクエア　　日本設計

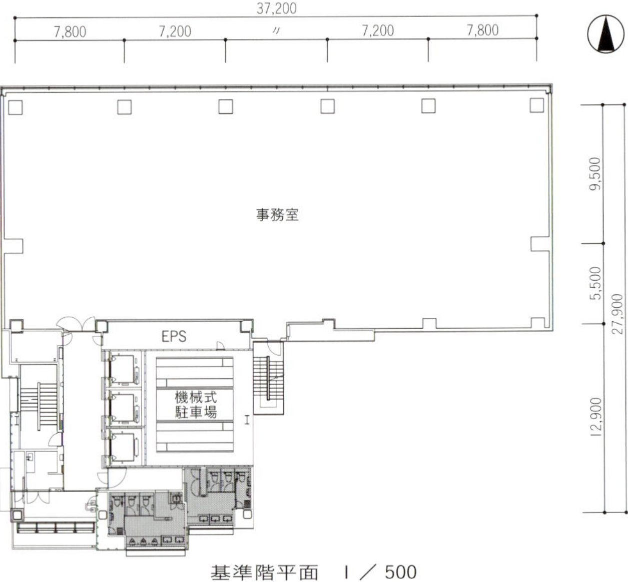

基準階平面　1 ／ 500

ALC 版 素地
仕切壁
メラミン樹脂化粧板
床
大型タイル張

個室ブース（女子）平面　1 ／ 30

前室
PS
女子トイレ
天井パネル
男子トイレ
天井内照明
ライトシェルフ

トイレ平面　1 ／ 100

渋谷駅近くに建つテナントオフィスビルのトイレである。国道に面する北側に整形の貸し床を最大限確保し，閑静な住宅街に面する敷地南側に共用部を集約した。アメニティの高いコンパクトな共用部を実現させるために，自然光の活用をテーマとし，給湯室と連続する緑化バルコニーとあわせ，木漏れ日のような光の揺らぎを感じられるリフレッシュゾーンとした。南面の日射負荷が高く，住宅街との見合いも懸念されることから，トイレの開口部はハイサイドライトとした。ライトシェルフにより天井懐へと取り込まれた反射光は，有孔天井を抜け，室内全体へと拡散光が降り注ぐ。また，天井幕板の裏側には照度センサー付きの照明器具が備えられ，夕方から夜間にかけて間接照明へと切り替わる。有孔天井の粗密パターンは敷地近くに広がる桜並木の樹形サンプリングから導き，厚さ3mmのアルミパネルにレーザーカットを施した。　　　　（日本設計　大坪 泰・村井 一）

主要用途／オフィスビル　建築・トイレ・設備施工／東急建設　構造・規模／S 造・地下 1 階，地上 10 階　基準階面積／823.86㎡
主な使用機器／大便器：CES983（TOTO），小便器：CFS800（TOTO），洗面器：L520（TOTO）　竣工／2010 年 3 月　所在／東京都渋谷区　撮影／彰国社写真部

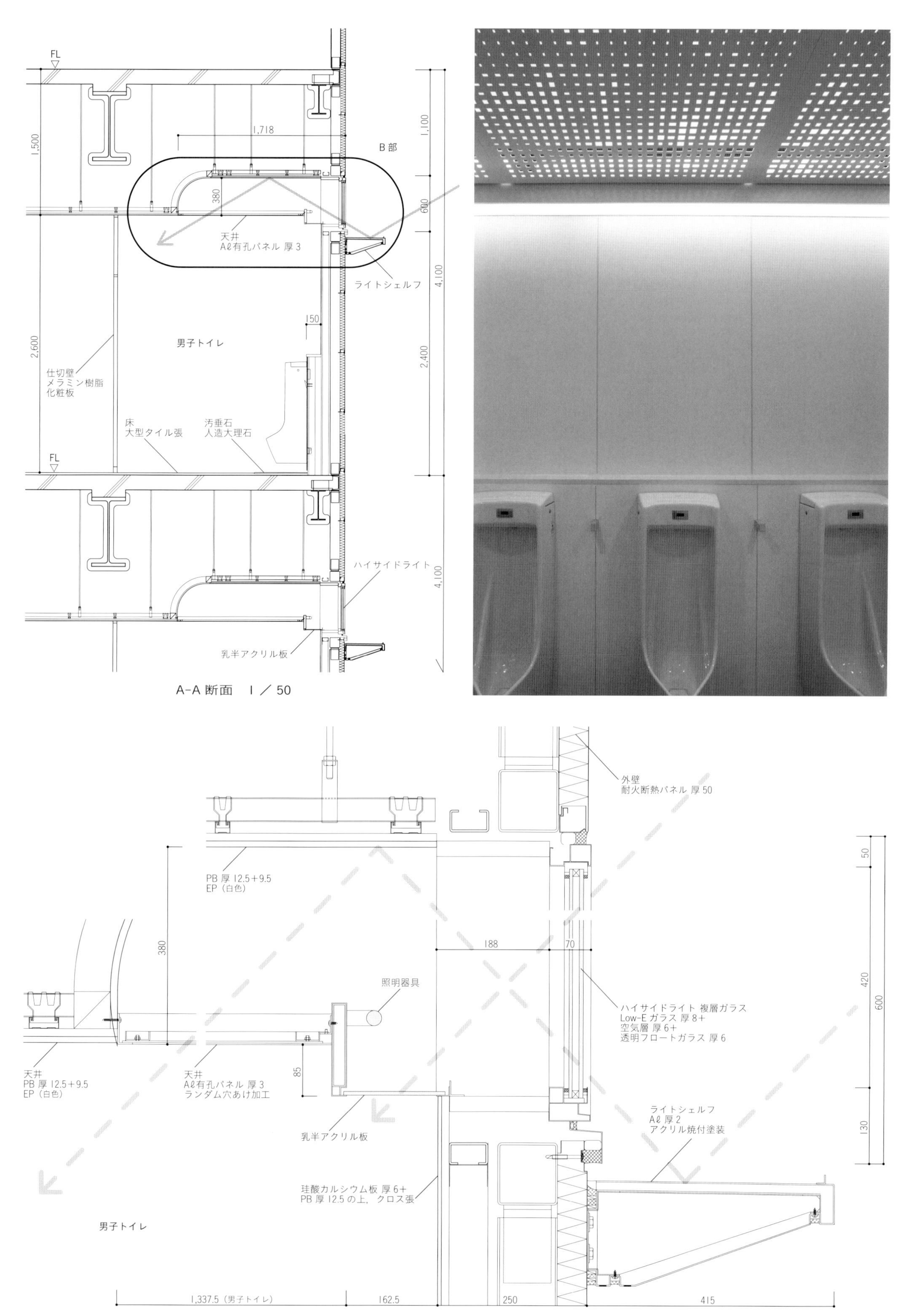

A-A 断面 1／50

ハイサイドライトB部断面詳細 1／8

⑭ オフィス空間におけるニュートラルゾーンの創出

丸の内パークビルディング・三菱一号館　　三菱地所設計

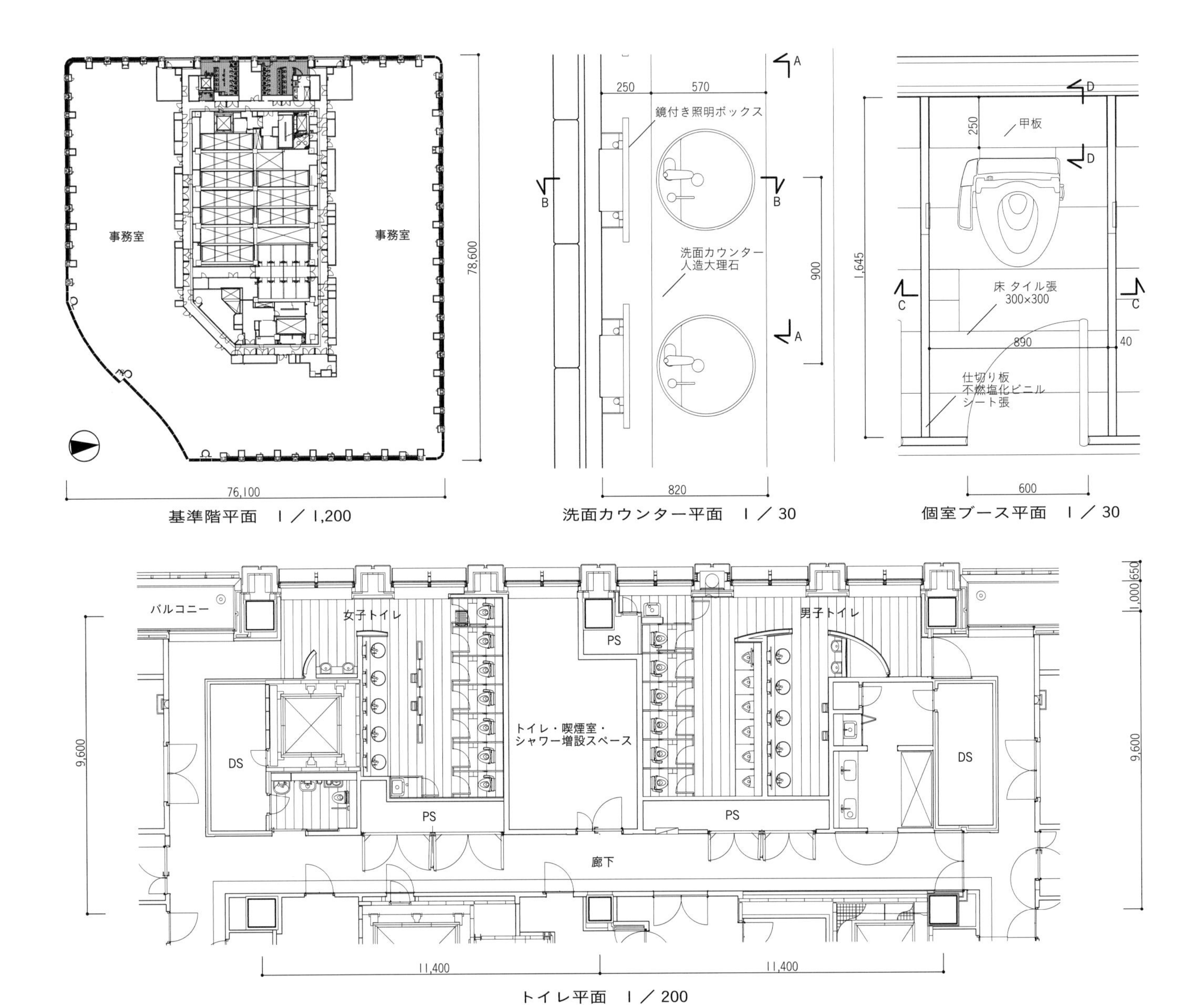

主要用途／事務所，店舗，美術館　建築・トイレ施工／竹中工務店　設備施工／斎久工業，高砂熱学工業，東光電気工事，きんでん
構造・規模／S造，SRC造・地下4階，地上34階，塔屋3階　基準階面積／約5,000㎡　主な使用機器／大便器：UTEC43（TOTO），小便器：UTEU53（TOTO），洗面器：UTEL特（TOTO）
竣工／2009年4月　所在／東京都千代田区　撮影／彰国社写真部

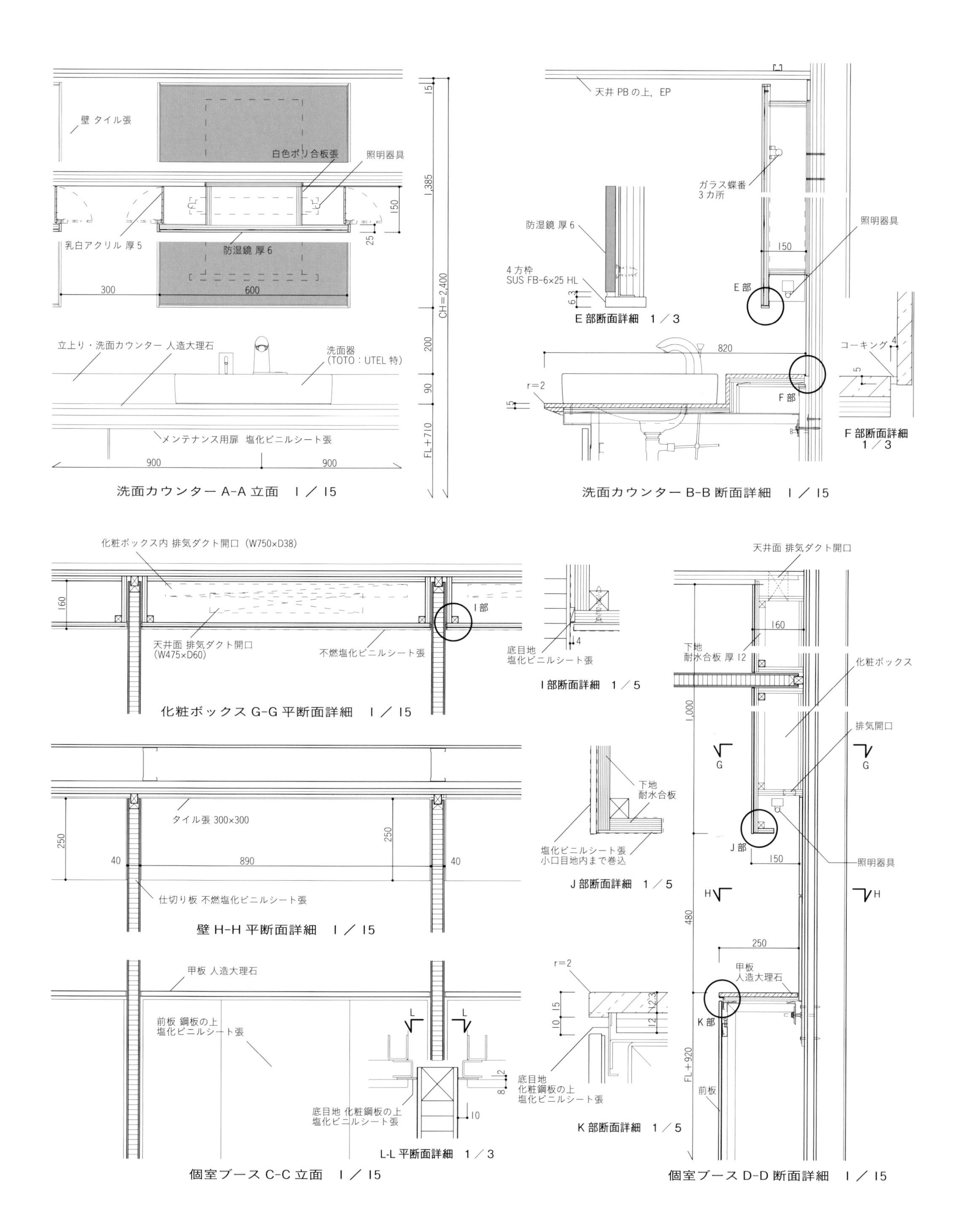

洗面カウンター A-A 立面 1／15

E部断面詳細 1／3

洗面カウンター B-B 断面詳細 1／15

化粧ボックス G-G 平断面詳細 1／15

I部断面詳細 1／5

壁 H-H 平断面詳細 1／15

J部断面詳細 1／5

K部断面詳細 1／5

L-L 平断面詳細 1／3

個室ブース C-C 立面 1／15

個室ブース D-D 断面詳細 1／15

最新の環境技術（太陽光発電，エアフローウィンドウ，超高効率照明器具等）を採用し，環境性能の高い事務所空間を確保したオフィスビルである。トイレは，ワーカーがリラックスできるニュートラルゾーンとして機能することを目指して計画した。基準階共用部廊下突当たりの明かり窓を兼ねた導入部と，外光の入るトイレ空間を構成し，貸付けに柔軟に対応するため，男女トイレ間にオプション空間を設け，男女比変化によるトイレ増設やシャワー・喫煙室の設置を可能としている。各階にオストメイト対応の多目的トイレも併設した。外装の曲面形状をモチーフとした空間の中で，表情の異なるタイルや塗り壁を用い，白色を基調としつつ豊かで多様な空間の表情を演出，女子トイレでは，鏡越しの見合いを避けつつ空間に圧迫感を与えない間仕切りを設置し，緩やかな空間の分離を図っている。（三菱地所設計　高田慎也）

⑮ バリアフリーに対応したトイレ空間の洗面カウンター

青山鹿島ビル　KAJIMA DESIGN

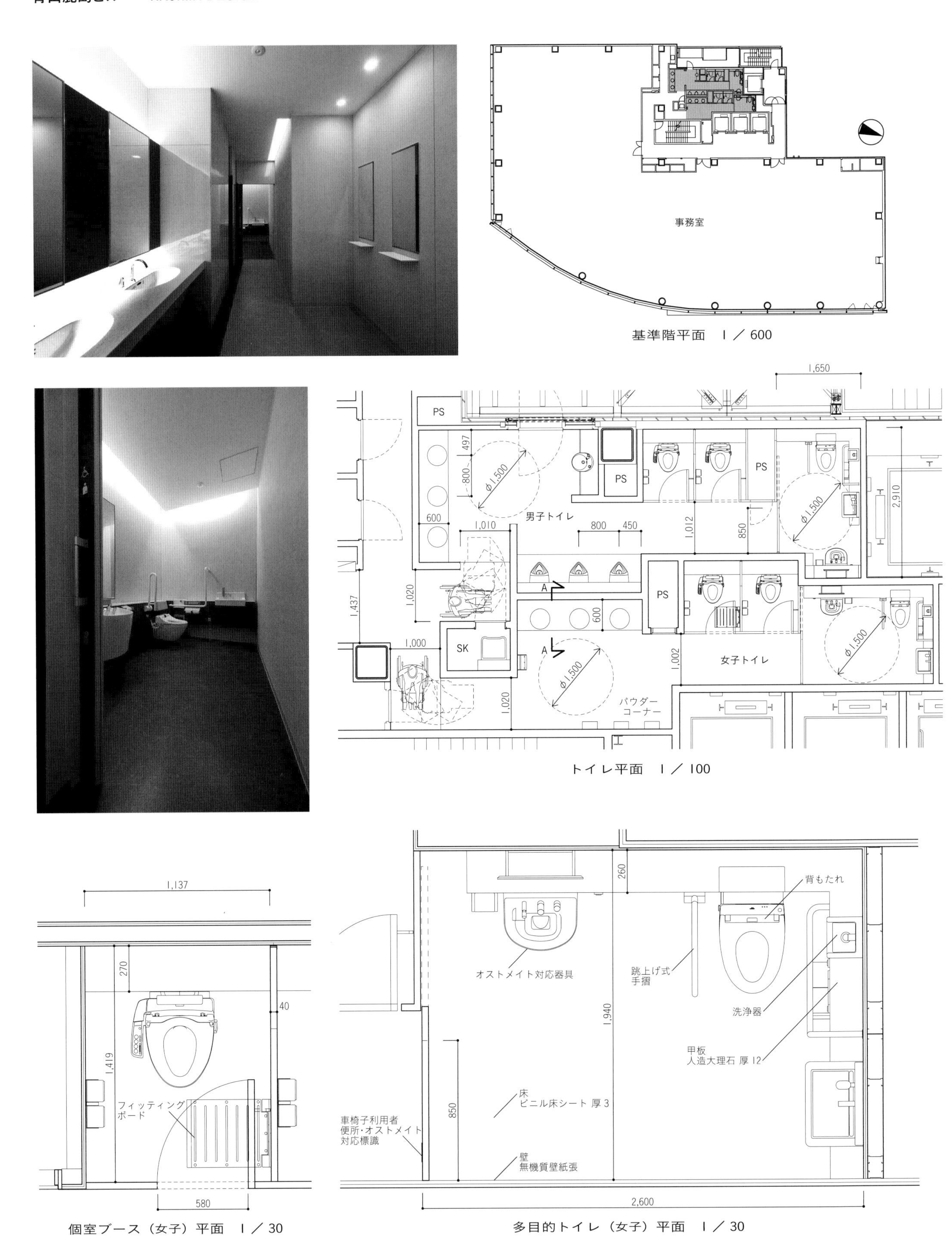

主要用途／オフィスビル　建築施工／鹿島建設　トイレ施工／大興物産　設備施工／テクノ菱和　構造・規模／S造・地下1階，地上9階
基準階面積／1,218.38㎡　主な使用機器／大便器：トイレパックC　UAC21AS（TOTO），小便器：マイクロ波センサー壁掛小便器XPU11（TOTO），洗面器アンダーカウンター式L582CMS（TOTO）
竣工／2009年11月　所在／東京都港区　撮影／彰国社写真部

青山一丁目の交差点近くに建つ賃貸オフィスビルのトイレである。バリアフリー法の認定を受けるために全階のトイレをバリアフリー対応とした。車椅子用便房も男女それぞれに設け，オストメイト器具もそのすべてに設置，あわせて，ブースの一つとして積極的に利用してもらえるように，意匠性に配慮した器具と間接照明の採用により雰囲気にも注意を払った。洗面カウンターも車椅子対応としたが，腰壁をなくすことはせずに，車椅子での脚の位置，つま先の高さなどを考慮してていねいに形状をつくることで，トイレ全体の雰囲気に合致させた。コンパクトにレイアウトする計画上，通常のブースも正方形に近いプロポーションとなっているが，メーカーのテクニカルセンターにて実寸で検証し，使い勝手に問題のないことを確認したうえで採用している。　　　　　(KAJIMA DESIGN　向井千裕)

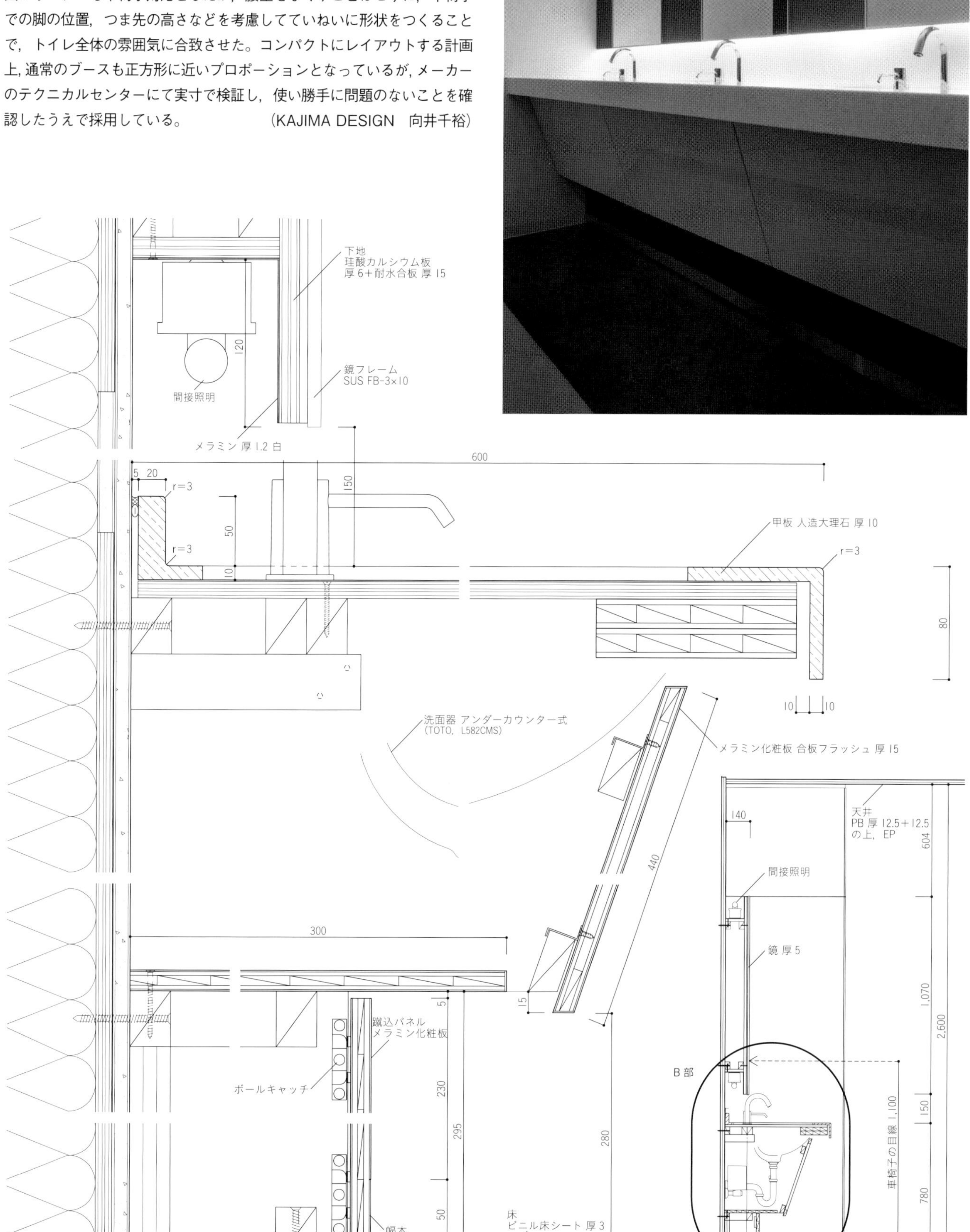

洗面カウンターB部断面詳細　1／4

洗面カウンターA-A断面　1／30

⑯ 合わせ鏡による光が連続するトイレ空間

大塚グループ大阪本社 大阪ビル　日建設計

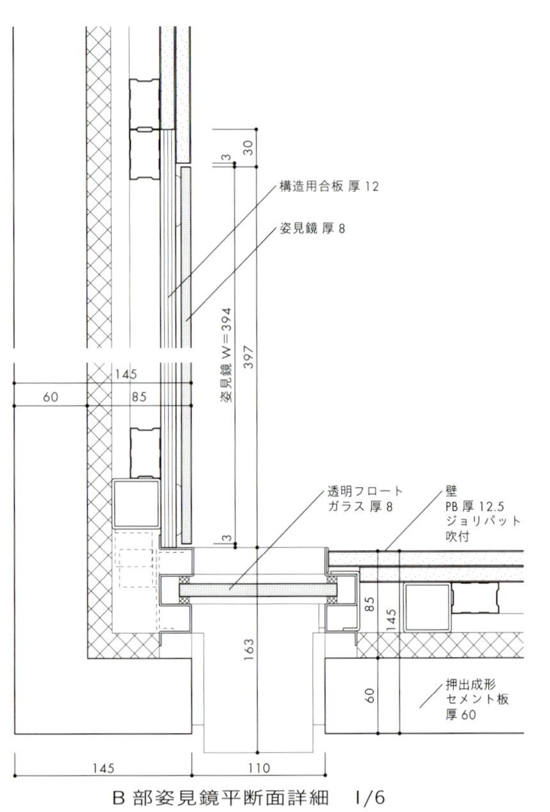

B 部姿見鏡平断面詳細　1/6

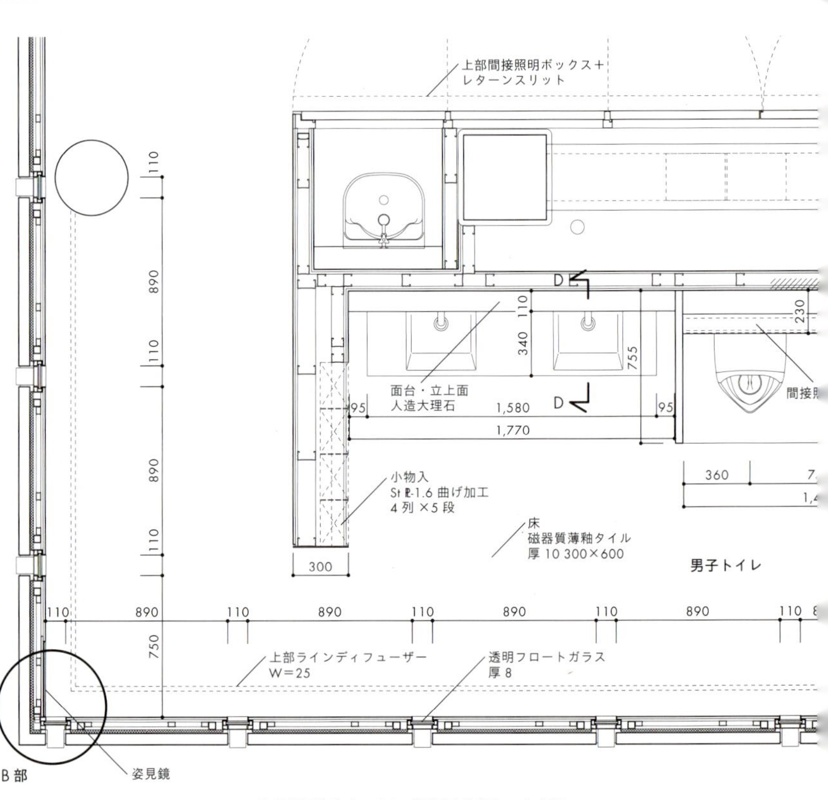

A 部男子トイレ平面詳細　1/40

主要用途／事務所，保育所　建築施工／竹中工務店　トイレブース施工／イトーキ　設備施工／東洋熱工業
構造・規模／S 造・地上 11 階，地下 1 階，塔屋 1 階　基準階面積／580.53㎡

34,200

11,400

5,000

7,700

25,634.8

オフィス

男子トイレ 女子トイレ

A部

14,150

基準平面 1/400

外壁は押出成形セメント板の定尺幅の間に110mmのスリット状ガラス窓を配置しており，室内にはスリット窓から南からの強い太陽光が筋となって注ぐことでリフレッシュエリアに相応しい清冽な印象を与えている。太陽の動きとともに光の筋も日時計のように刻々と移動し，身体感覚を目覚めさせる効果を狙っている。

突当りの壁際には両側ともフルハイトの姿見を配置することで「合わせ鏡」の効果を生み出し，スリット窓から注がれる強い光を果てしなく連続させている。対照的に，手洗いまわりは，鏡の上下に設けた間接照明によって，やわらかな光が包み込む空間とした。 （日建設計 喜多主税）

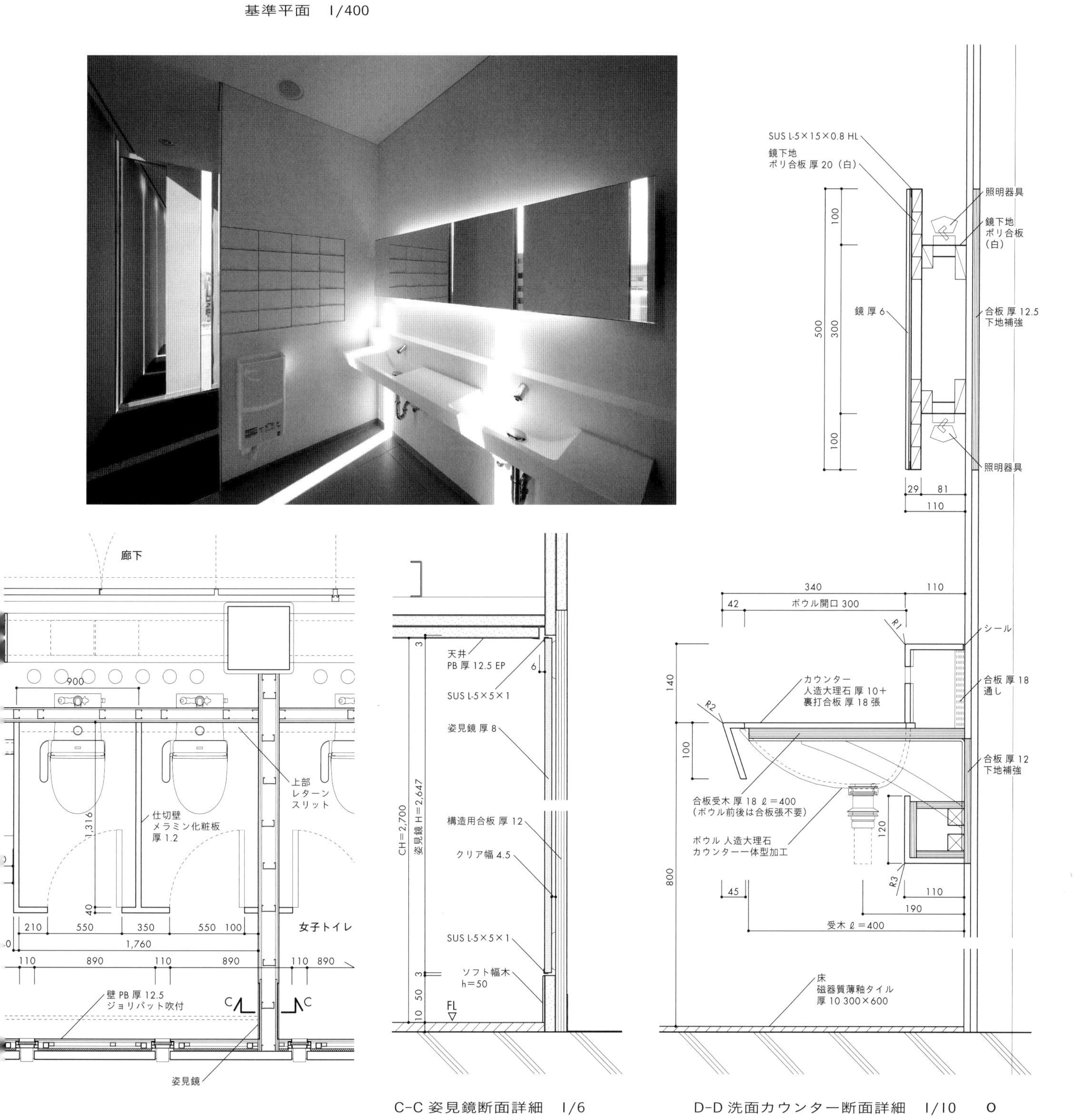

C-C 姿見鏡断面詳細 1/6

D-D 洗面カウンター断面詳細 1/10

主な使用機器／大便器：C743PVN（TOTO），小便器：UFS800C（TOTO），洗面器：ボウル一体型人造大理石カウンター（特注），ハンドドライヤー：TYC420W（TOTO）

竣工／2014年2月 所在／大阪府大阪市 撮影／彰国社写真部

⑰ 後ろ姿が見えるパウダーコーナー鏡

HIOKIイノベーションセンター　山本明広＋黒澤清高／日建設計

撮影：篠澤 裕

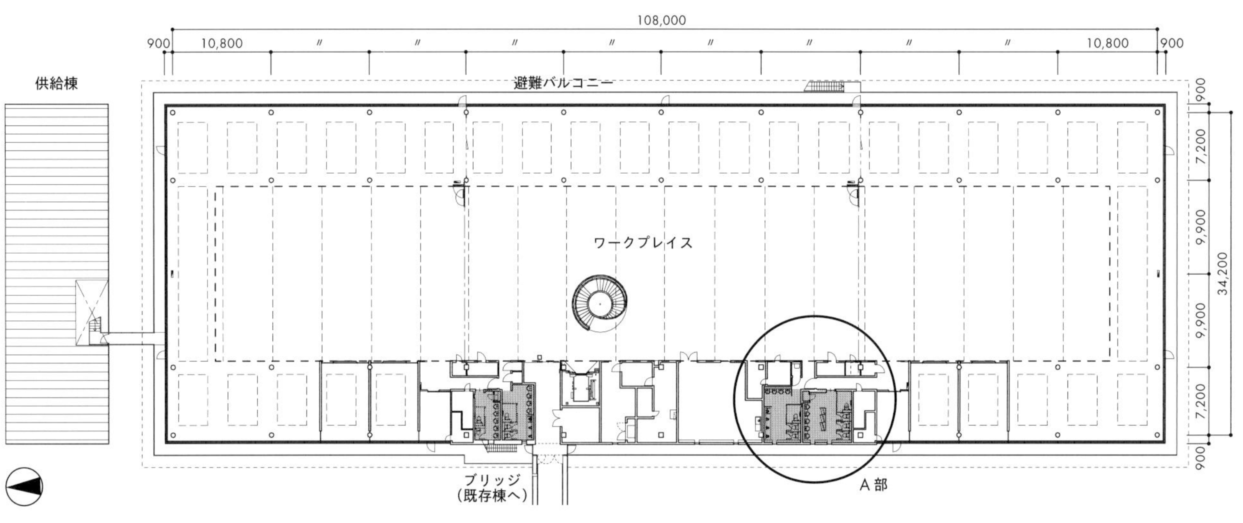

3階平面　1/800

鏡を正対面させると無限に映り込むが，自分の顔の向うにある後ろ姿が見えないもどかしさを経験したことがないだろうか。化粧をする三面鏡でさえ真後ろは見えない。しかし，対面する鏡の片側を少し傾けるだけで，どちらからでも後ろ姿が見えるようになる。会社の女子トイレでは女性は他人からどのように見られるかを気にして化粧を直すが，これまで後ろ姿は確認できなかった。

HIOKI イノベーションセンターでは女性職員の身だしなみチェックのため，洗面鏡とパウダーコーナーの鏡に反射した自分の後ろ姿が映り，普段見ることのない自分の後ろ姿をチェックできるようにした。

（日建設計　山本明広＋黒澤清高）

主要用途／研究所　建築施工／大成建設　トイレ施工／TOTO　設備施工／大気社　パウダーコーナー鏡工事／モビーリア　構造・規模／S造・地上3階
基準階面積／4,042.3㎡（3階床面積）

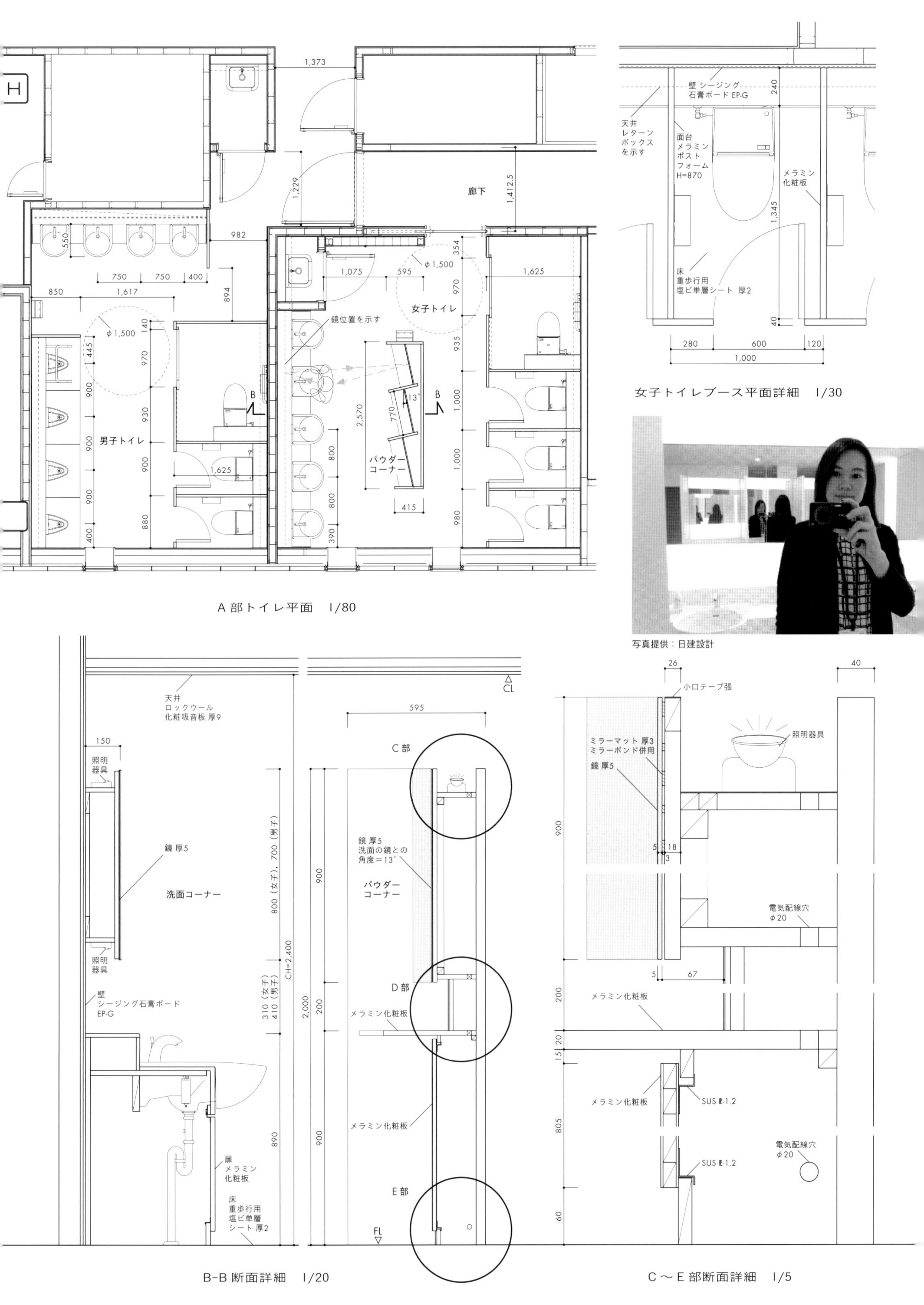

A 部トイレ平面　1/80

女子トイレブース平面詳細　1/30

写真提供：日建設計

B-B 断面詳細　1/20

C～E 部断面詳細　1/5

主な使用機器／大便器：CES954N（TOTO），小便器：RESTROOM01（TOTO），洗面器：L830CRU（TOTO），自動水栓：TEN40AX（TOTO），ハンドドライヤー：TYC420W（TOTO），SK：SK22A（TOTO），トイレブース：コアメラミンブース TK-40HC（トーカイ）　竣工／2015年3月　所在／長野県上田市

⑱ 更衣ブース、ソファのある休憩ブースを備えた多目的空間

日本無線先端技術センター　河副智之＋河野信＋西川昌志／日建設計

（撮影：篠澤裕）

（撮影：彰国社写真部）

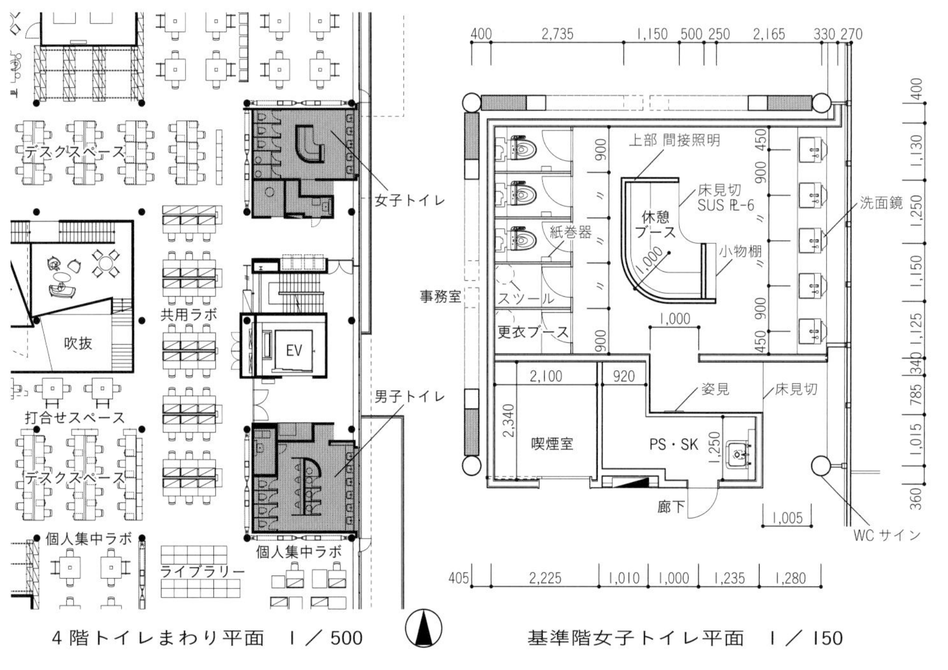

4階トイレまわり平面　1／500　　基準階女子トイレ平面　1／150

この研究施設では作業内容によって更衣の必要な場合があるが、実際には滞在時間は短く利用頻度も低いことがわかったため、更衣ブースをトイレ内に設ける計画とした。フロアの面積効率を高めるだけでなく、トイレの利用目的を多様化することで抵抗感なく出入り、滞在できる空間となった。女子トイレにはソファのある休憩ブースを中央に設け、女性比率の少ないこの研究施設での小さなリラックス空間とした。更衣ブース、休憩ブースはともに床立上りを設け、靴を脱いで利用できる設えである。これらの多様な機能を持つ各ブースはループ状動線の中に配置され、混雑緩和と回遊性を生み出す。

ワークプレイスがより開放的・一体的な空間を志向される一方、プライバシーとジェンダーに配慮すべき空間を集約して合理化するとともに、利用者の性別が限定されるからこそ、トイレが有意義で快適な空間になることをめざした。

（日建設計　西川昌志）

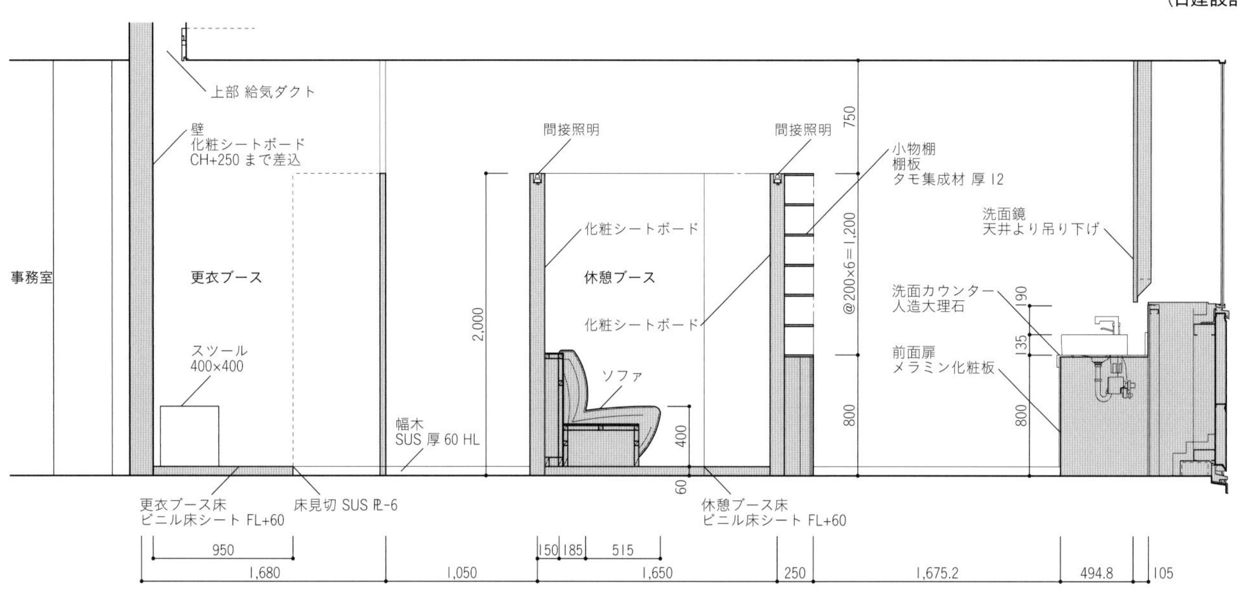

更衣・休憩ブース断面　1／50

主要用途／研究施設　施工／大成建設　構造・規模／S造・地上7階　基準階面積／2,076.23～2,247.85㎡　主な使用機器／大便器：UAXC2NRCN（TOTO），小便器：UFS860CS（TOTO），洗面器：L710C（TOTO）　竣工／2014年12月　所在／長野県長野市

⑲ 手持ちの書類を濡らさず置ける、気配りあふれるカウンター

新青山東急ビル　日建設計

青山通りに建つテナントオフィス。賃貸エリア以外の限られた面積を有効に使い、ユーザーの多様なワークスタイルに応えることが今回の命題であった。その要望の一つがトイレ内に持ちこむ書類・ポーチを一時的に置く場を洗面エリア内に設置することであったため、洗面カウンターの形状を工夫し、下部にスリット状のスペースを設けた。底面に約6 度の傾斜を付けることで、置いた物が床に落下しにくく出し入れがしやすい。また、長さ方向にスペースを連続させることで、置く物を限定しない、多用途に適した形状としている。その他にも、時間や目的別に3 種類の色温度に変えられる有機EL 照明や大小さまざまな化粧鏡等、ユーザーが各々の状況により適した環境を常に選択可能とすることで空間の有効率と快適性を向上させ、仕事の合間にリラックスできるトイレ空間を目指した。

（日建設計 加瀬美和子）

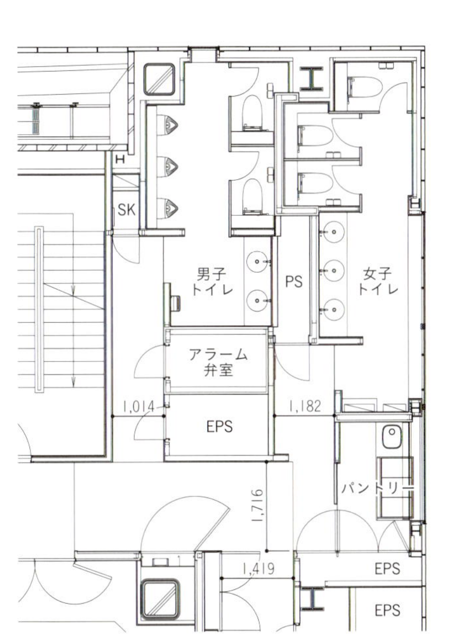

トイレまわり平面　1／150

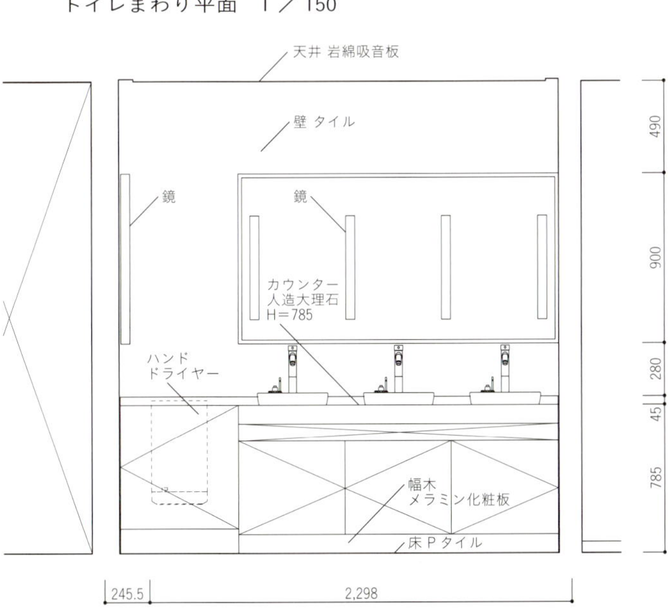

女子トイレ展開　1／40

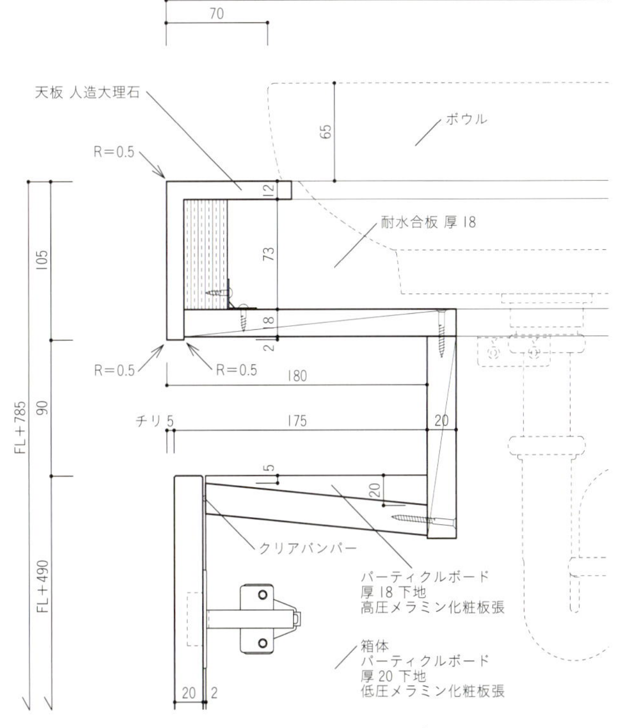

カウンター断面詳細　1／5

主要用途／店舗・事務所　施工／鹿島建設　構造・規模／S造・地下1階，地上11階　基準階面積／専有部：約660㎡、共用部：約185㎡
主な使用機器／大便器：C473P(TOTO)，小便器：UFS800CE(TOTO)，洗面器：2F男性 VR4434R(CERA)・2F女性 CEL531R-MW(CERA)・3～11F VR4441(CERA)，11Fのみ化粧鏡・トイレブース内に有機EL照明設置　竣工／2015年1月　所在／東京都港区　撮影／永禮賢

⑳ 一時的に利用が集中する大学トイレのウォークスルー動線

上智大学四谷キャンパス6号館（ソフィアタワー）　岩崎克也＋勝也武之＋森井直樹＋望月蓉平／日建設計

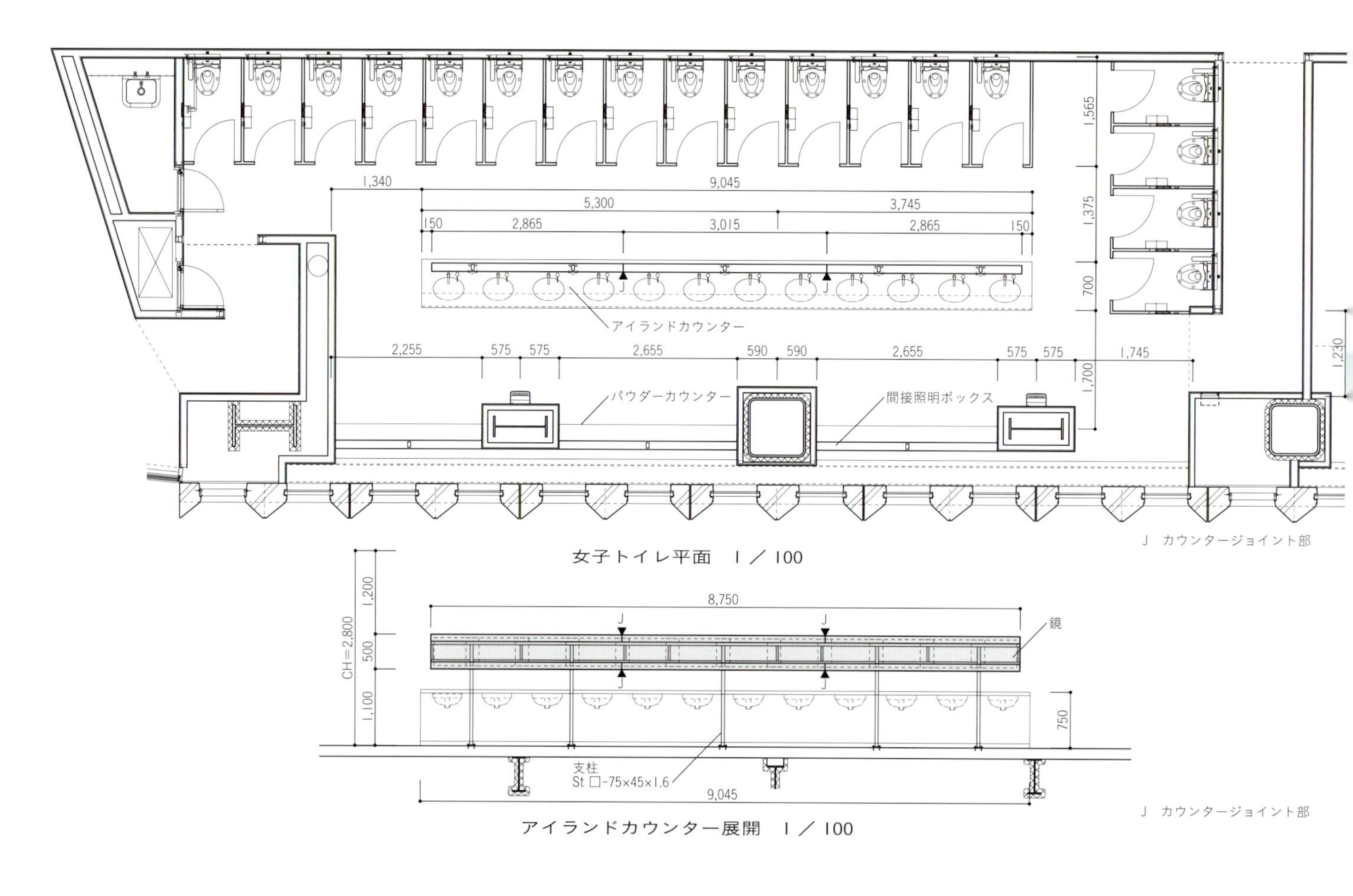

女子トイレ平面 1／100

アイランドカウンター展開 1／100

大教室群を抱え大人数が生活する大学校舎にふさわしいトイレのあり方を考えた。リニアな平面計画の両側に出入口を設け、トイレ動線を日常通過動線に組み込むことで、裏側となりがちなトイレ空間が、ラウンジや休憩場所に等しいひとつの表舞台となることを目指した。大教室群を抱える大学では休み時間に一時的に利用が集中するため、大人数の利用者がストレスなく利用できるという観点から、また、トイレとしての安全面という観点からも、行き止まりがなく通り抜けられることは望ましい。中央にリニアに配置したアイランドカウンターは、鏡を浮かせて上下に間接照明を仕込むことでトイレブースと手洗いスペースを柔らかく区切った。光のあたる風通しの良いトイレが、ゆとりある過ごし方をできる場所になればと考えている。

（日建設計　望月蓉平）

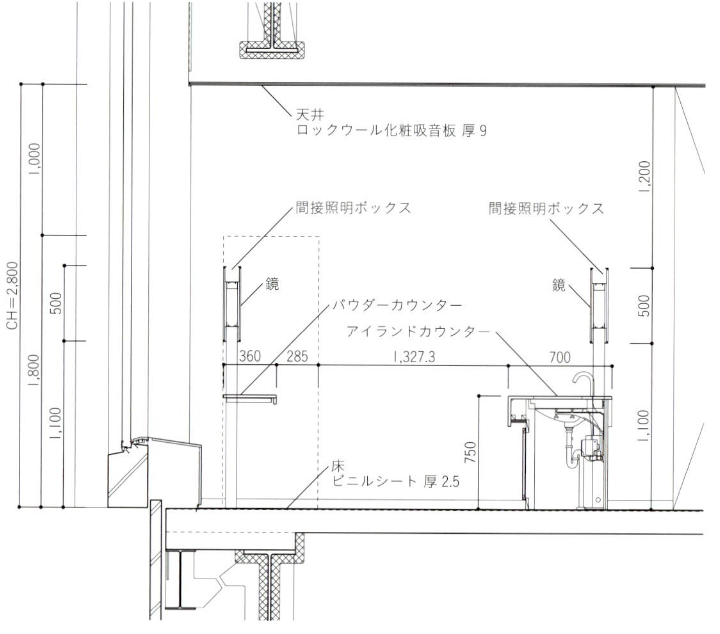

A-A 断面 1／50

主要用途／大学，事務所，店舗　施工／大成建設　設備施工／大成設備　構造・規模／S造，一部SRC造・地下1階，地上17階　基準階面積／1,765.25㎡
主な使用機器／大便器:UAXC2BP1BN(TOTO)，洗面器:L546U(TOTO)，水栓金物:TENA12A(TOTO)，間接照明の器具:LEDL12501WW-LD9(東芝)
竣工／2017年1月　所在／東京都千代田区　撮影／エスエス(堀越圭晋)

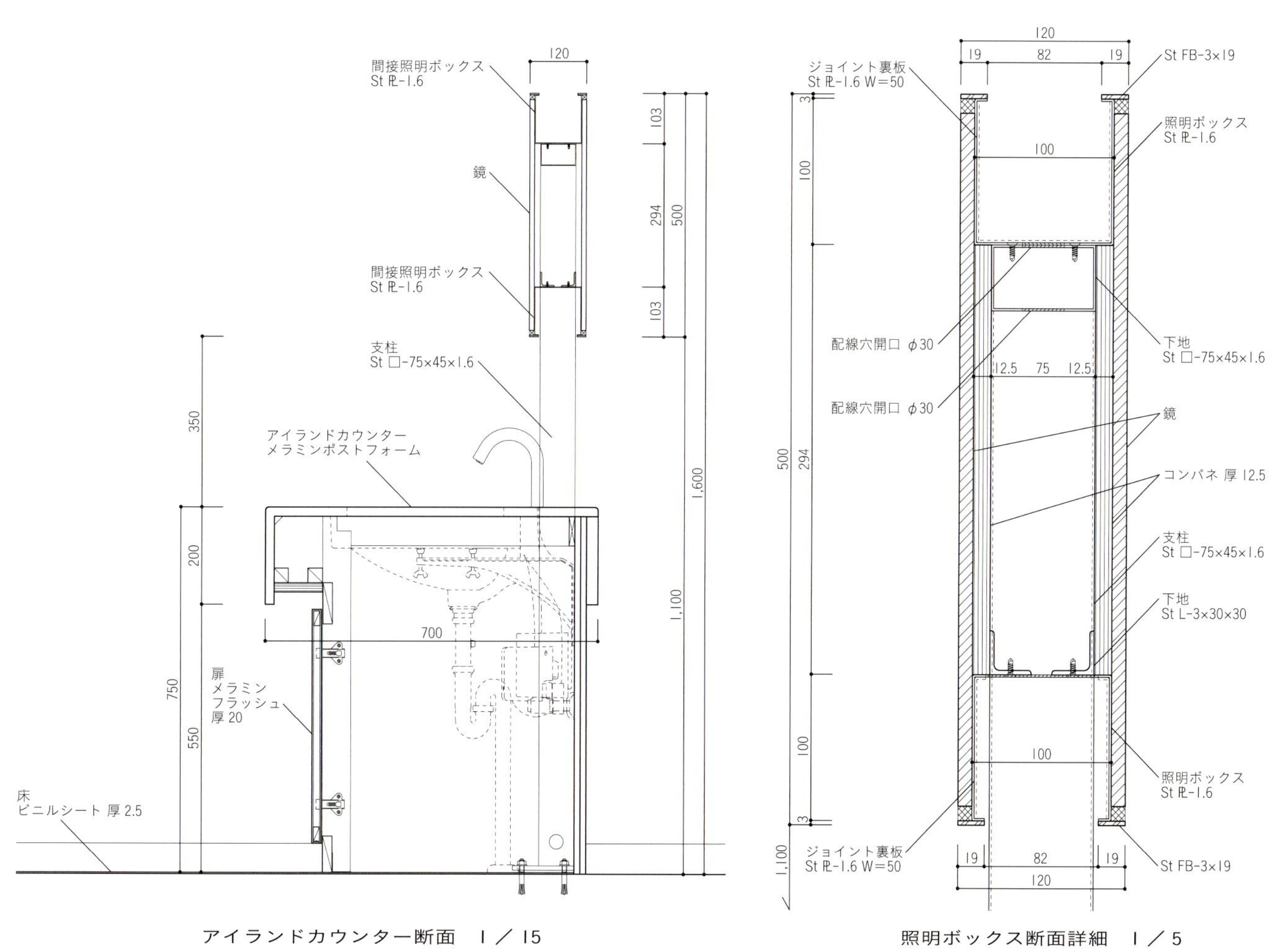

アイランドカウンター断面　1／15

照明ボックス断面詳細　1／5

㉑ 常時内開き・非常時外開きのブース

東京造形大学　CS PLAZA　　安田アトリエ

武蔵野の森に囲まれた美術系大学キャンパスに建つ新棟のトイレである。絵画教室内にも道具洗浄用流しが備えられているが，トイレの洗面空間においても用具の洗浄などの作業を行うことが予想され，ボウル底がフラットな壁掛け洗面を採用し，洗面器間にも画材の置台を用意した。

常時開の内開き扉は，使用していないブースが一目瞭然で，通路側へ開かないメリットがある。しかし，ブース内で学生・職員（病人等）が倒れたときに扉に寄りかかるため内側へ扉を押すことができず短時間に救出できない。そのため非常時にはブース外部からコインで簡単に解錠する機構をもつ金物を作成した。通常時は水平方向に操作しているラッチが非常時には回転し，扉の外開きを可能にする。名作「HORI 100番（面付けリムボルト）」のシンプルな意匠を継承し，特に病院やサービスエリアなどのパブリック空間には最適なものとして新たに商品化した。　　（安田アトリエ　安田幸一）

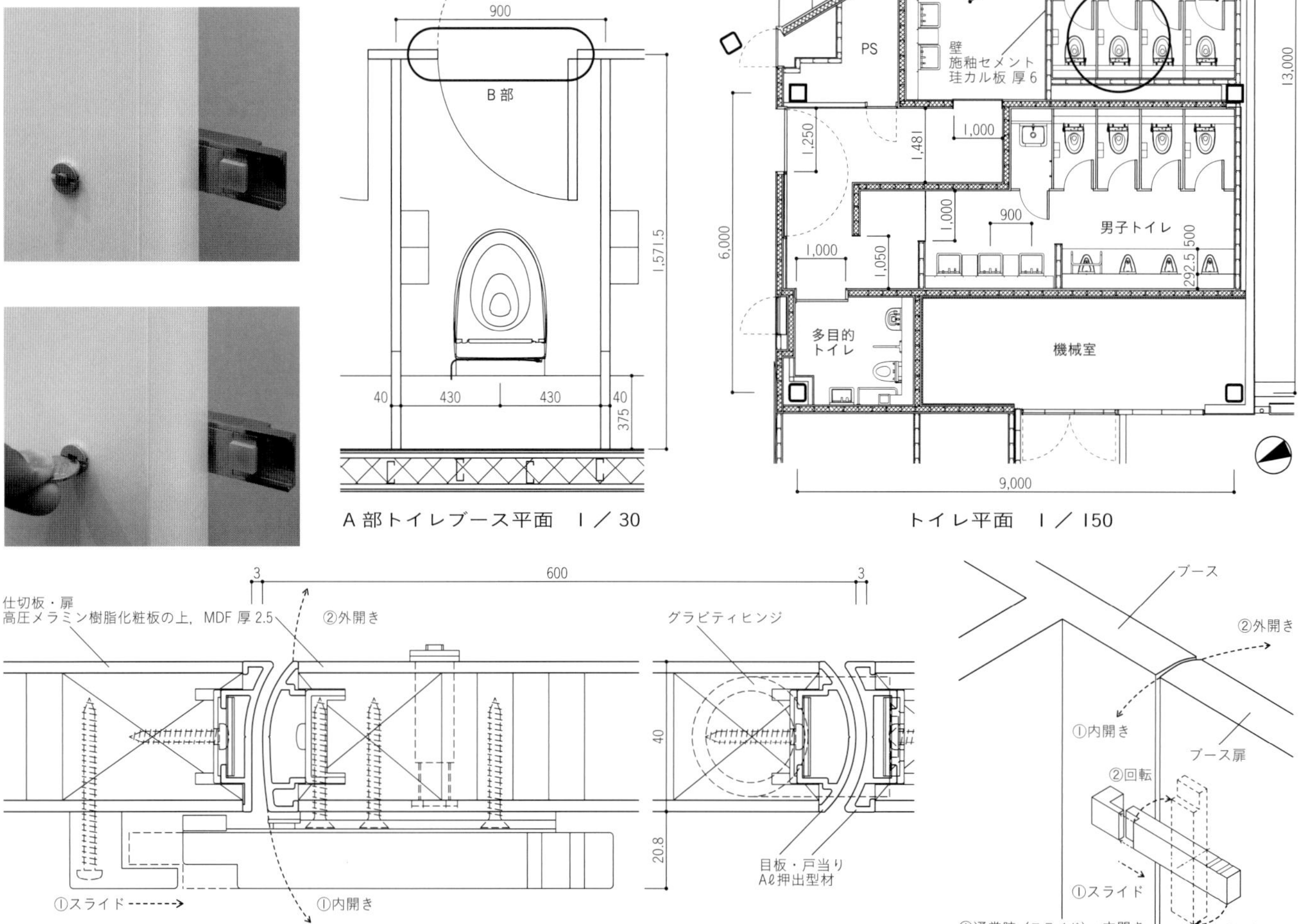

A部トイレブース平面　1／30

トイレ平面　1／150

B部非常解錠扉平断面詳細　1／2

非常解錠アクソメ

主要用途／大学　建築・トイレ施工／東急建設　設備施工／テクノ菱和　構造・規模／S造，一部RC造・地下2階，地上4階
主な使用機器／大便器：RESTROOM ITEM 01，XPC211S11（TOTO），小便器：XPU11（手摺とも，TOTO），洗面器：XPL1111（TOTO），使用ブース用金物／RB119（ジェネラル・ハードウェア社）
竣工／2010年6月　所在／東京都八王子市　撮影／彰国社写真部

㉒ 自然換気を導く形がアートになった公共トイレ

石の島の石　　中山英之建築設計事務所

小豆島・草壁港に建つ公共トイレ。 衛生機器を支持し、配管を納めるライニングや、それらを仕切るブース壁等、通常二次部材で処理される要素を構造体に置き換えることで、空間の要素はRC躯体と白い衛生機器のコントラストのみとなっている。 コンクリートは、小豆島産花崗岩を粗骨材とし、小叩きや研ぎ出しといった技法により、石の表情が建物表面にあらわれる。 頂点で接するRCスラブとETFE膜は、南北に枝分かれし、それぞれ、人、配管のための軒下空間を生む。南側のRCスラブは直射日光を遮るとともに、それ自体が暖められることで発生する上昇気流による、自然換気の効果を期待した。 北側のETFE膜は内側がフロスト加工されており、利用者のプライバシーを確保しながら、日中は室内を明るい拡散光で満たす。 また夜間は小叩きされたRC面を照らすLED照明によって、建物自体が港に置かれた照明器具となる。半透明の膜は、対象をぎりぎりまで近接させると、その映像を透過する性質がある。 建物上部で小叩きしたRC面を膜面10mmにまで近接させることで、入港したフェリーに、高く伸びた小豆島石の矩形が正対する。　　　(中山英之建築設計事務所　松本巨志)

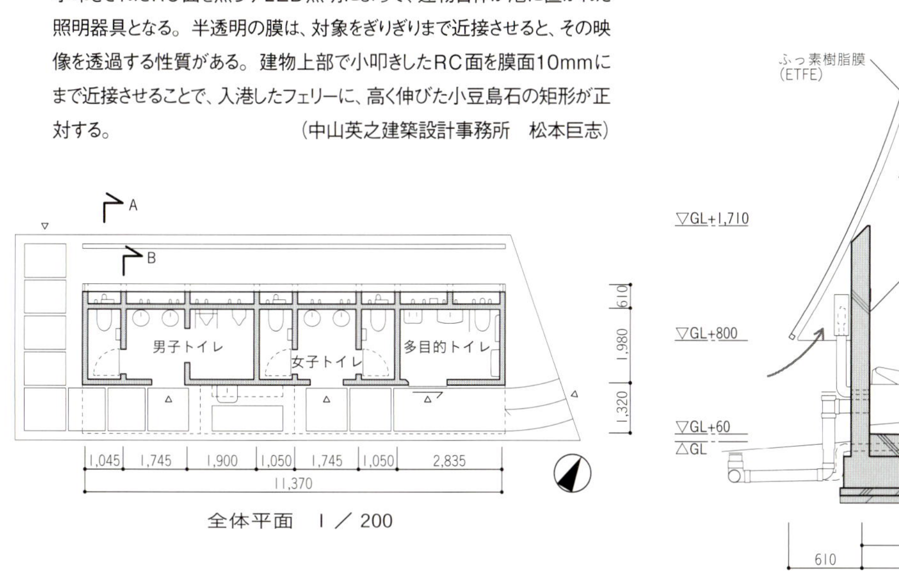

全体平面　1／200

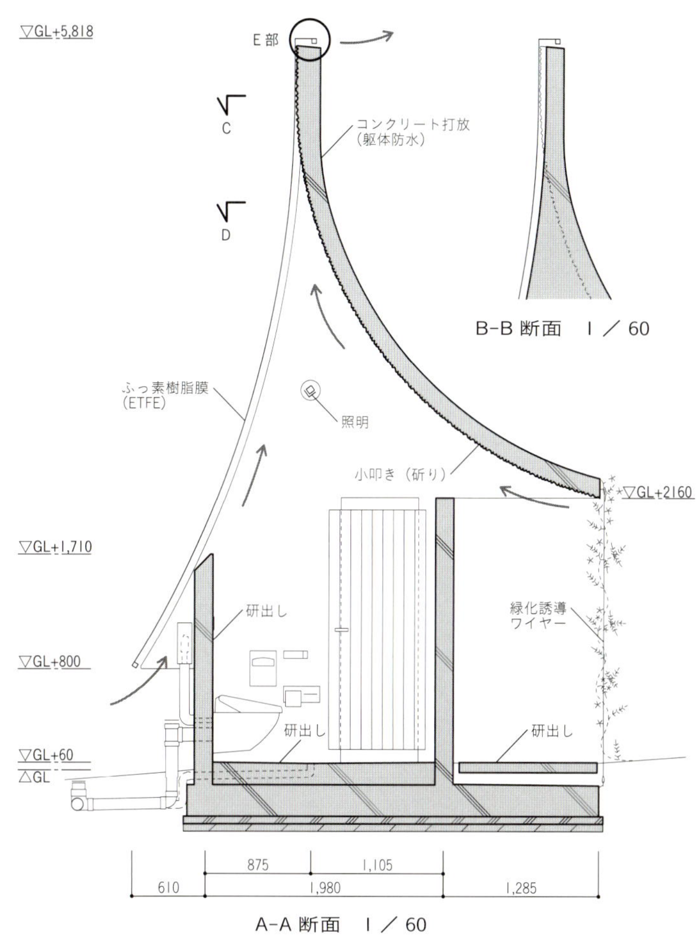

A-A 断面　1／60

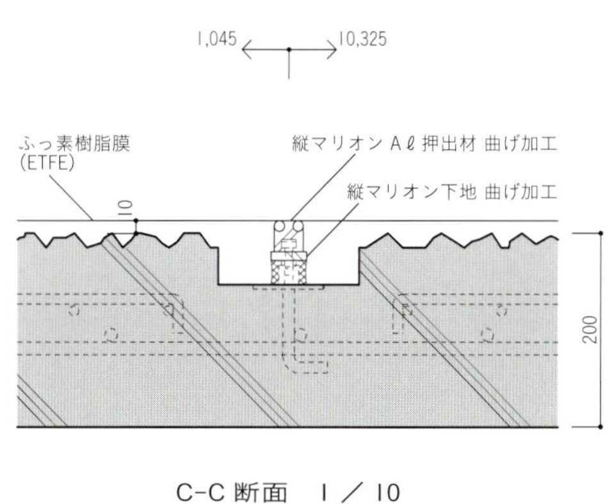

C-C 断面　1／10

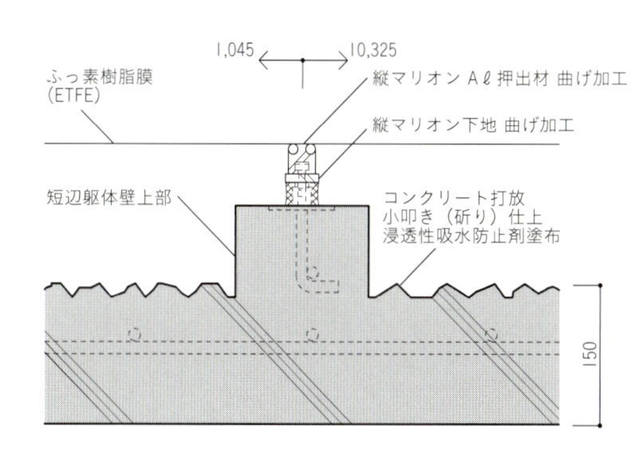

D-D 断面　1／10

主要用途／公共トイレ　運営／小豆島町　企画プロデュース／瀬戸内国際芸術祭2016小豆島町未来プロジェクト　協賛／LIXIL　構造設計／満田衛資構造計画研究所　設備設計／環境エンジニアリング　照明設計／岡安泉照明設計事務所　施工／壷井工務店(建築)・渋谷水道(浄化槽)　構造・規模／壁式RC造・地上1階　建築面積／25.95㎡
主な使用器具／大便器:C-P18PA, C-P16P(LIXIL), 小便器:U-A51MP(LIXIL), 洗面器:L-543FC, L-275FCR(LIXIL), 多目的流し:S-206R(LIXIL), 照明:LZY-91726XT(DAIKO), 浄化槽:NK-96URⅡ-1A(ニッコー)　※コンクリートの粗骨材はすべて小豆島産花崗岩を使用　協力／木村生コン, 田村石材　竣工／2016年8月　所在／香川県小豆郡小豆島町　写真提供／中山英之建築設計事務所

㉓ アート広場の展示室

Arts Towada アート広場トイレ　　西沢立衛建築設計事務所

アート作品／インゲス・イデー「アンノウン・マス」

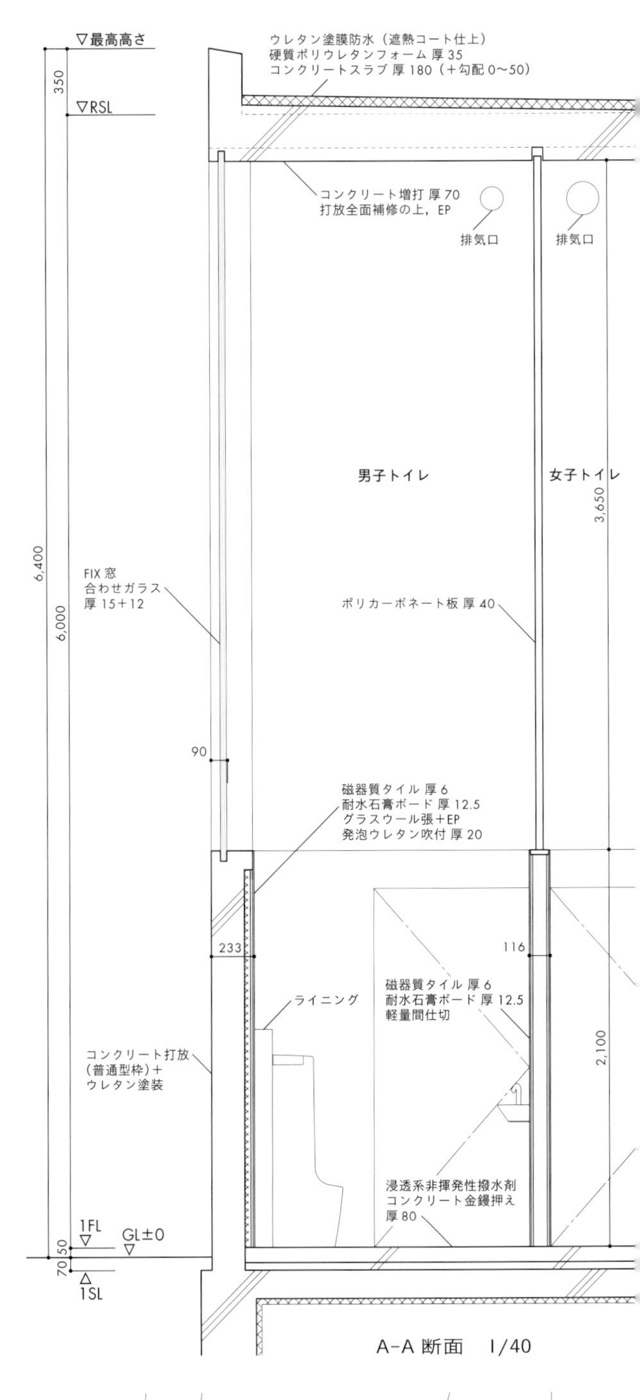

十和田市中心部，官庁街通り沿いに展開する野外芸術文化ゾーン構想“Arts Towada”の一環として計画した建築である。前年に完成させた現代美術館の対岸に「アート広場」が拡張され，そこに建つ。美術館建築との関連性をもつ形態が求められたため，特徴の一つである開放的な展示室の拡張として設計している。壁面には大きな窓を開け，自然光を取り入れ，天井を高く，美術館と同様にコミッションワークによる作品が設置され，内部は野外に広がる美術スペースの雰囲気が感じ取れるほど明るく，開放感のある空間になっている。すなわち，アート広場の展示室でもあり，広場に設置されている作品群の一部でもある。

（西沢立衛建築設計事務所元所員　髙橋一平）

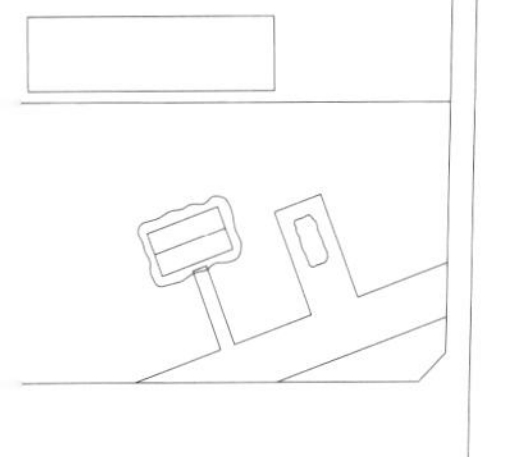

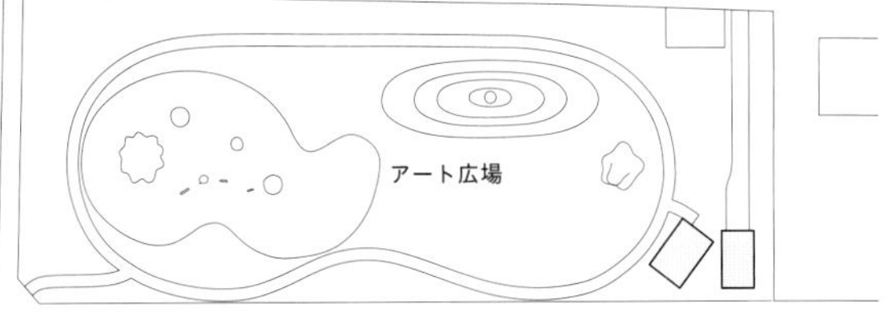

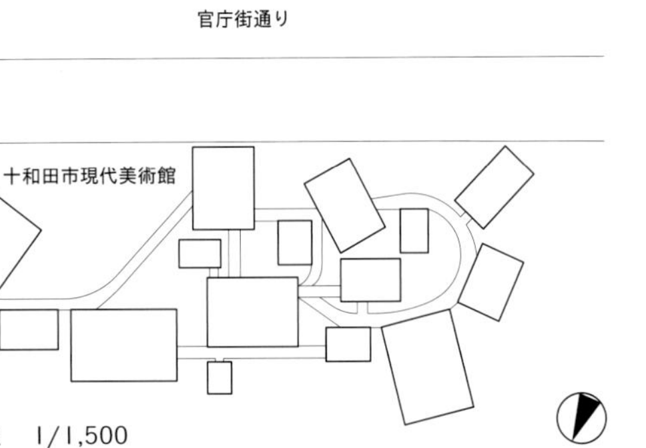

配　置　1/1,500

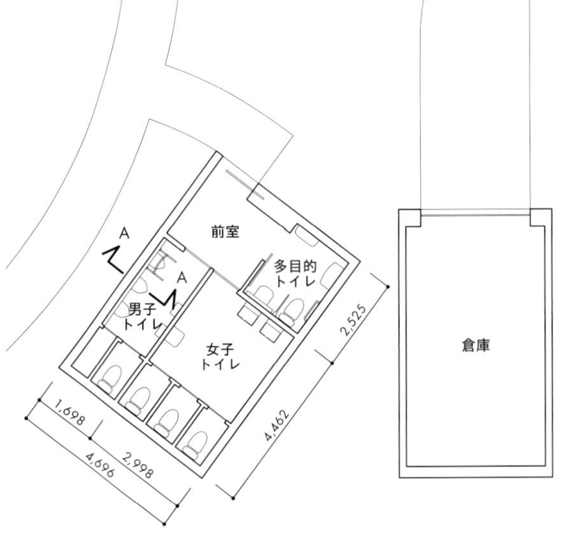

平　面　1/200

主要用途／公衆便所　全体監修／エヌ・アンド・エー（ナンジョウアンドアソシエイツ）　施工／今泉工務店　構造・規模／RC造・地上1階
面積／トイレ棟：32.81㎡，倉庫棟：27.43㎡　主な使用機器／大便器：CS60BH（以下すべてTOTO），小便器：UFH507C，手洗器：LSE40AAP（男子トイレ），L710C（女子トイレ）竣工／2009年3月　所在／青森県十和田市　写真提供／西沢立衛建築設計事務所

㉔ 自然光を取り入れた安全で清潔な公衆トイレ

東雲水辺公園 公衆トイレ　　設計事務所ゴンドラ

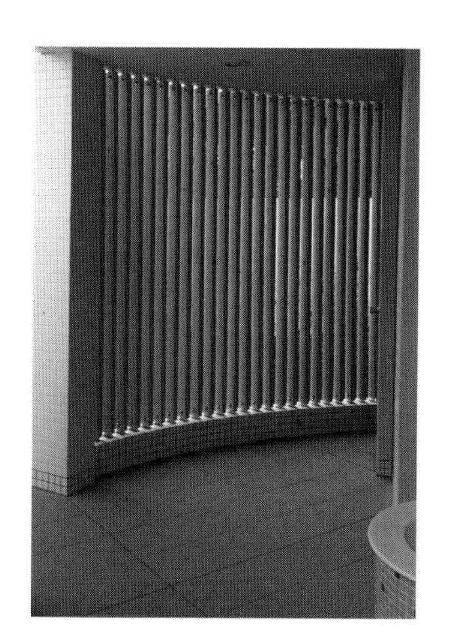

公衆トイレの設計で最優先課題は安全性である。街の再開発団地公園の無人トイレに，それが期待できるのは，周辺の人や通行人，清掃者の人の目である。また見通しがよく明るいことが必要になる。このトイレでは，排泄と直接関係する場所以外は内外見通すことが可能で，街にやさしくたたずむ形にしたいと考えた。外壁を曲面にし，木ルーバーを全面に使用することで，昼は親しみやすい場として，夜は行灯効果をねらっている。死角のない，明るい場所にする目標は，内部にも徹底し，個室ブースの１面は光庭に面し，そこを不透明のガラスブロックを使用して自然光が入るようにした。また，安全性のために出入り口は２カ所あり，犯罪にあったときでも逃げやすいレイアウトにした。

（設計事務所ゴンドラ　小林純子）

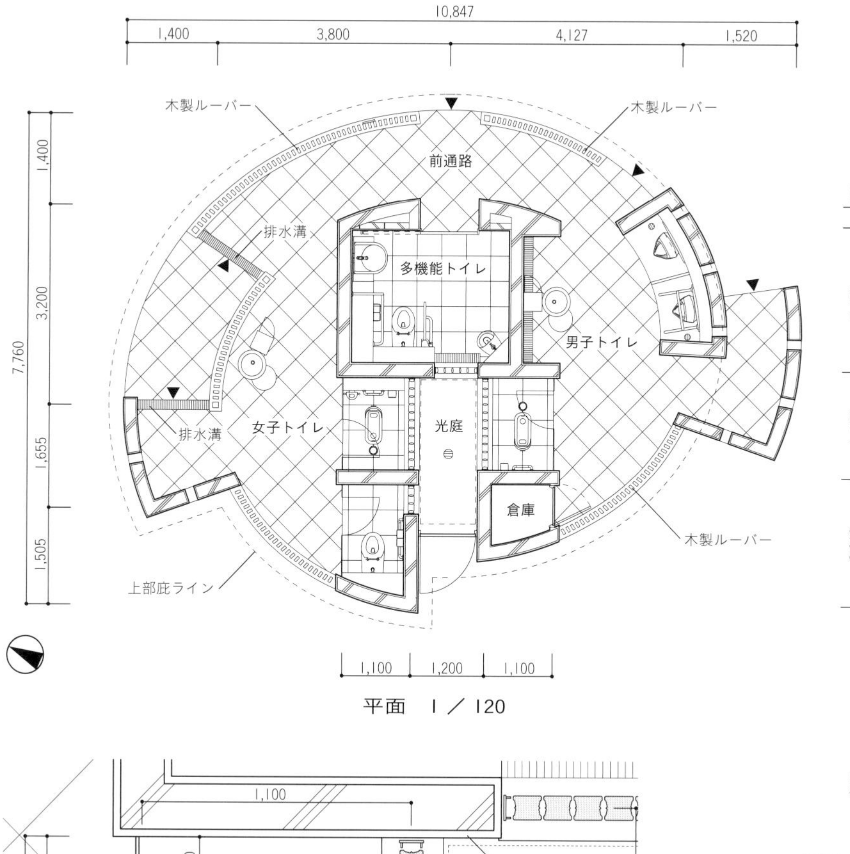

平面　１／120

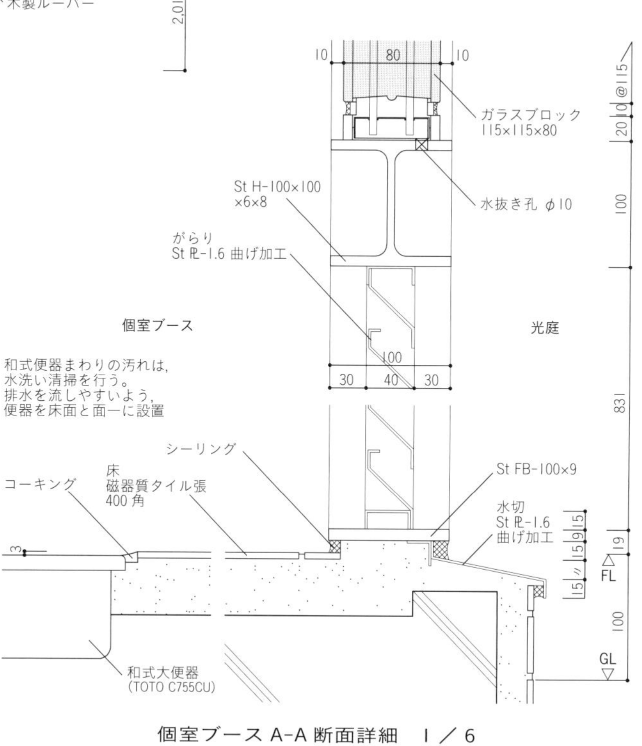

個室ブース A-A 断面詳細　１／６

個室ブース平面　１／30

主要用途／公衆トイレ　公園全体設計・管理／UR 都市機構，LAU 公共施設研究所　施工／相原造園　構造・規模／RC 造，一部 S 造・地上１階　建築面積／41.51㎡
主な使用機器／壁掛洋風便器：C-220PURC（INAX），掃除口付和風便器：C755CU（TOTO），床置型ストール小便器：UFS610C（TOTO），幼児用小便器：U309C（TOTO），洗面器：ラバトリーボウル 350 φ（エイペクス），L830（TOTO）　竣工／2004 年２月　所在／東京都江東区　写真提供／LAU 公共施設研究所，設計事務所ゴンドラ

㉕ 地域に根付く公衆トイレの新しい試み

千代田区有料公衆トイレ オアシス＠Akiba　設計事務所ゴンドラ

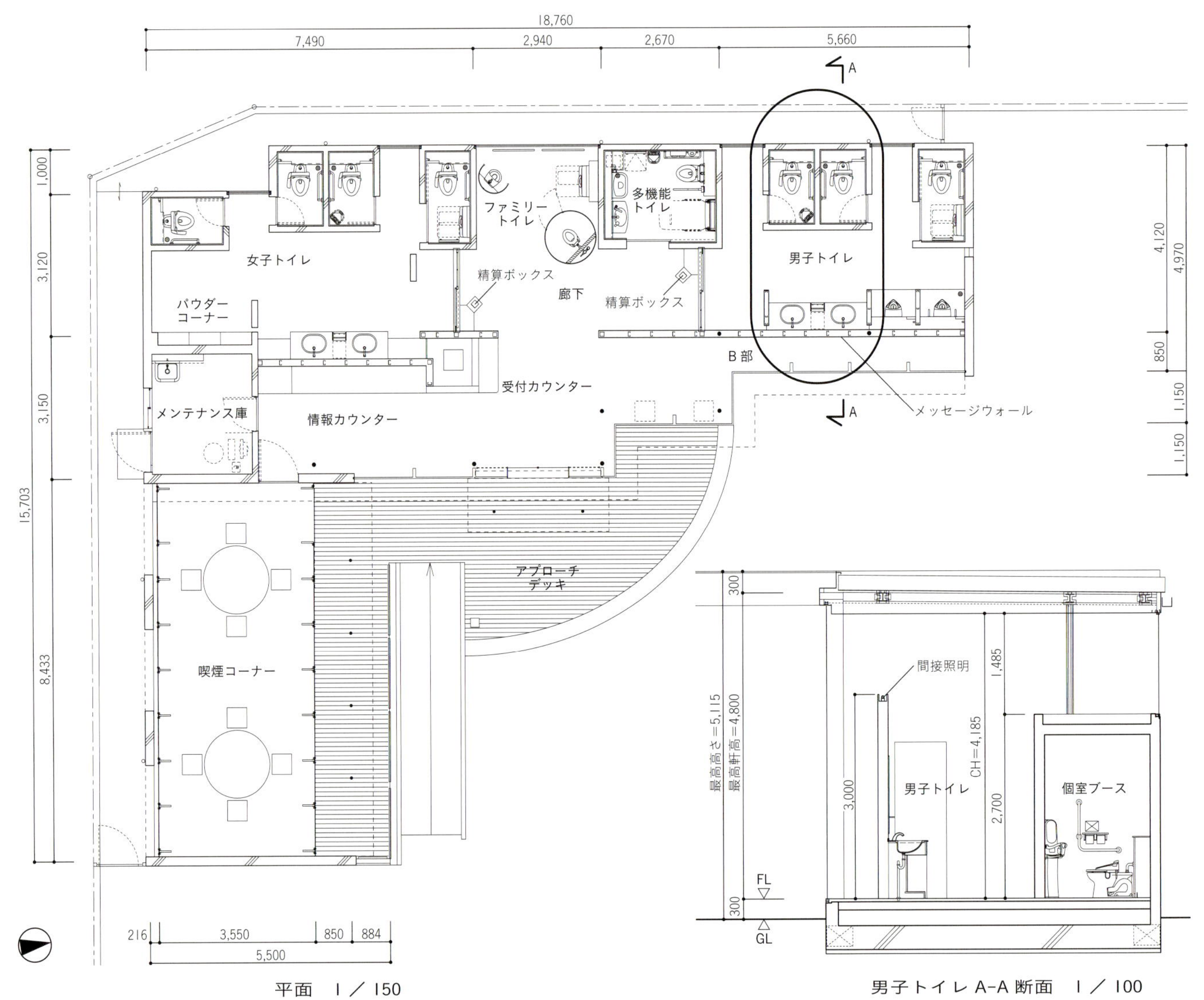

平面　1／150

男子トイレ A-A 断面　1／100

主要用途／トイレ，案内所，喫煙所　構造設計／梅沢建築構造研究所　設備設計／環境エンジニアリング　施工／春日建設　構造・規模／S造，一部RC造・地上1階　建築面積／160.90㎡
主な使用機器／男子大便器：GBC-901SU，DV-315U（INAX），女子大便器：CES983型（TOTO），小便器：AWU-506RAMP（INAX），幼児用大便器：C425（TOTO），幼児用小便器：U309（TOTO），洗面器：ラバトリーボウル810（ABC商会），男子ハンドドライヤー：KS-520（INAX），女子ハンドドライヤーTYC400WS（TOTO）　竣工／2006年10月　所在／東京都千代田区　撮影／彰国社写真部

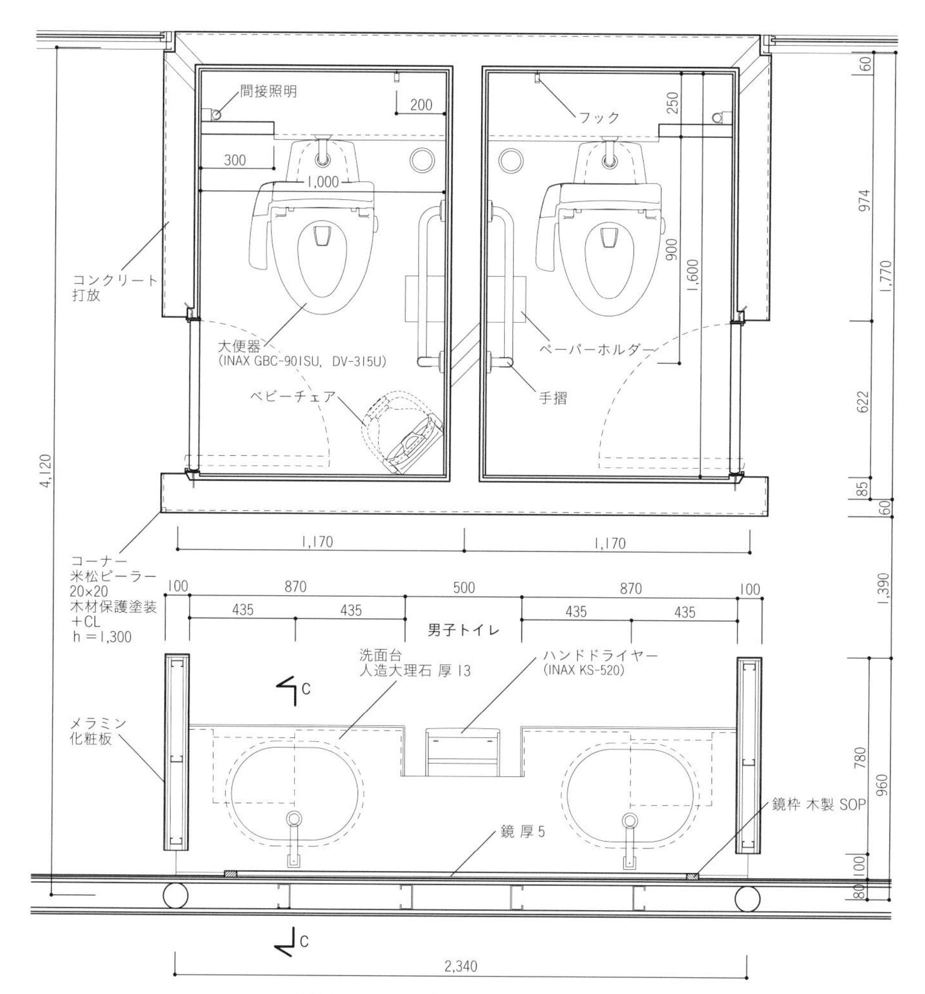

男子トイレ B 部平面詳細　1 ／ 30

街の公衆トイレは今，岐路に立たされている。社会的には治安の悪化感，公徳心の低下等から，メンテナンスのレベルアップを繰り返しても，なお落書きや破壊行為等に悩まされている。千代田区ではその打開策として有人で有料のトイレを建設し，トイレのほか，観光案内所や休憩所を兼ねた複合施設にした。まちのランドマークとして，ガラス張りの外観から，アッパーライトで照らされた天井の明るさが見え，街を照らす。内部は公共有料トイレであることから，付随したニーズの設置以上に基本的機能の充実を図った。各ブースを RC でつくり，遮音性の高い落ち着いた個室にしたほか，多機能トイレ部分を受付に隣接させ見守れる位置とした。また，雑踏の街の中で広々と一息つけるように天井は 4.2m となっている。そのほかに公衆トイレとしての新しい試みを数多く提案している。

（設計事務所ゴンドラ　小林純子）

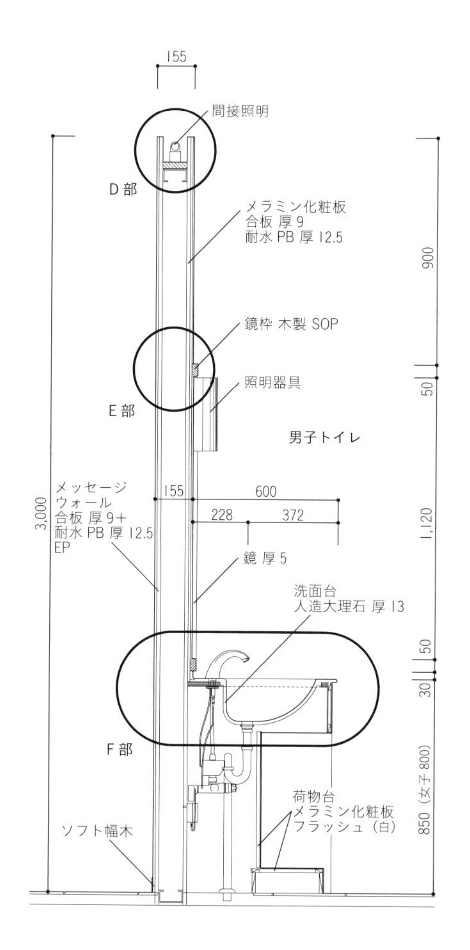

洗面コーナー C-C 断面　1 ／ 30

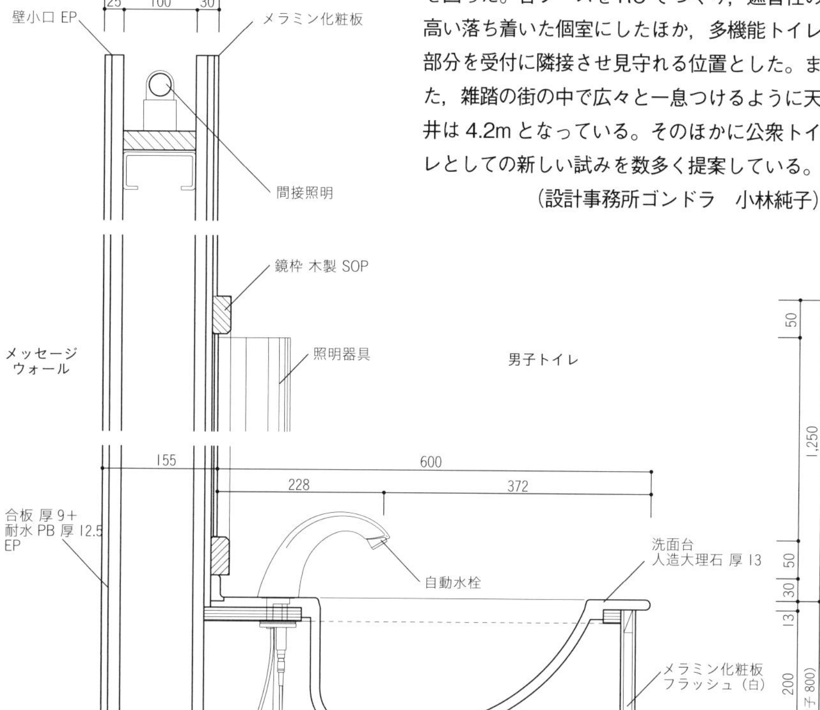

洗面台 D・E・F 部断面詳細　1 ／ 10

㉖ 児童と一緒につくるトイレ空間

滑川市立西部小学校　　設計事務所ゴンドラ

学校トイレがほかの施設と異なる点は，排泄時のマナーや清掃等に関してまだ未成熟な部分があることである。そこで，トイレって「何」という意味と合わせ，上記について学びながらつくることにした。４回のワークショップの実施は，トイレへの関心が高まったばかりではなく，学校を自分たちのものとして捉える時間にもなった。彼らの希望の多くは明るくきれいなトイレ。学校は一度建てられると，なかなか改修されない。そこで，この小学校のトイレづくりのテーマは，快適さの持続できる空間づくりとした。外光用の大窓と外気用の小窓を組み合わせ，自然採光と換気を可能にした。床清掃は，通常は乾式で，定期的には湿式が可能な床の構造とし，清掃性に配慮した。さらに水まわりをまとめ，水場の交流点をつくった。子どもたちが毎日必ず利用する場所を楽しい空間にすることで，学校生活を豊かにしたいと考えた。

（設計事務所ゴンドラ　小林純子）

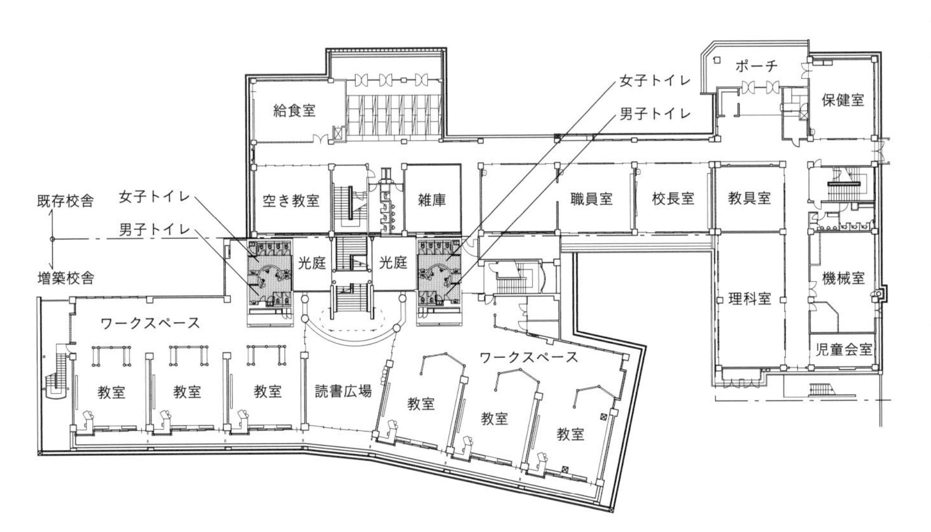

Ｉ階平面　Ｉ／800

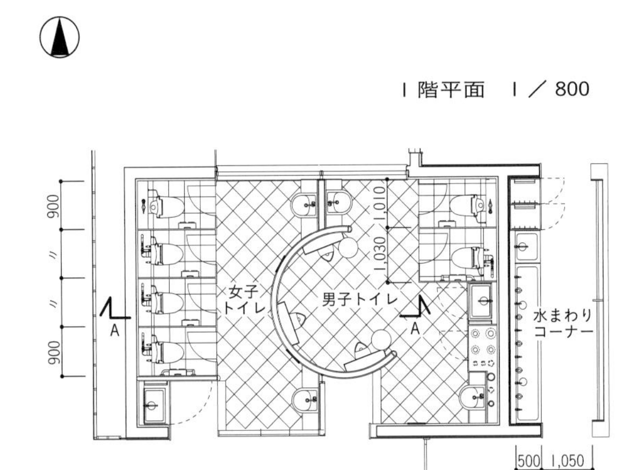

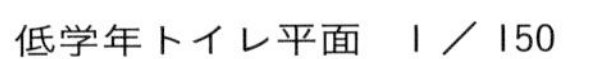

低学年トイレ平面　Ｉ／150

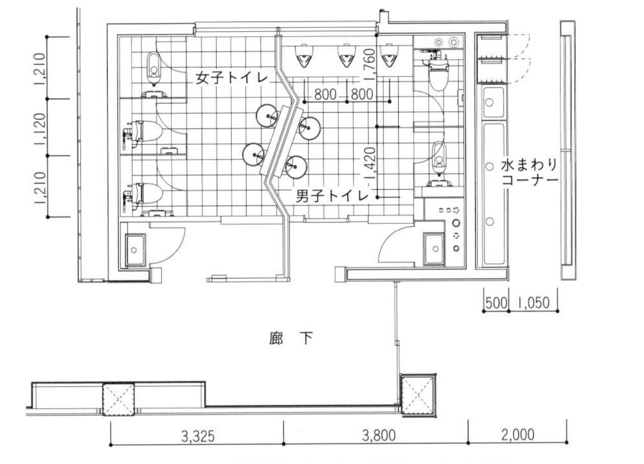

中・高学年トイレ平面　Ｉ／150

主要用途／小学校　建築設計・監理／富山県建築設計監理協同組合（鈴木一級建築士事務所）　計画指導／長澤悟　施工／八倉巻建設・古栃建設共同企業体　構造・規模／RC造・地上３階　建築面積／1,1157.73㎡（増築部分）　主な使用機器／大便器：C-22PURC（INAX），C-51（INAX），中高学年小便器：AWU-506RP（INAX），低学年小便器：U-441R（INAX），中高学年洗面器：GL-543（INAX），低学年洗面器：L-2160FC（INAX）　竣工／2005年８月　所在／富山県滑川市　撮影／エスエス（高嶋典夫）

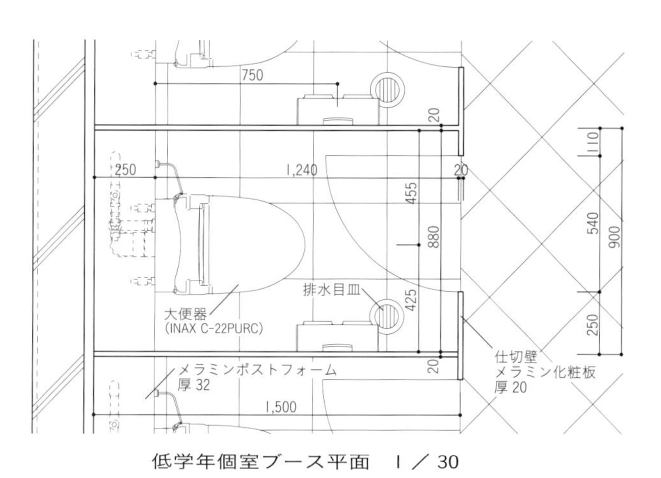

低学年個室ブース平面　1／30

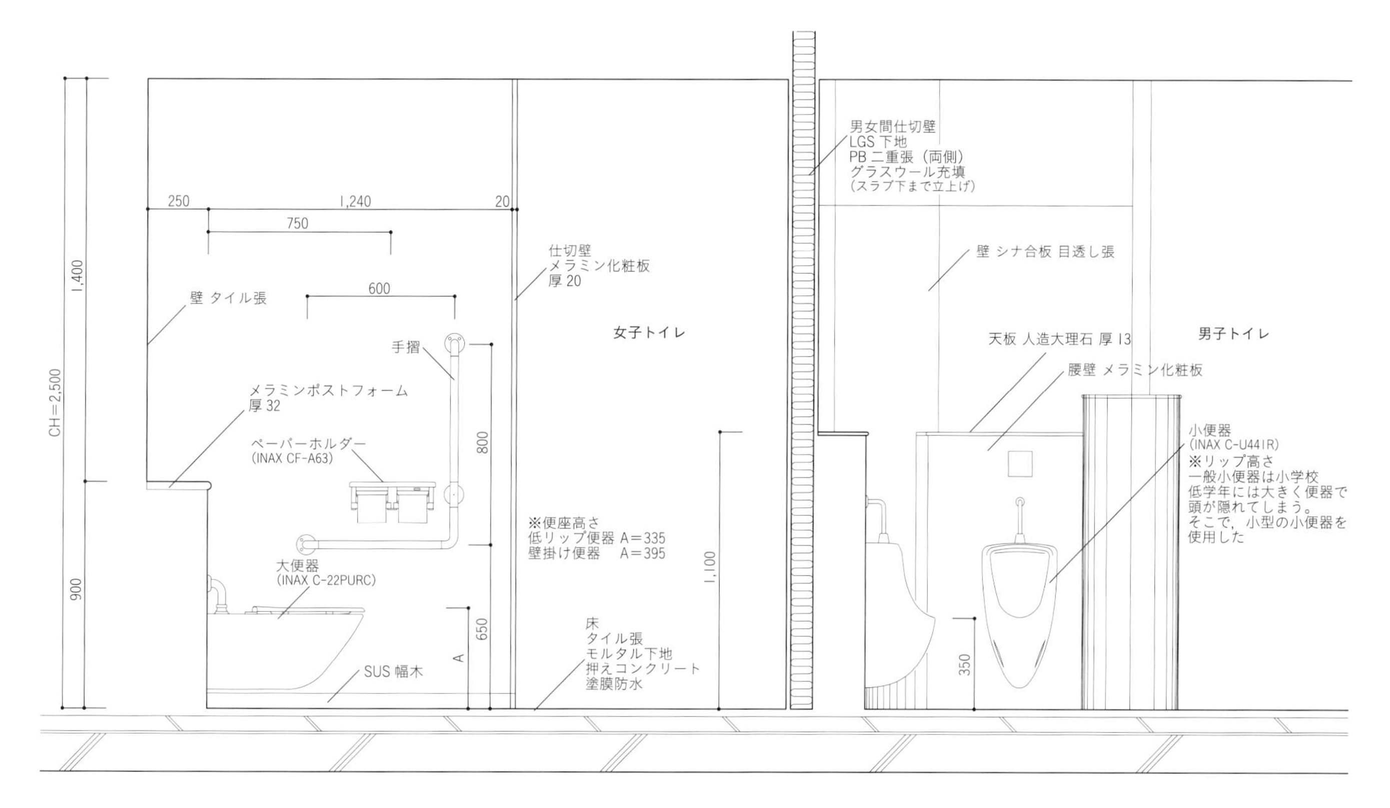

低学年トイレ A-A 断面　1／30

児童と一緒につくるトイレ計画

2003	2004	2005	2006
基本設計 ▶	実施設計 ▶ 施　工 ▶	竣　工	

9月
- 児童と大人のワークショップ
  —みんなでトイレについて考えよう—
  砺波総合病院院長の話
  トイレをつくる人からの話

12月
- アンケート調査（児童+教職員）

7月
- 第 1 回 児童とのワークショップ
  —こんなトイレができたらいいな—
  6 グループに分かれて意見のまとめ
- 子どもたちからのトイレ色彩提案
  トイレの絵に色を塗る

10月
- 第 2 回 児童とのワークショップ
  —トイレ探検 なぜなぜレンジャー—
  におい・明るさ・広さグループによる調査
- トイレの壁に貼る絵タイルづくり

10月
- 使用後のアンケート調査（児童+教職員）

7月
- 第 3 回 児童とのワークショップ
  —トイレをきれいに保つには—
  清掃方法指導
  トイレの使い方など

第 1 回ワークショップ

子どもたちのトイレ色彩提案

におい調査

明るさ調査

広さ調査

作成した絵タイル

清掃方法指導

㉗ 「もの」として置かれたトイレ

田園調布雙葉学園小学校 屋外トイレ　　竹中工務店

家具や調度のように置かれた屋外トイレ。屋根と壁の区分のない彫塑的な家型のヴォリュームに，棟線や妻壁の傾斜によるミニマムな操作により，小学生に親しみやすく，動きのある「もの」としての建築を既存校庭に実現している。4つのトイレブースと10個の洗面を最小限に構成した平面形に，小学生の成長に合わせたような高さの異なる扉，ランダムに配置した色ガラスブロックやスリット窓からの採光，特注コテ押えの半球形のセパ穴への配色，極小同面ベンドキャップなどのディテールを施した。扉は枠なしの建具金物が目立たない内開き扉で，非常時には外部から開放可能な建具ディテールになっている。ブースごとに微妙に異なる天井高さや配色，時間や季節ごとに変化する，さまざまな開口から差し込む光などにより，小学生のための一つの小さな世界を演出している。

（竹中工務店　藤田純也）

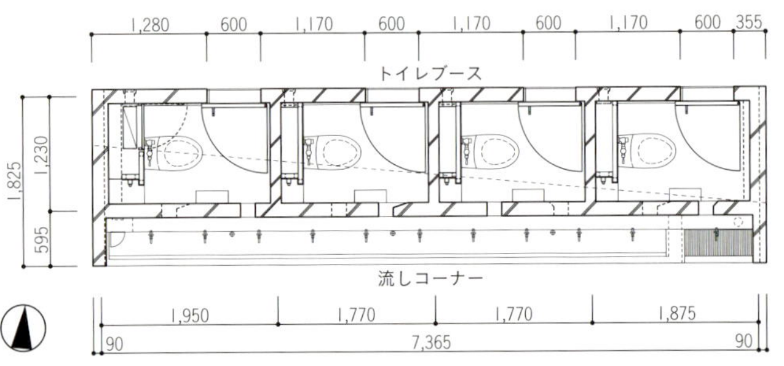

平　面　1／100

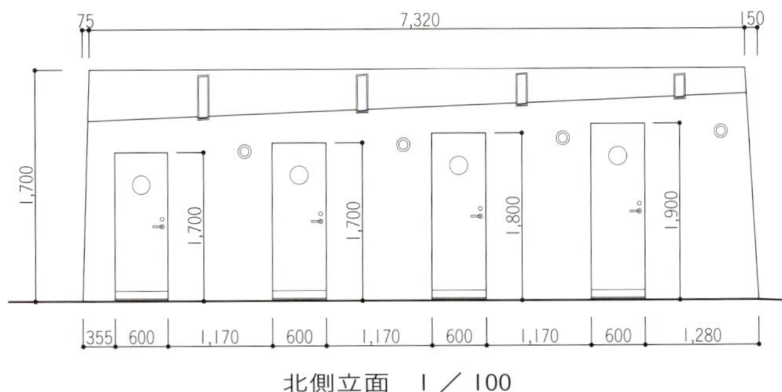

北側立面　1／100

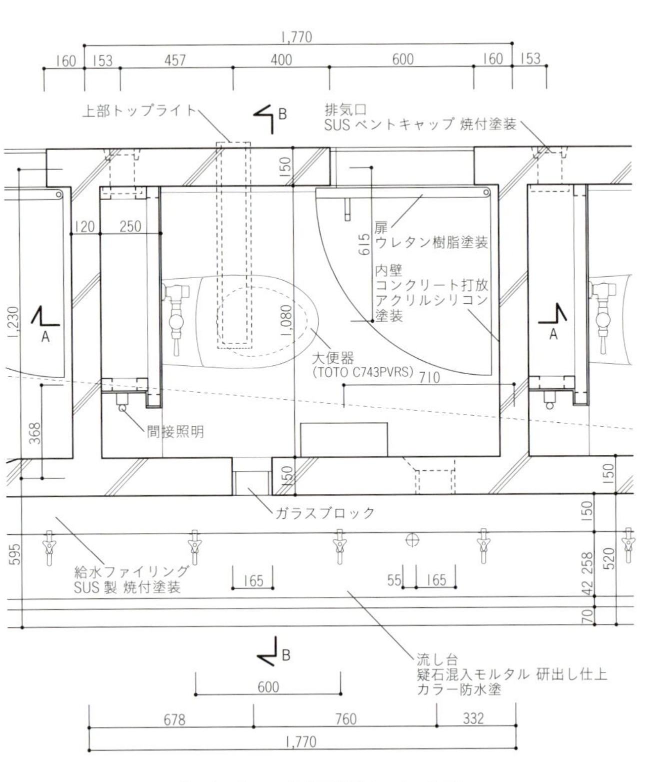

個室ブース平面詳細　1／30

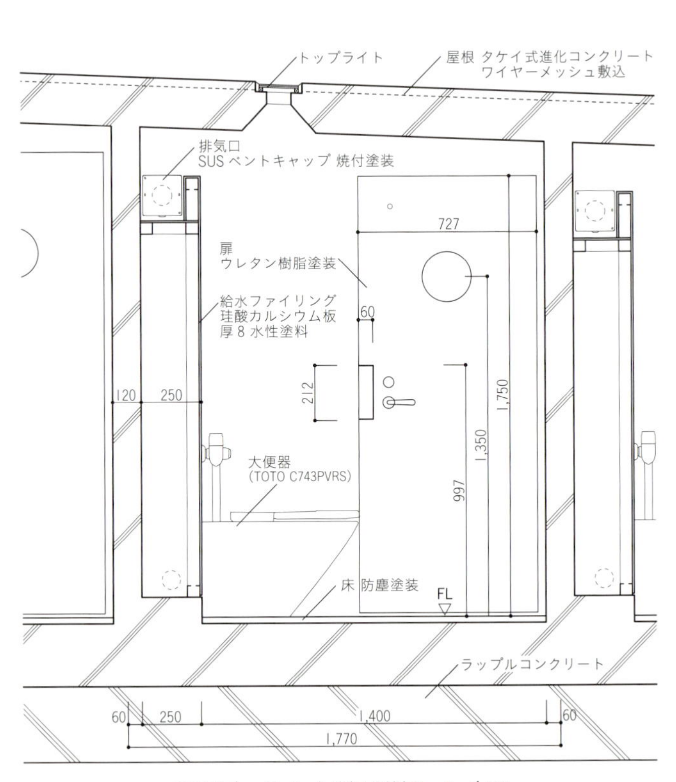

個室ブース A-A 断面詳細　1／30

主要用途／小学校（外部トイレ）　施工／竹中工務店　構造・規模／RC 造・地上1階　建築面積／9.06㎡
主な使用機器／大便器：C743PVRS（TOTO）　竣工／2007年9月　所在／東京都世田谷区　撮影／彰国社写真部

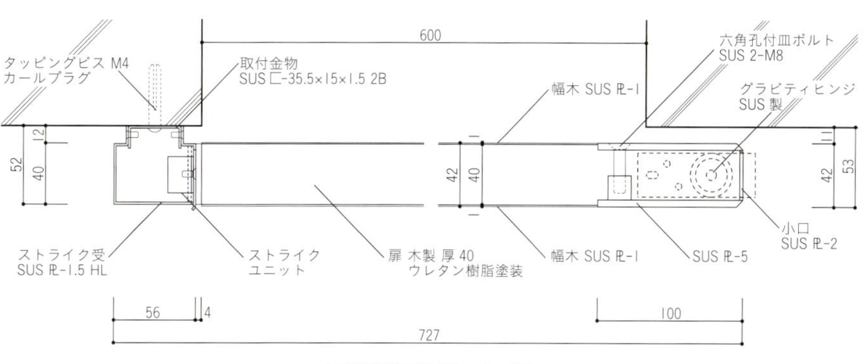

扉平断面詳細 1／5

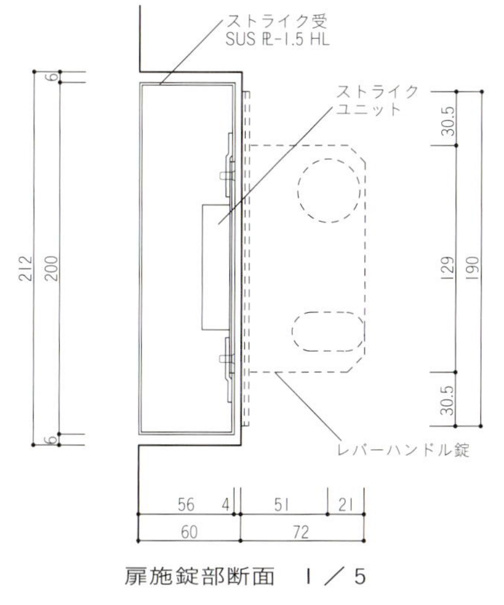

扉施錠部断面 1／5

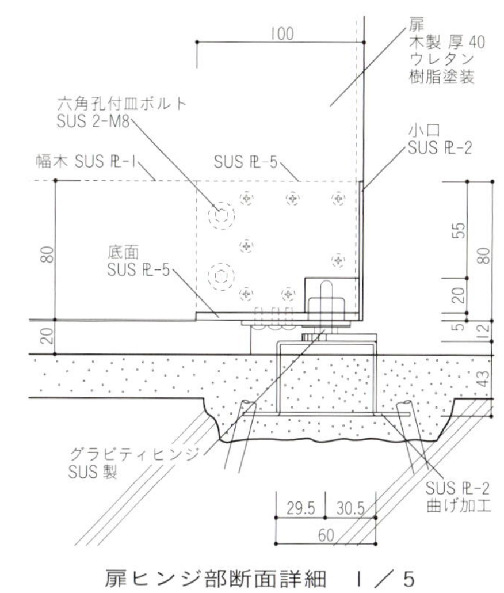

扉ヒンジ部断面詳細 1／5

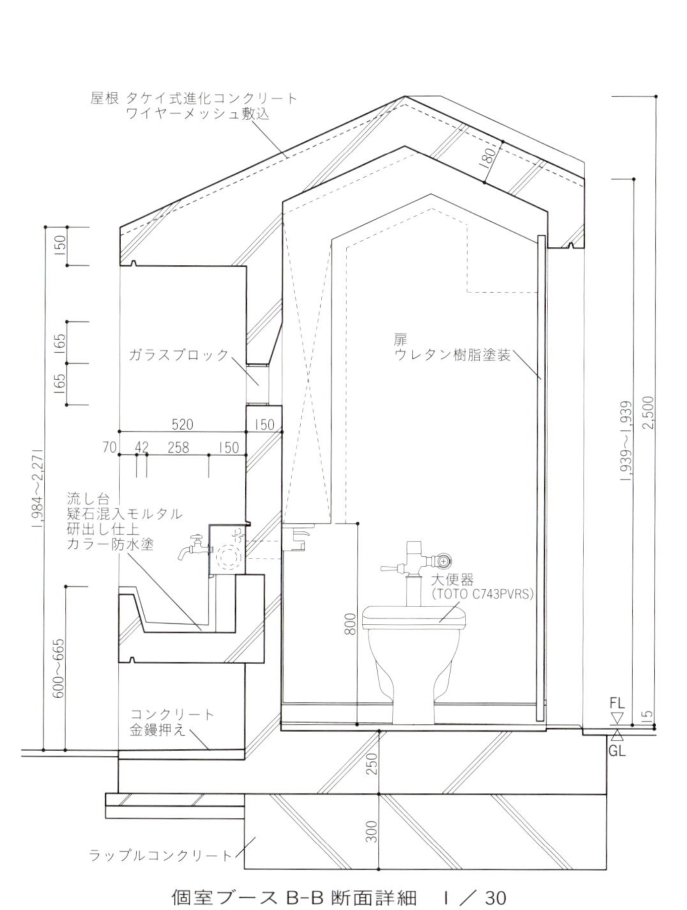

個室ブース B-B 断面詳細 1／30

㉘ トイレ空間に自然光を導く「光ダクト」

港区立芝浦小学校・幼稚園改築工事　日建設計

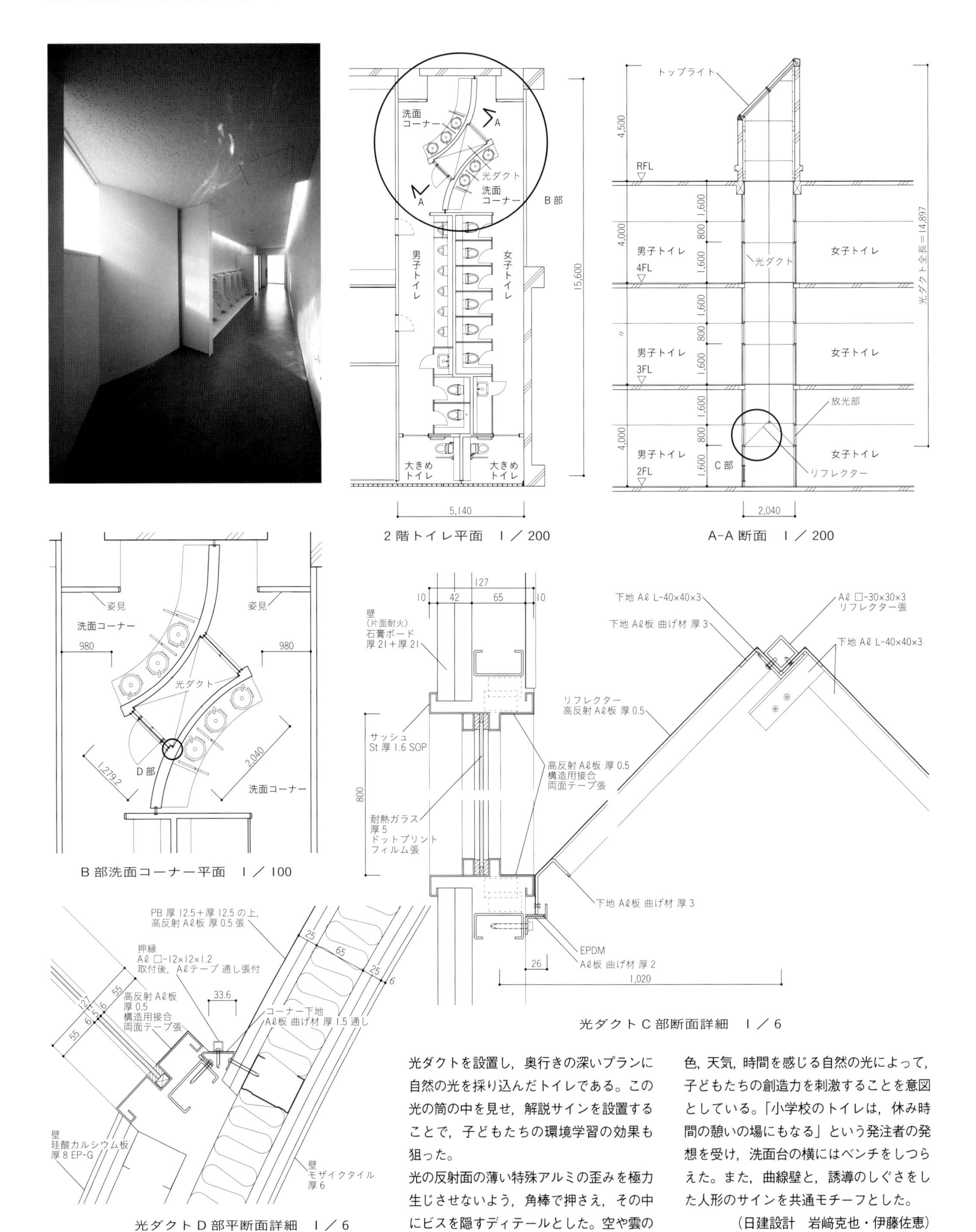

2階トイレ平面　1／200

A-A断面　1／200

B部洗面コーナー平面　1／100

光ダクトC部断面詳細　1／6

光ダクトD部平断面詳細　1／6

光ダクトを設置し，奥行きの深いプランに自然の光を採り込んだトイレである。この光の筒の中を見せ，解説サインを設置することで，子どもたちの環境学習の効果も狙った。
光の反射面の薄い特殊アルミの歪みを極力生じさせないよう，角棒で押さえ，その中にビスを隠すディテールとした。空や雲の色，天気，時間を感じる自然の光によって，子どもたちの創造力を刺激することを意図としている。「小学校のトイレは，休み時間の憩いの場にもなる」という発注者の発想を受け，洗面台の横にはベンチをしつらえた。また，曲線壁と，誘導のしぐさをした人形のサインを共通モチーフとした。

（日建設計　岩﨑克也・伊藤佐恵）

主要用途／小学校・幼稚園　施工／安藤・ノバック・小俣JV，トイレ・設備施工／日設　構造・規模／RC造・地上4階　基準階面積3,489.40㎡
主な使用機器／大便器：腰掛式便器C550SU（TOTO），小便器：壁掛け低リップ小便器XPU11（TOTO），洗面器：丸形洗面器L530（TOTO）
竣工／2010年9月　所在／東京都港区　撮影／彰国社写真部

㉙ # コミュニケーションを誘発するトイレの洗面台

西南学院小学校　KAJIMA DESIGN

地上３階建ての新設小学校。各階に２学年４クラスのためのトイレを計画。学校側の要望により男女とも完全個室化を実現している。突当たりに窓を設けた明るい通路に面して個室ブースはあり，「だれでもトイレ」をコンパクトに納めた。洗面コーナーは男女共用とし，廊下に面した開放的な計画としている。楕円のカウンターを中央にレイアウトし，その周辺にはベンチを設け，入口のガラス越しに外光の明るさを感じられる，子どもたちが集える空間としている。また学年ごとにカウンター高さに変化をもたせ，掃除用バケツも使える洗面器や水栓の選定など細かな配慮を行っている。

(KAJIMA DESIGN　丸山琢)

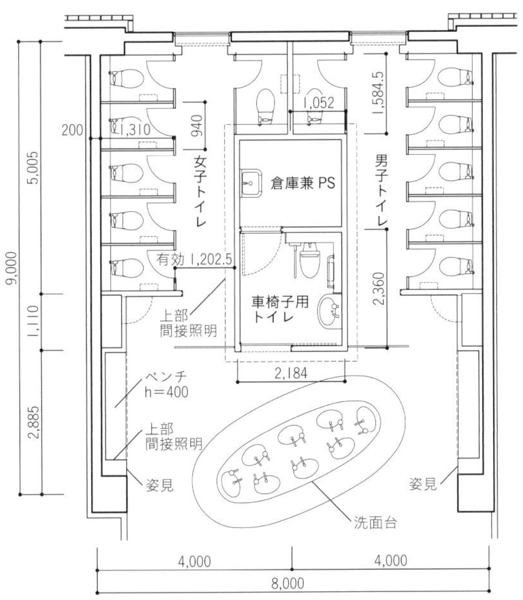

高学年児童用トイレ平面　1／150

掃除用バケツ対応水栓　掃除用バケツ対応水栓　A　200　1,300　A　3,600

洗面台平面　1／50

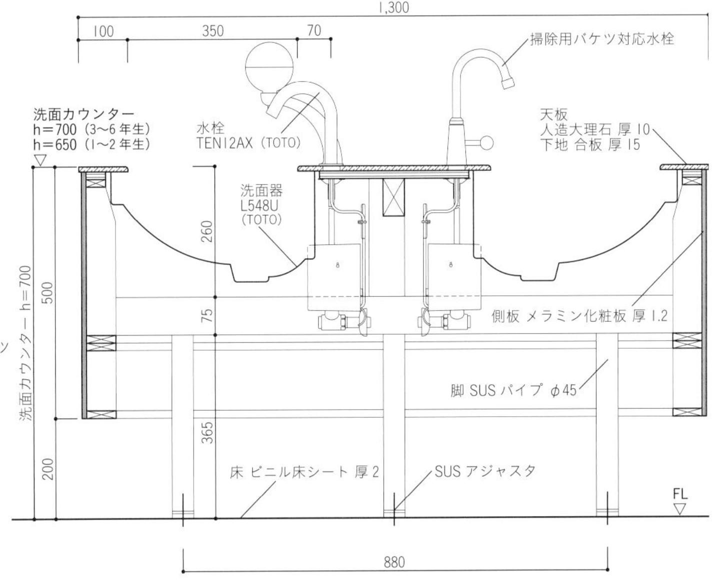

A-A 洗面台断面　1／15

主要用途／小学校　施工／鹿島建設九州支店　構造・規模／RC造・地上3階　基準階面積／3,467㎡（2階部分）　主な使用機器／大便器：低リップ床置大便器 C426（TOTO）（1階，2階男女トイレ），床置大便器 C480N（TOTO）（1階，2階，3階男女トイレ）　竣工／2010年1月　所在／福岡県福岡市　撮影／エスエス（内山雅人）

㉚ ガラスパーティションで視線のコントロールをしたトイレ

港区立芝浦小学校・幼稚園改築工事　日建設計

大人は見守りやすく，幼児は落ち着くしつらいとすることを意図したトイレ空間である。視線をコントロールする廊下との境界は，大人の視線だけが通る高さのガラスパーティション，その下部は人造大理石製の流し台とした。幼児にとってトイレの動作は脱ぎ着に時間がかかるため，広い待ちスペースや準備スペースが必要になる。ここでは，ただ広いだけでなく，ブースの壁面を雁行させてカラフルな扉としたり，長いベンチを設けて街並みのようにつくり込み，幼児のスケールに落とす工夫をした。ブースは手はさみ防止タイプとし，各保育室の洗面の色と合わせることで，幼児たちが親しめる空間を目指している。

（日建設計　岩﨑克也・伊藤佐恵）

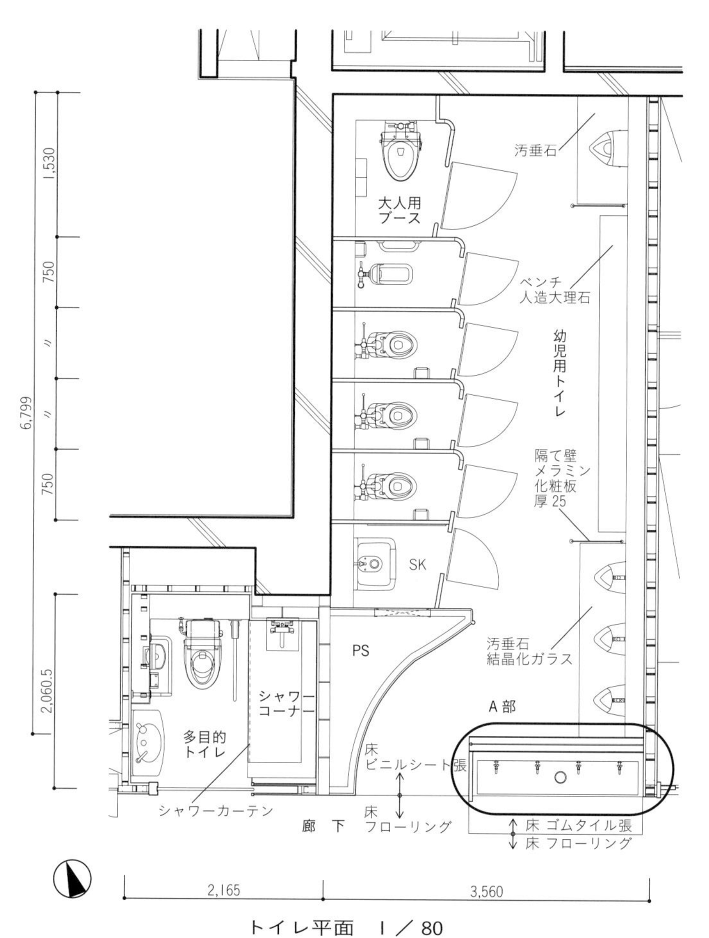

トイレ平面　1／80

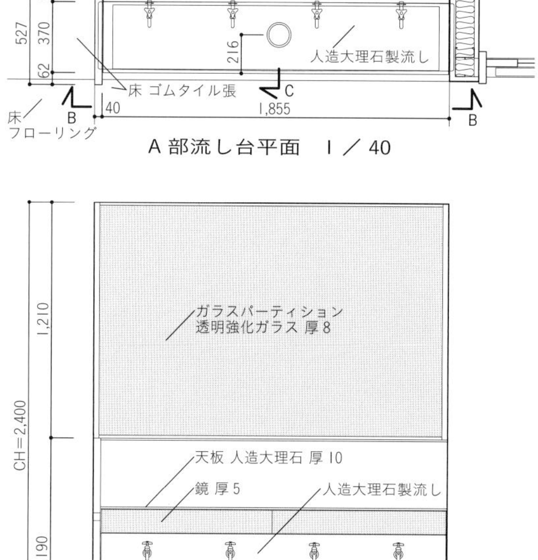

A部流し台平面　1／40

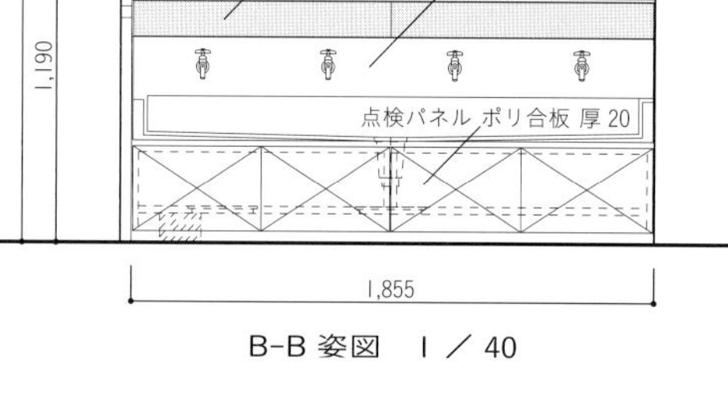

B-B姿図　1／40

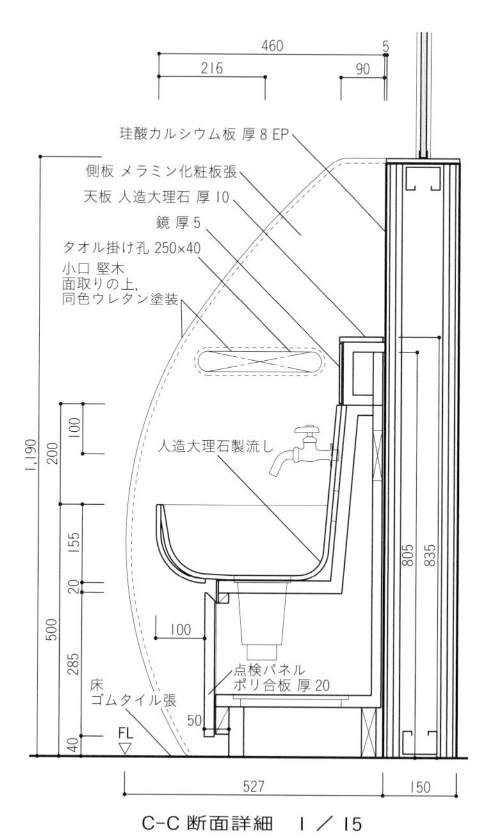

C-C断面詳細　1／15

主要用途／小学校・幼稚園　施工／安藤・ノバック・小俣JV，トイレ・設備施工／日設　構造・規模／RC造・地上4階
主な使用機器／大便器：幼児用腰掛式大便器CS300B（TOTO），小便器：幼児用小便器U310（TOTO）　トイレブース／ベニックス　竣工／2010年9月　所在／東京都港区　撮影／彰国社写真部

㉛ 南側に配置された幼児トイレ

茅ヶ崎浜見平幼稚園　　日比野設計+幼児の城

湘南の地，茅ヶ崎の住宅地に建つ幼稚園。従来，幼稚園の計画では教室を南側に配し，トイレは北側の余ったスペースに設けられ，3K（暗い，汚い，怖い）のイメージをもたれてきた。そこで本幼稚園では，幼児トイレをあえて南側に配し，大きな透明ガラスの入った開口部を設けることで明るく開放的なトイレをつくることを意図した。さらに小便器の配置にも動きが出て楽しく見えるように工夫したり，ドライシステムのトイレとして床材にフローリングを使うなど，インテリアにも配慮している。トイレブースや手洗い器については全体のデザインと安全性，使いやすさへの配慮から，ブース高さを1,200mmに抑え大人からの視認性を高めるとともに，子どもは落ち着いて用が足せるようになっている。

（日比野設計+幼児の城　日比野拓）

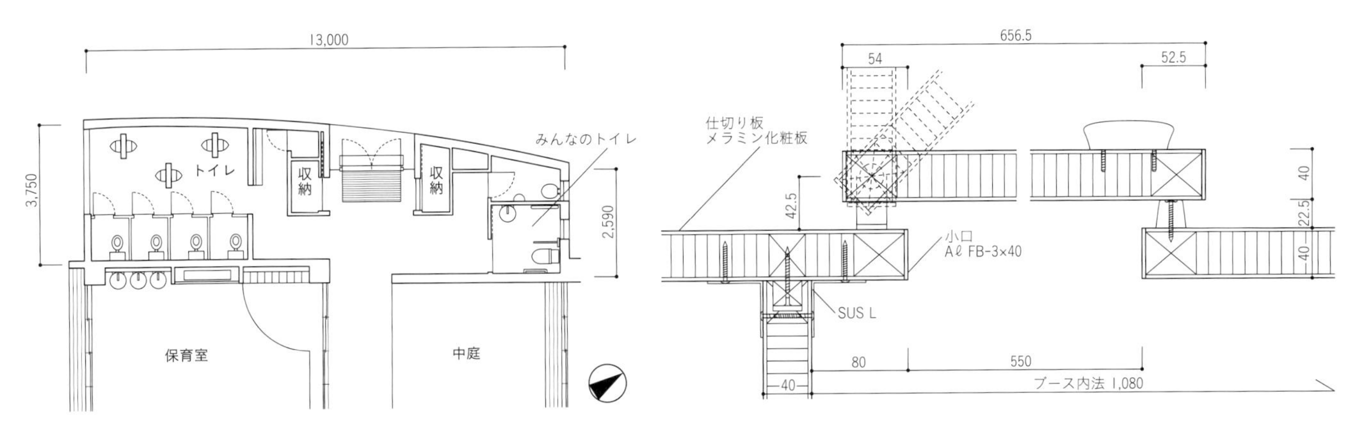

1階平面　1／200

仕切り板・ブース扉A部平断面詳細　1／6

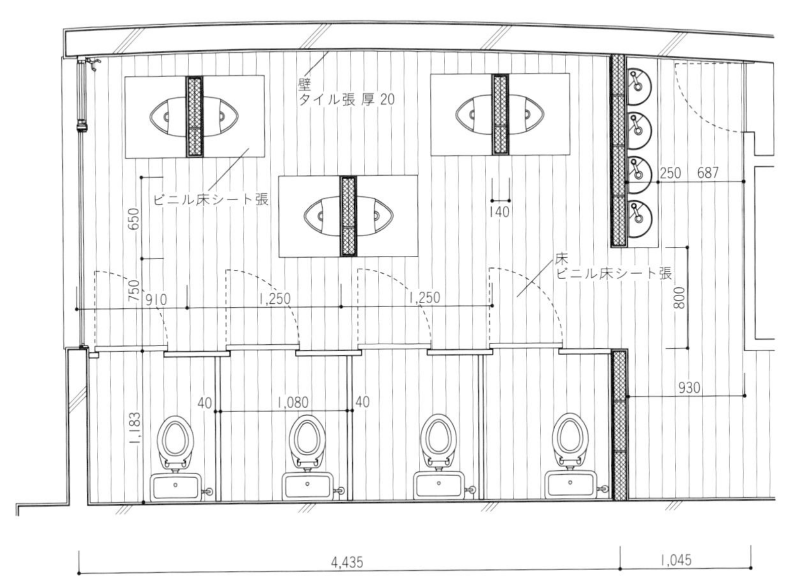

トイレ部平面　1／60

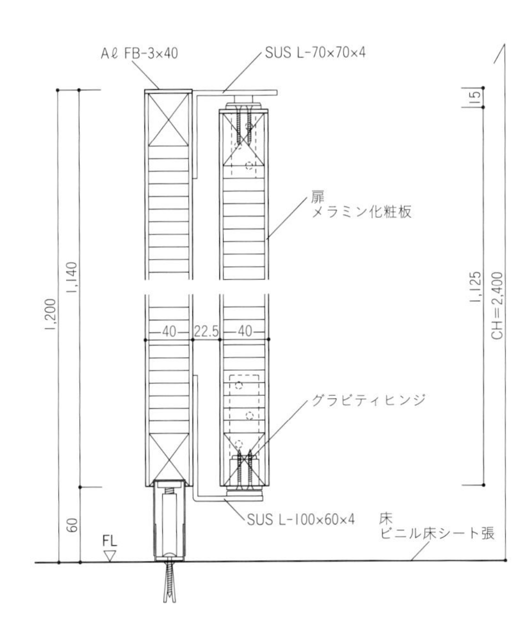

仕切り板・ブース扉断面詳細　1／6

主要用途／幼稚園　建築・トイレ施工／相鉄建設　設備施工／葉山設備工業　構造・規模／RC造・地上2階
主な使用機器／大便器：C40C，S513BKS（TOTO），小便器：U-441R，UF-3VH（TOTO）　竣工／2005年1月　所在／神奈川県茅ヶ崎市　撮影／studio BAUHAUS　吉見謙次郎

座談会

最先端技術による
未来型トイレの実践

東京理科大学葛飾キャンパス　図書館棟　理科大サイエンス道場

藤嶋　昭 × 新井秀雄 × 野元啓志 × 古畝宏幸 × 岩﨑克也

藤嶋　昭　東京理科大学　学長
新井秀雄　マテリアルハウス　取締役社長
野元啓志　TOTO トイレ空間生産本部 トイレ空間企画部企画主幹
古畝宏幸　ラフォーレエンジニアリング　代表取締役社長
岩﨑克也　日建設計　設計部長

（特記なき撮影：彰国社写真部）

光触媒とは

岩﨑　2015年10月，東京理科大学葛飾キャンパスの図書館棟に完成した理科大サイエンス道場（以下，サイエンス道場）は，カフェを改修して大学の研究成果を発表する場にするとともに，最先端技術を用いた衛生空間づくりにも挑戦させていただきました。それは，藤嶋学長が長年にわたって研究開発をしてこられた「光触媒」を最大限に活かすことを目的とした，これまでの常識をはるかに超えるとも言えるトイレ空間です。

そこで今日は，その実現にあたっての技術開発と建築的アプローチを振り返りながら，未来型トイレのあり方について考えてみたいと思います。

建築分野における光触媒は今でこそさまざまな用途に使われていますが，藤嶋学長はいつ頃この現象を発見されたのでしょうか。

藤嶋　今から50年近く前になります

集光装置

太陽光追尾システム

（撮影：ミヤガワ）

が，酸化チタンに光が当たると水が分解され，酸素・水素ができる現象を発見しました。当時，衛生分野で一番の問題とされていたのはトイレの臭いで，TOTO と光触媒を活用してそれを解決できないかという共同研究が90 年代はじめに始まりました。

臭いの正体はアンモニアなのですが，根本の原因である尿酸菌を殺菌しなければ解決しません。そこでまずは仮説を立てて，酸化チタンをコーティングしたタイルで実験したところ，見事に殺菌できました。強い酸化力により，菌や臭いを分解できたのです。

その後もさまざまな実験を通じて三つの問題——①殺菌，②タバコ臭の除去，③鏡の曇り除去——の研究に取り組み，現在に至っています。

酸化チタンは水に馴染みやすい性質も備えていますので，外装建材や屋外テント材料などにも施されていますし，最近は光触媒塗装も普及していて，自浄・防汚効果を発揮しています。

しかし，トイレのような閉じた室内では，そこに届く光が弱いため，光触媒の効果をなかなか引き出しにくい状況であったかと思います。

紫外線を室内へ
常識破りの命題

岩﨑　光触媒の効果を最大限に引き出すためには，まさに強い光，言い換えると紫外線を多く含んだ波長の光が有効なのですが，「明るいトイレを」という単純なものではなく，光を扱う業界の方々にとっても，従前の常識とは違うアプローチが求められましたね。

古畝　これまでは明かり（自然光の可視光）を届けることに主眼を置いて技術開発を進めてきましたので，「紫外線を届ける」という発想自体がありませんでした。

われわれが開発したのは大庇に取り付けたフラット型のダブルルーバー採光装置なのですが，建築デザインとの

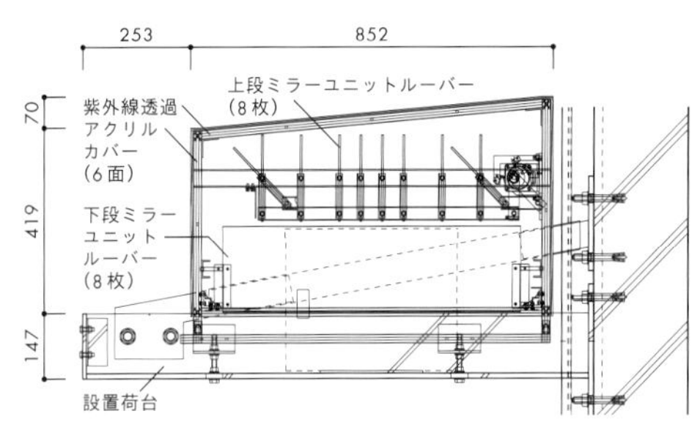

太陽光追尾システム断面　1/25

調和や将来の拡張性も考慮しつつ，何よりも重要であったのは，二つのルーバーがいかに効率よく太陽光を追尾・集光し，光触媒にとって効果の高い波長である 365nm 付近の光をきちんと集めて光ダクトへ伝送させるという，とても難しい命題でした。

装置の保護アクリルには紫外線の透過率の高いものを用いて，紫外線がそれらを透過し，なおかつ光ダクトにきちんと伝送される最適な設計となっています。

新井　そもそも紫外線は反射面などで非常に吸収されやすいものですよね。それを吸収させずに，なおかつ反射させながら光ダクトで伝送させるには，どういう材料や材質の調整をすればよいのか。それが私たちの課題でした。

過去に NEDO プロジェクトで似た

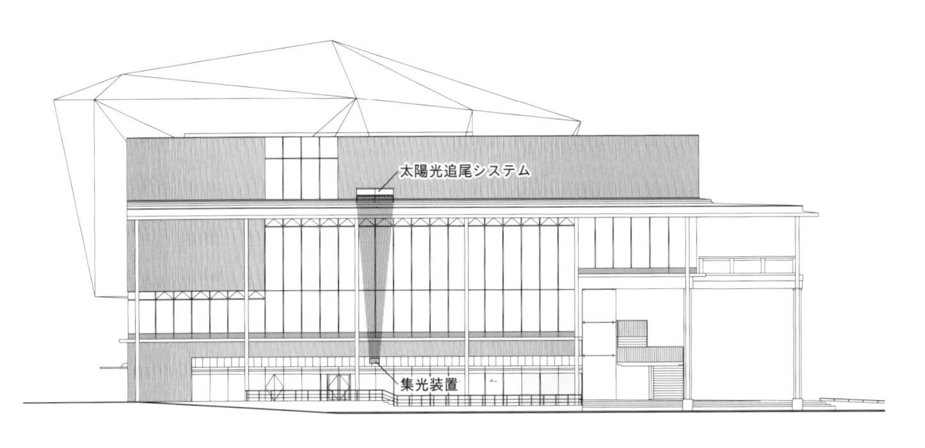

南側立面　1/600

実験をさせていただいたのですが，残念ながらそのときは紫外線が弱く，光触媒の効果をはっきり確認できませんでした。そのような経験を踏まえつつ開発したのが，紫外線（UV）対応型の光ダクトです。

鏡の表面でも紫外線は吸収されやすいため，蒸着したアルミニウムの反射面に薄い2層の金属酸化膜を光学膜として乗せ，反射を増やしつつアルミニウムの反射層を保護させています。さらに，膜の厚みを変えて可視光領域を落とし，逆に紫外域の反射率を95%くらいまで高めることで，通常の2～3倍程度に高密度化された光を伝送する仕組みです。

これにより，集光装置から離れた位置にある男子トイレの洗面台上部の放光部まで光ダクトを配管して，トイレ空間への光の伝送に成功しました。

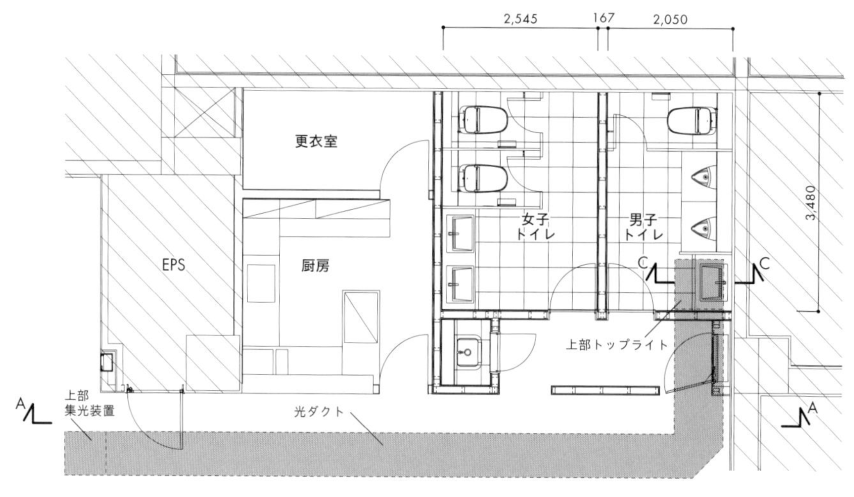

トイレ平面　1／120

野元　皆さんのそれらの技術のおかげで，光触媒を施した衛生設備や建材にも新たな機能を追加できたことは，画期的であると思っています。

現在，ほとんどの公共トイレの小便器の足元には陶板が敷いてあるのですが，光媒体はそうした臭いが気になる部位などでの採用が広がっています。サイエンス道場では今一度トイレという原点に戻り，内装に用いる光触媒をワンランク上げることを目標としました。

光触媒にとって有効な紫外線を取り込めたことにより，除菌スピードが今までの約半分の時間となりましたし，

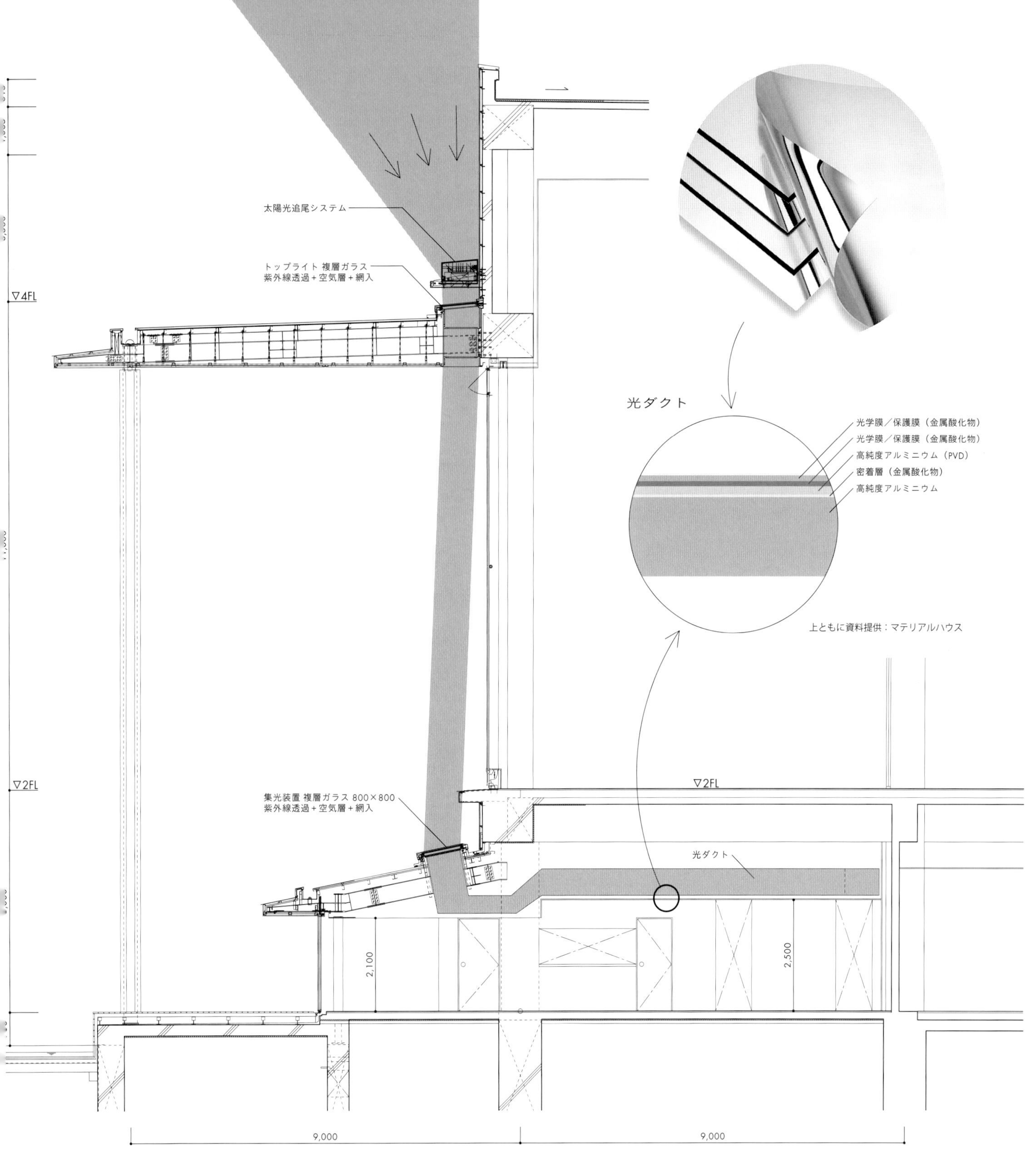

A-A 断面　1／120

屋内でも親水性と分解性を活かした自浄・防汚効果を，より一層，実感できるようになっています。

トイレ空間に使われている大型陶板のサイズは 1m × 3m です。なぜこれほど大きくしたのかと言いますと，いくら光触媒がきれいにコーティングがされていても，やはり目地に菌が溜まりやすく汚れやすい。ならば目地をできるだけなくせば，より高衛生な空間に仕上がるからです。

また，海外で発売している光触媒機能付き大便器も設置させていただきましたので，汚れがつきにくく，ついたとしても拭き取りやすい高衛生なトイレ空間が実現したと思います。

岩崎　トイレの自浄効果を促すために，ダウンライトも光触媒対応型としましたね。365nm 帯の光を照射可能な LED 素子を用いて，人が使っていないときはその光を人工的に当てる。

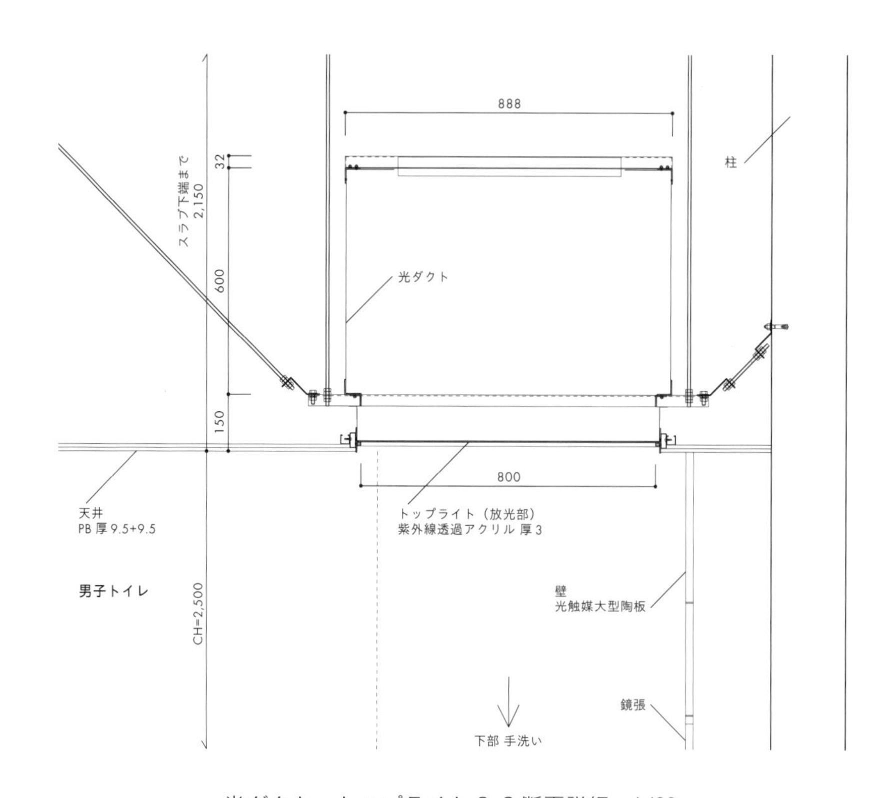

光ダクト－トップライト C-C 断面詳細　1/20

そういったことも含めると，自浄・防汚効果はこれまでにないものであろうと思います。

いかに最先端技術をアッセンブルするか

岩﨑　サイエンス道場の設計から竣工にあたりましては，設計期間も工期も短いという厳しい条件でした。そこで，私たちは設計当初の早い段階から皆さんへお声がけをして体制を整えて，このまさに未来型トイレの実現の可能性を模索しました。そういう意味では，私たち設計者は，皆さんがお持ちの最先端技術をどのように活かしてアッセンブルし，空間を実現するかというところであったかと思います。

既存建物での改修プロジェクトでしたので，すでにある構造体や天井内部などを考慮しなければいけません。どうすれば奥まった場所にあるトイレに，光を制御しながら光ダクトで持ち込めるのか。さらには設計期間と実験期間が並行しましたので，どの技術のどの組み合わせであれば，光触媒に有効な 365nm 付近の光を取り込める最良なシステムができるのかということが大きな課題であったと思います。

さまざまな実験をしていただきましたが，まさに予測と期待をしながら，同時に皆さんとのチームワークも必要とされるプロジェクトであったと思います。また，それぞれが過去に取り組んできたさまざまな挑戦があったからこそ，短期間であっても成功したのだろうと思っています。

一般住宅をはじめとした将来への応用と期待

岩﨑　サイエンス道場での取組みは，じつは一般住宅などへの応用も視野に入れています。たとえば，光ダクトの大きさは 600 ～ 900 くらいのサイズを用いたのですが，それはあえて住宅スケールの大きさで考えました。

そもそもトイレ空間に自然光を採り入れたいという，人間の生理的な欲求

藤嶋　昭（ふじしま・あきら）

1942年東京都生まれ。1971年東京大学博士課程修了。工学博士。東京理科大学学長。日本化学会賞，日本学士院賞，恩賜発明賞，文化功労者など。

新井秀雄（あらい・ひでお）

1949年東京都生まれ。1973年慶應義塾大学経済学部卒業。1983年マテリアルハウス取締役社長。北米照明学会・国際照明デザイン賞など。

野元啓志（のもと・ひろし）

1965年和歌山県生まれ　1989年早稲田大学理工学部卒業後，東陶機器(現TOTO)入社。座談会当時，環境建材事業部BtoB事業推進部部長。

古畝宏幸（ふるうね・ひろゆき）

1952年東京都生まれ。1979年横浜国立大学工学部修士課程修了後，森ビル入社。2010年ラフォーレエンジニアリング代表取締役。

岩崎克也（いわさき・かつや）

1964年千葉県生まれ。1986年東海大学工学部建築学科卒業。1991年同大学大学院修了後，日建設計。現在，同社設計部長。

があります。ですから，それができない，どうしてもできにくいところには，規模にかかわらずこのような技術を使うことが今後は十分ありうるのではないでしょうか。

古畝　多くの戸建て住宅の場合，トイレのように少量の自然光しか入らない場所に対する要望はありますから，今回のようなシステムが普及する可能性はかなりあると思います。

さらに，やはり注目すべきことは，これは採光目的だけではなく，紫外線と光触媒による殺菌や脱臭・防汚という新たな付加価値を持たせることができるようになりますので，これまでとは違った要求が，一般住宅などからも広く望まれてくるのではないでしょうか。

私たちの場合，このサイエンス道場で用いた機構をもっとコンパクトにすることも可能ですので，機構を簡素化して住宅やオフィスなどさまざまな施設にも取り付けられる可能性は十分あります。

藤嶋　たとえば，病院の入院患者さんや老人ホームに入居されている高齢者たちの中にはきっと，太陽そのものの光にたくさん当たりたいという欲求があると思います。サイエンス道場のトイレでは，いわばそれが実現されたわけです。それはつまり，「将来的にはどの室内でも光触媒を使うことができる」とも言えますよね。

性能の優れた酸化チタンもすでに実現していますから，そういったものを組み合わせて使うことで，空間全体がきれいになると同時に人びとの要求も満足させるという，すばらしい建築空間ができる気がしています。

新井　光触媒の効果を得るために部屋中に紫外線が必要ということになれば，自然光を拡散させる技術も重要になってきますね。それは技術的には可能です。

大昔のトイレはオープンであったと思いますが，近代化が進むにつれて段々プライバシーを確保するために個室になってきたかと思います。

しかし，こういった技術の進歩により，臭いなどの問題が完全になくなるようなことがいずれ実現するとすれば，もしかしたら空間がオープンな別のかたちに変化していくということもあるかもしれませんね。屋内全体でみても，今までと全く違うことが起こるかもしれません。

野元　今までは室内での紫外線の量が限られていましたので，その条件の中で私たちは，いかに製品の性能を上げるかというところに注力してきました。サイエンス道場では，紫外線量に応じた最大の効果を得るために光触媒をチューニングしました。光触媒の今後の開発という意味でも，さらなる用途開発がなされていくのではないでしょうか。

それと，今後も増加が見込まれる訪日外国人の方々にこういう最新型トイレを体験していただきたいですよね。日本のトイレの清潔さや機能をもっと知ってもらうことができれば，光触媒の世界もまた広がり，さらなる進化を遂げそうな気がしています。

岩崎　そういったことをめざすためには，やはり明るくて快適なトイレである必要がありますね。いまのトイレは，単純に用を足すための空間に留まらず，お化粧をしたり，そこで人と会話をするような新しいトレンドも増えつつあります。

また，JRやNEXCOなど大規模な交通機関の施設において，多くの人びとが利用されるようなトイレ空間にも，このような未来型トイレのシステムはきっと最適ですよね。

臭いや汚れといった，これまでのトイレがもっていたマイナスのイメージを，こういった新しい技術を使うことによりプラスのイメージに変えていけば，このサイエンス道場のような未来型トイレは発展しながらどんどん増えていき，さらに進化していくであろうという大きな期待を感じています。

㉜ 交流拠点としてのトイレのありかた

道の駅　パティオにいがた　　設計事務所ゴンドラ，理研設計

（撮影：中川敦玲）

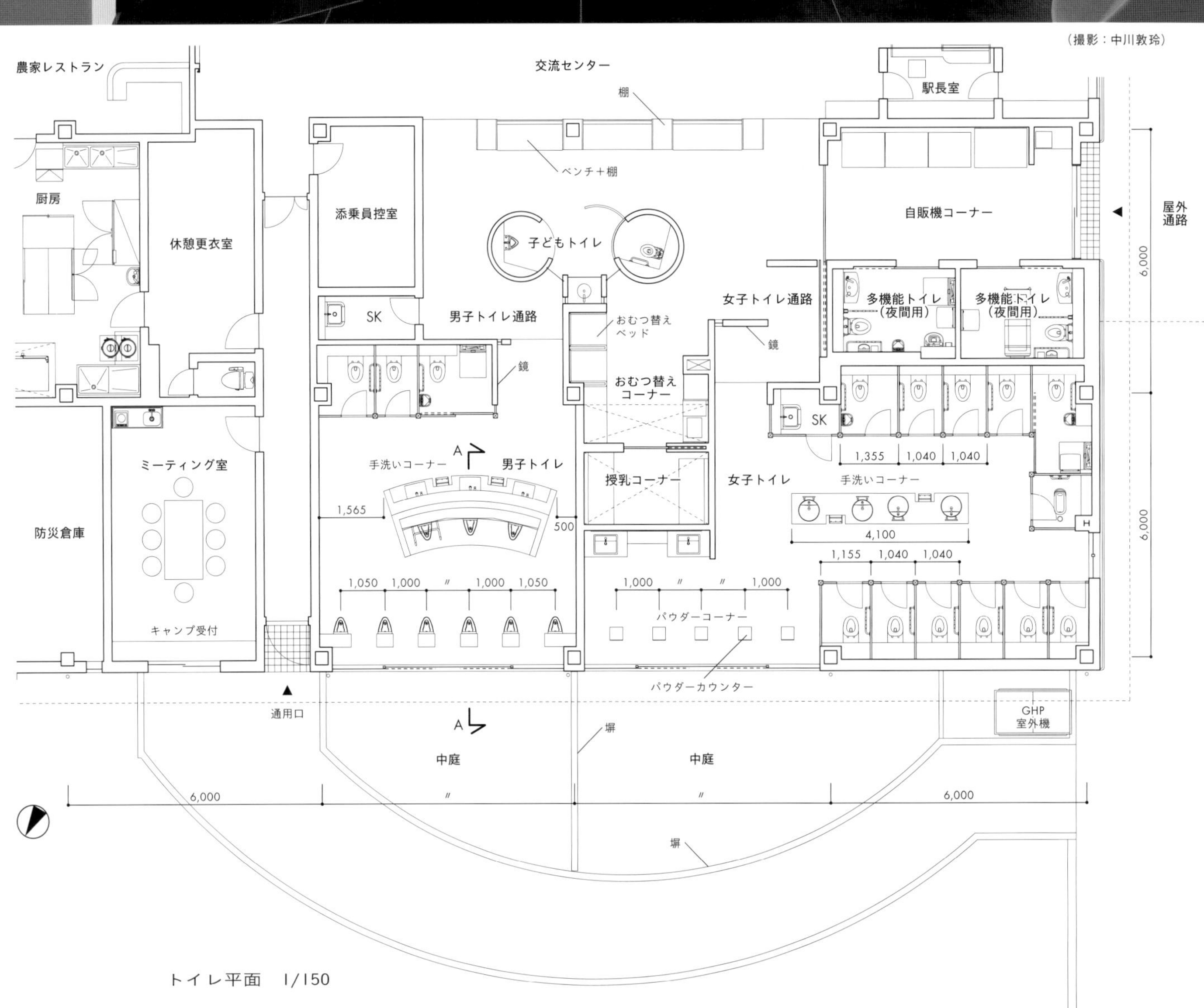

トイレ平面　1/150

道の駅は地域と他の地域の人々を地場特産や観光情報で交流させる。今や地域のショーウインドウ的役割をもつ。見附市は新潟から約 45km，ここの特徴は，地域外の人々は当然として，地域の人々の散歩の休憩所や防災拠点，伝統行事である対岸地域との凧合戦の練習所，また日帰りキャンプ場としてつくられている。トイレも老若男女が誰もが快適に，気取らず心地よく，見附市らしいもうひとつのおもてなしの場として計画した。越後杉の壁をメンテナンス性に配慮した上で，耐久性が緩和できる場所に使用し，トイレに高い塀をめぐらし視線を遮ったうえで庭を併設した。この地方で盛んなガーデニングをボランティアの市民と協力して設置した。運転で疲れた人々の目をトイレで楽しませている。子育て中の人々のためにおむつ替えや授乳等ファミリーコーナーや休憩所も併設するなど，さまざまな人がここで一息つけるように企画した。

（設計事務所ゴンドラ　小林純子）

（写真提供：見附市）

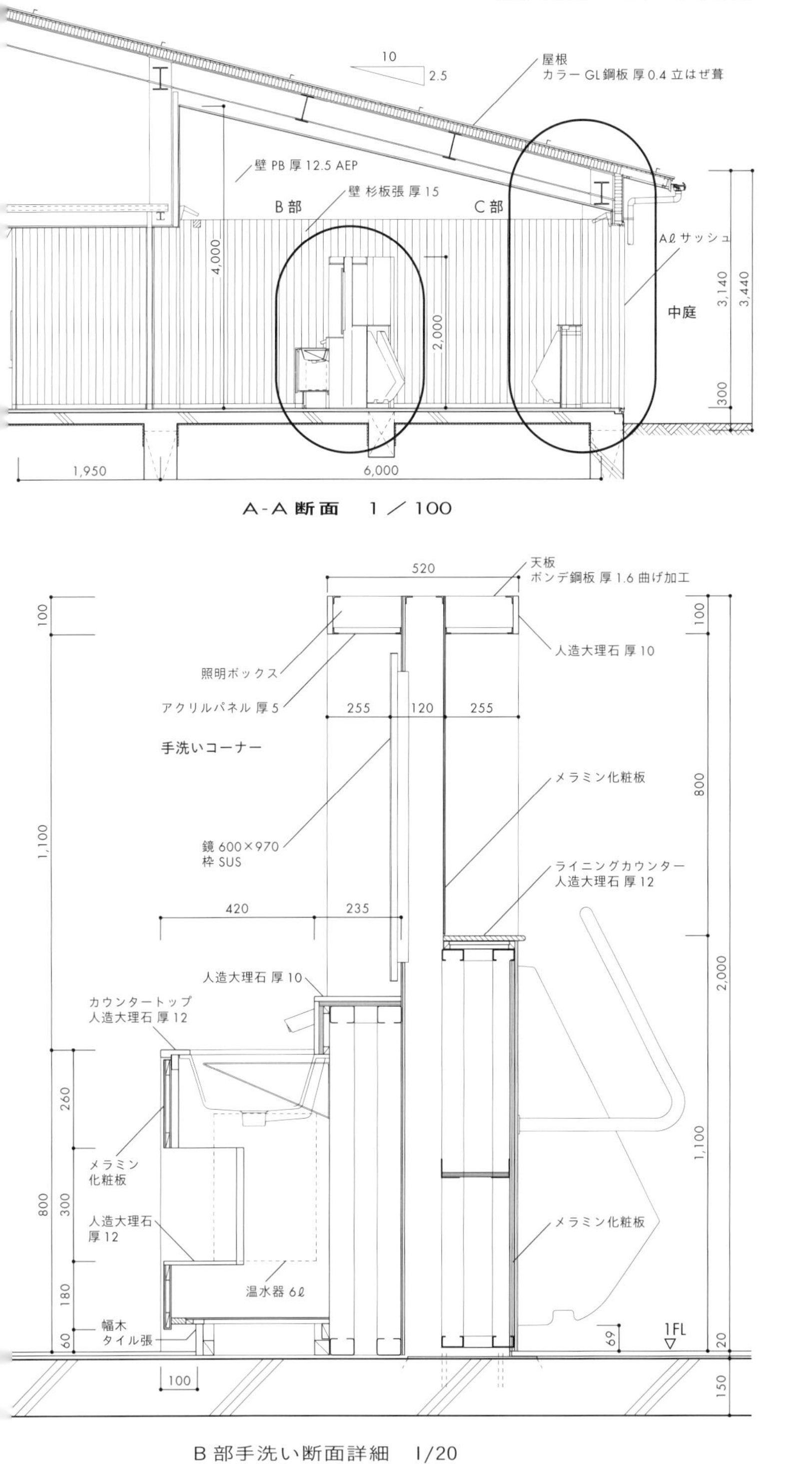

A-A 断面　1／100

B 部手洗い断面詳細　1/20

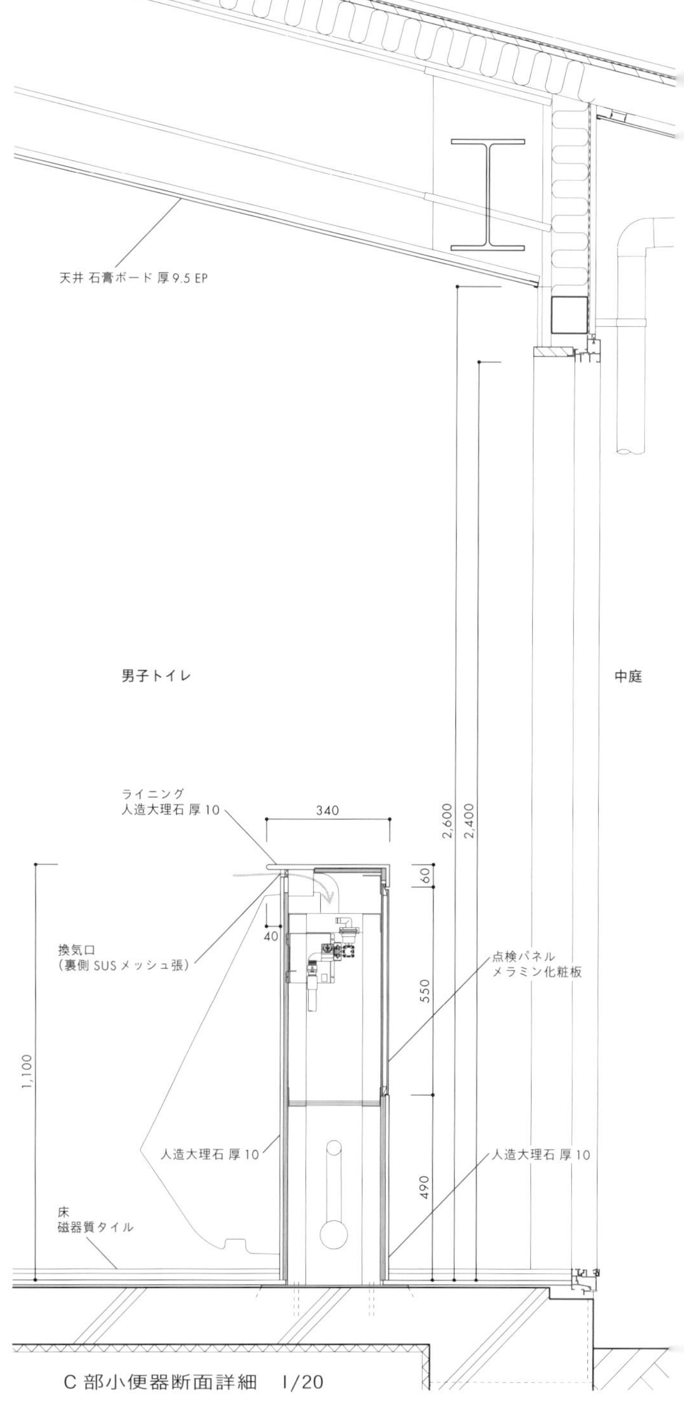

C 部小便器断面詳細　1/20

主要用途／休憩施設　構造設計／山辺彦構造設計事務所　照明／トミタ・ライティングデザイン・オフィス　建築・手洗い部施工／吉田建設　設備施工／清水配管・小玉電気商会　構造・規模／S 造・地上 1 階　主な使用機器／大便器：UAXC1NLAN（TOTO），小便器：XPU11（TOTO），洗面器：L700（TOTO）／SINK560（ADVAN），水栓金具：TEN12ARX（TOTO）／TEL120AWS（TOTO）　竣工／2013 年 3 月　所在／新潟県見附市

㉝ 混雑を解消するパーキングエリアのトイレ計画

第二東名高速道路 清水PA 休憩施設お手洗い　高橋建築都市デザイン事務所（建築），設計事務所ゴンドラ（トイレ）

高速道路のサービスエリア（SA），パーキングエリア（PA）の立寄り者のうち82％はトイレ休憩であるため，各高速道路会社ではトイレに関する研究実践が盛んである。SA，PAトイレの大きな課題は混雑緩和と季節変動対策である。中日本高速道路では，自社のトイレ事例での混雑時の実態研究の結果，混雑は便器数不足だけの問題だけではなく，平面計画において空きブースと待つ場所が明快でないため，利用者が混乱し，空きブースはあるのに待ちの現象が起こっていることが判明した。そこで，ここではトイレブースをホール型にレイアウトとし，一目で見渡せ空室がわかりやすいこと，出入り口を1カ所とし1列で並びやすいこと，季節の数の変動数を考慮し，スペースを繁忙期と通常期に分け，引き戸の開閉で対応することとした。その後の調査では，混雑時に効果ありとのことである。内部空間としては多数のブースで詰まった空間を光でやわらげようと，中庭も含め開口部を点在させ空間に陰影をもたせることとした。　（設計事務所ゴンドラ　小林純子）

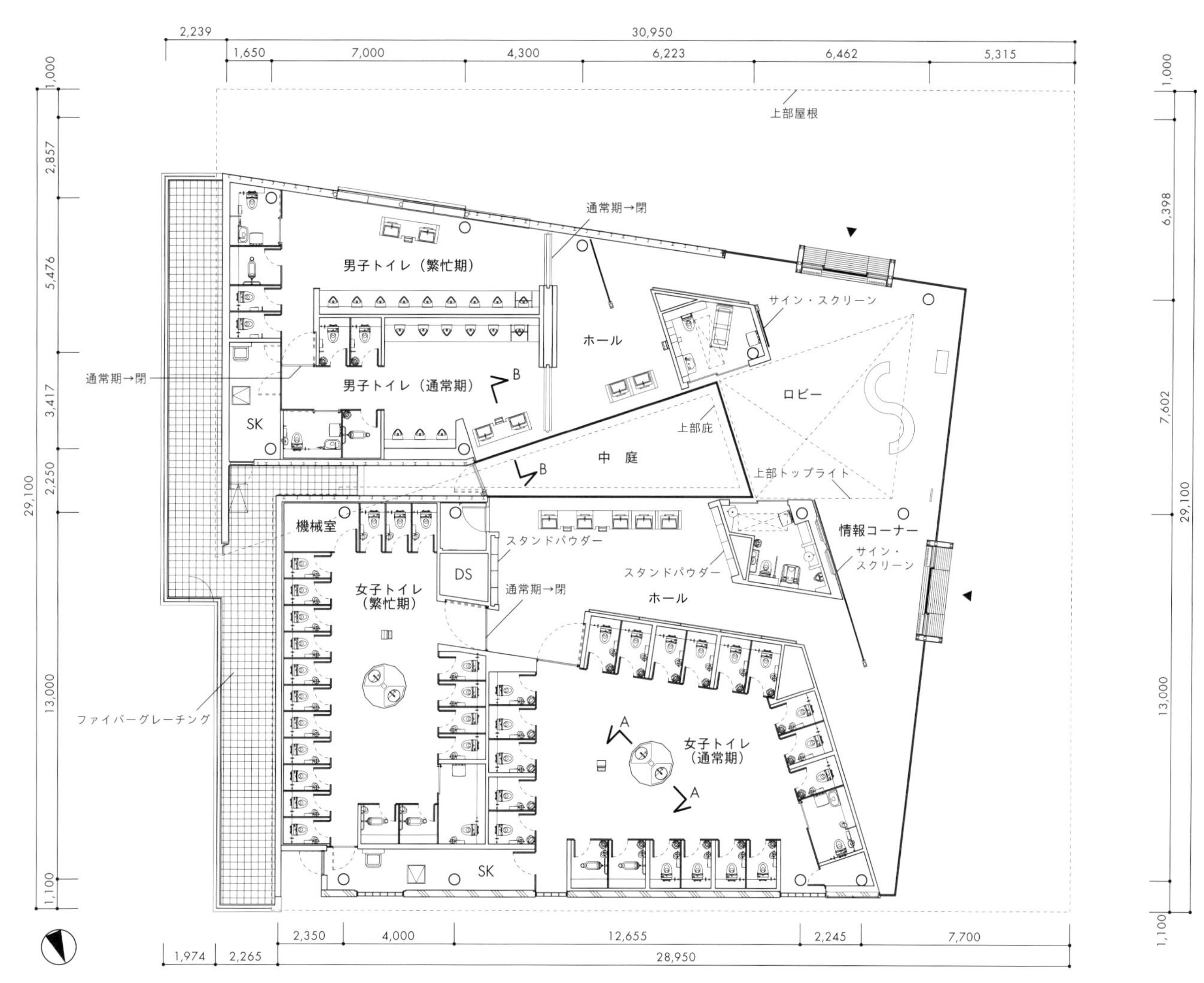

下り方面トイレ平面　1/250

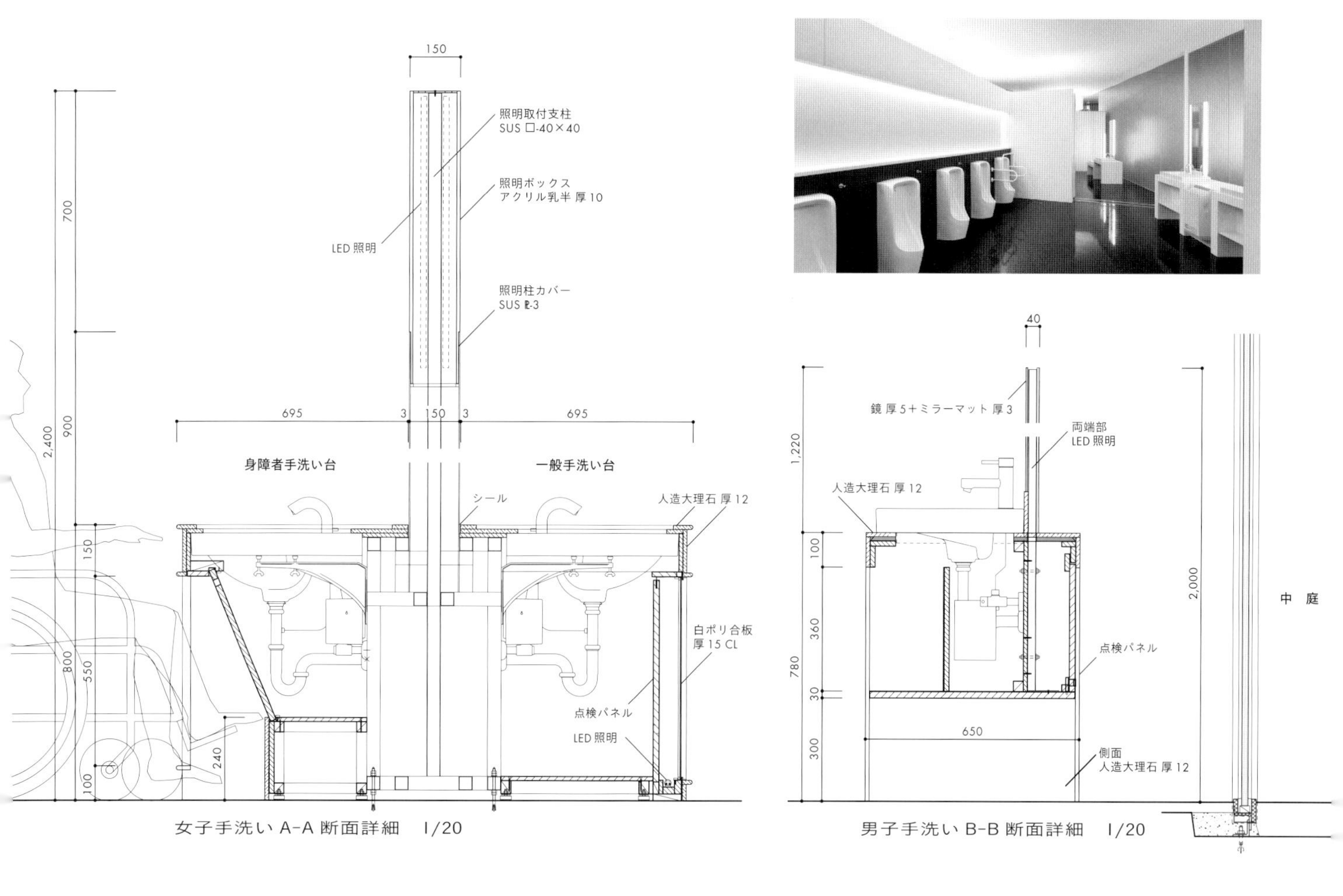

女子手洗い A-A 断面詳細　1/20

男子手洗い B-B 断面詳細　1/20

主要用途／パーキングエリア（旅客施設）　建築施工／田中建設　サインデザイン／東洋大学ライフデザイン学部教授／ BOW DESIGN　北真吾　照明デザイン・デジタルサイネージ／ X－MA
構造・規模／ S 造・地上 1 階　主な使用機器／大便器：UASXC（TOTO），小便器：ユニット専用小便器（TOTO），洗面器：LS911CR（TOTO），水栓金具：TEN12（TOTO）
竣工／ 2009 年 8 月　所在／静岡県静岡市清水区　撮影／中川敦玲

㉞ グレーチングとタイマー給水による自動汚垂れ洗浄

刈谷ハイウェイオアシス デラックストイレ　　鵜飼哲矢事務所

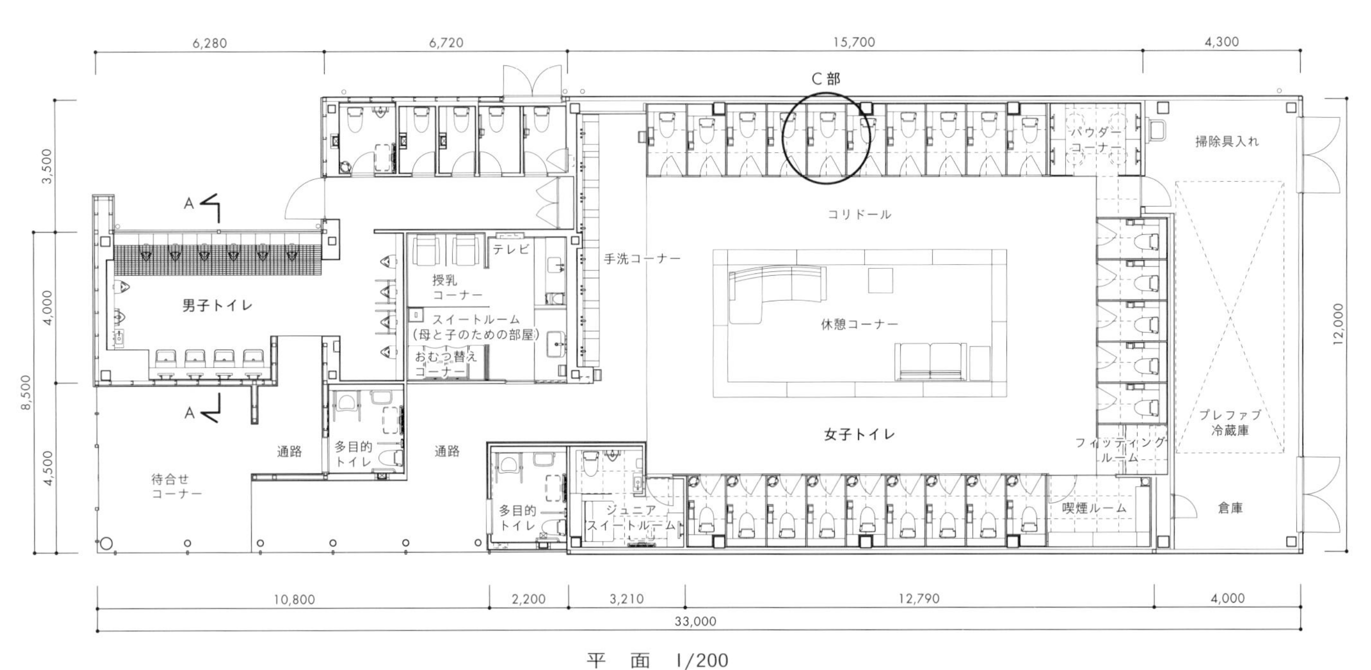

平　面　1/200

主要用途／公園施設　建築・トイレ施工／かきつばた建設企業共同体（角文・近藤組・白半建設・関興業・アイシン開発）設備施工／トーエネック，朝日工業社，東邦ガス　家具工事／カリモク　構造・規模／S造・地上1階　基準階面積／374.02㎡

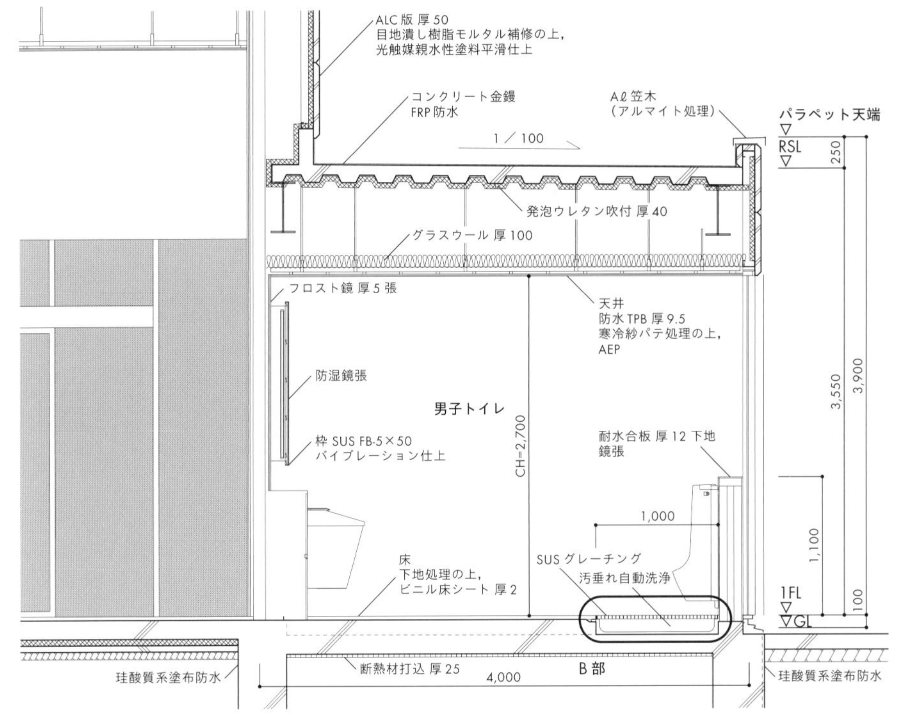

A-A 男子トイレ断面　1/60

「刈谷ハイウェイオアシス」とは，高速道路のパーキングエリアと都市公園が一体となった施設である。「デラックストイレ」は，目的地への途中で立ち寄る休憩施設であり「おもてなし」をと考え，利用者が限られた時間を幸せに過ごせるよう配慮されている。女子トイレは一目で利用状況が認識できるようロの字形に個室を配置し，その中央部にはソファを置いた休憩スペースがある。床には長時間運転で疲れた足を癒すため柔らかい素材を使っている。男子トイレには，小便器の足下にステンレス製の防水パン，グレーチングとタイマー制御の給水弁からなる自動汚垂れ洗浄がある。従来，小便器の汚垂れが床に付着し臭いの原因になっていたので，汚垂れの付着面を最小にし，一定時間で汚垂れを洗い流すようにした。一回に流す水の勢いは，何度も試しながら決めていった。グレーチングのサイズを通常より小さくし女性の清掃員の負担を少なくした。(鵜飼哲矢事務所 石川智樹)

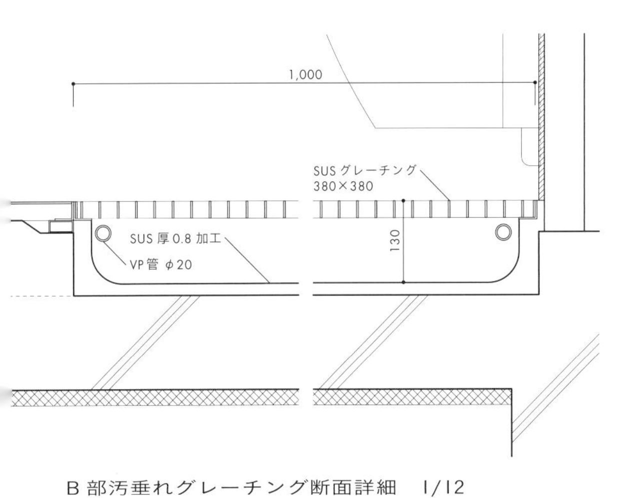

B部汚垂れグレーチング断面詳細　1/12

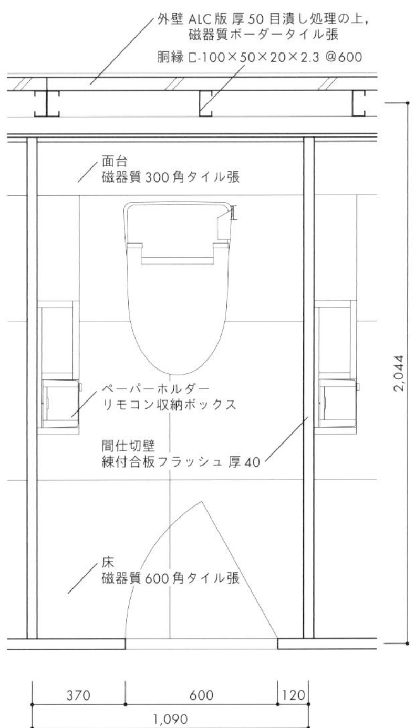

C部個室ブース平面　1/30

主な使用機器／大便器・小便器・洗面器：LIXIL　竣工／2004年12月　所在／愛知県刈谷市　撮影／彰国社写真部

㉟ 開放感と快適性を追求したトイレ

東京湾アクアライン 海ほたるパーキングエリア　　設計事務所ゴンドラ

NEXCOは利用者目線での施設の見直しが続いている。従来の機能的な内容に，潤いやオリジナリティを付加することが求められた。海ほたるは四方に海が眺められる浮かぶパーキングエリアで，改修する4階のトイレは元々海が見えるように計画されていた。今回はさらにその特徴を積極的に利用した。排泄は開放感へと繋がる。海に一人立つ気分を醸成しようと，既存の腰壁に照明を埋め込みガラスを張った。小便器までの導入部も斜めに設計し，透視効果をねらった。一方，女性のトイレ待ちをする客やその後の動線を考え，ブース群を斜めにし，たまり場をつくった。床は湿式乾式併用の清掃を可能とし，メンテナンス性に配慮した。また，各ブース壁は150mmずつふかし，そこに半埋め込み型の紙巻器と排気口をユニットにして設置している。（設計事務所ゴンドラ　小林純子）

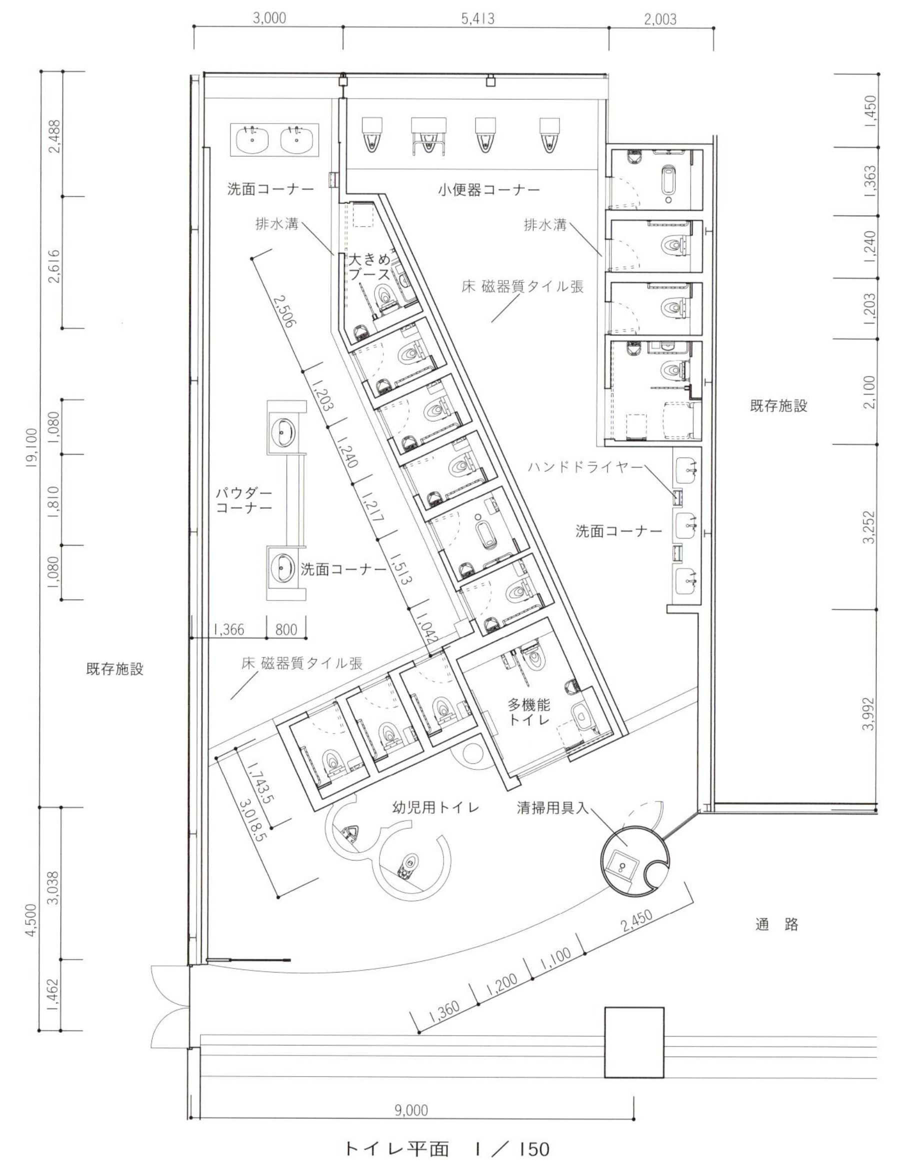

トイレ平面　1／150

主要用途／パーキングエリア　建築設計・監理／東日本高速道路＋設計事務所ゴンドラ　施工／山内工業　設備施工／山路管工　改修面積／177.17㎡　主な使用機器／大便器：C550SU（TOTO），小便器：XPU11（TOTO），男子トイレ洗面器：スクエアMP（ABC商会），女子トイレ洗面器：RHS-BLA（ABC商会），TYL100（TOTO），ハンドドライヤー：TYC400WB，TYC300WB（TOTO），竣工／2010年4月（改修）　所在／千葉県木更津市　撮影／彰国社写真部

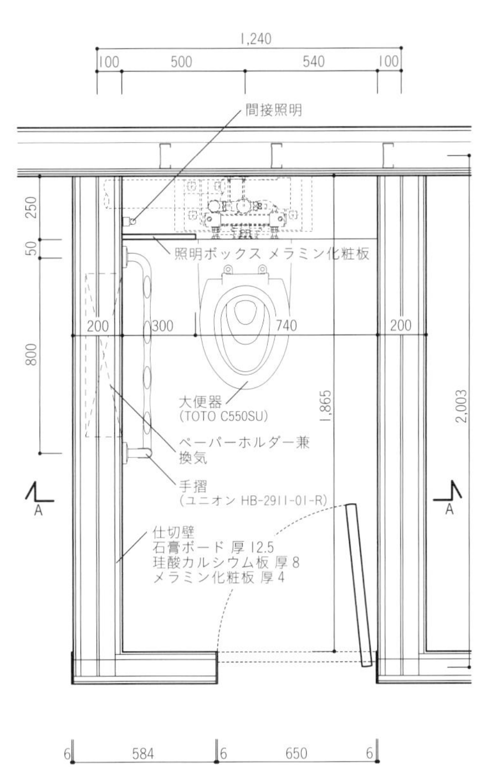

個室ブース平面 1／30

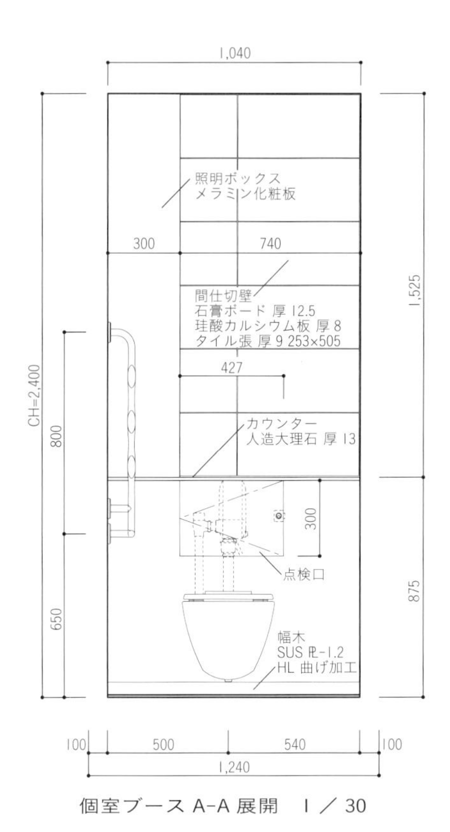

個室ブース A-A 展開 1／30

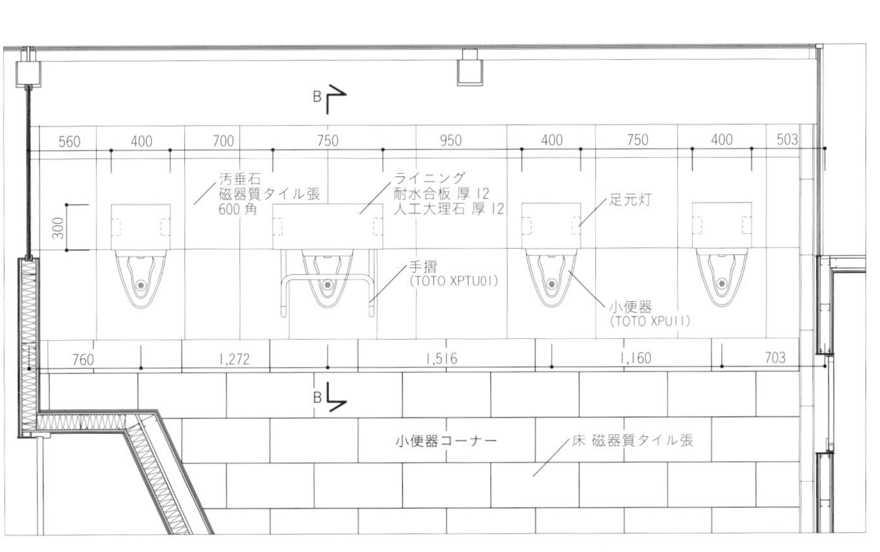

男子トイレ小便器コーナー平面 1／50

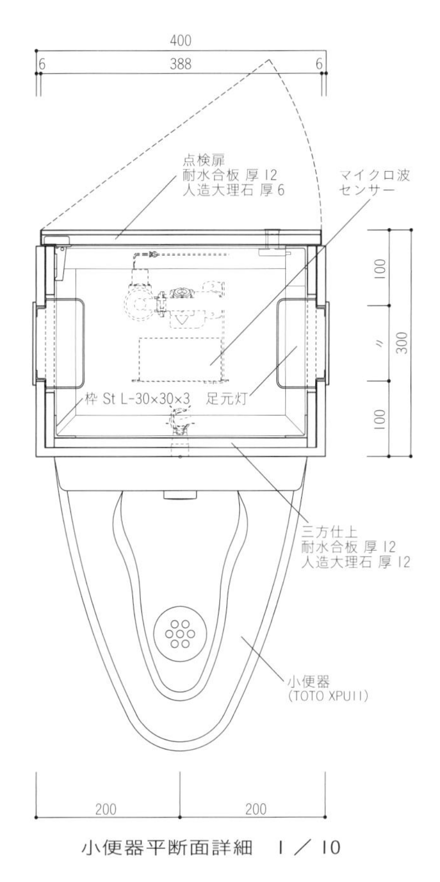

小便器平断面詳細 1／10

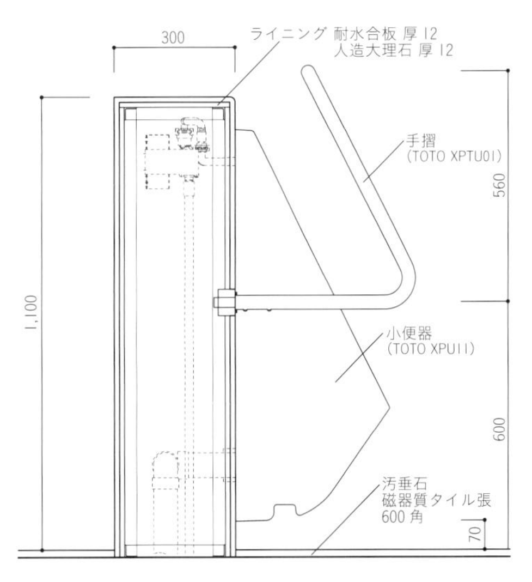

小便器 B-B 断面 1／20

㊱ 混雑緩和を目指した機能分散型トイレ

小田急相模大野駅お客さまトイレ　　フジタ（旧 大和小田急建設），設計事務所ゴンドラ

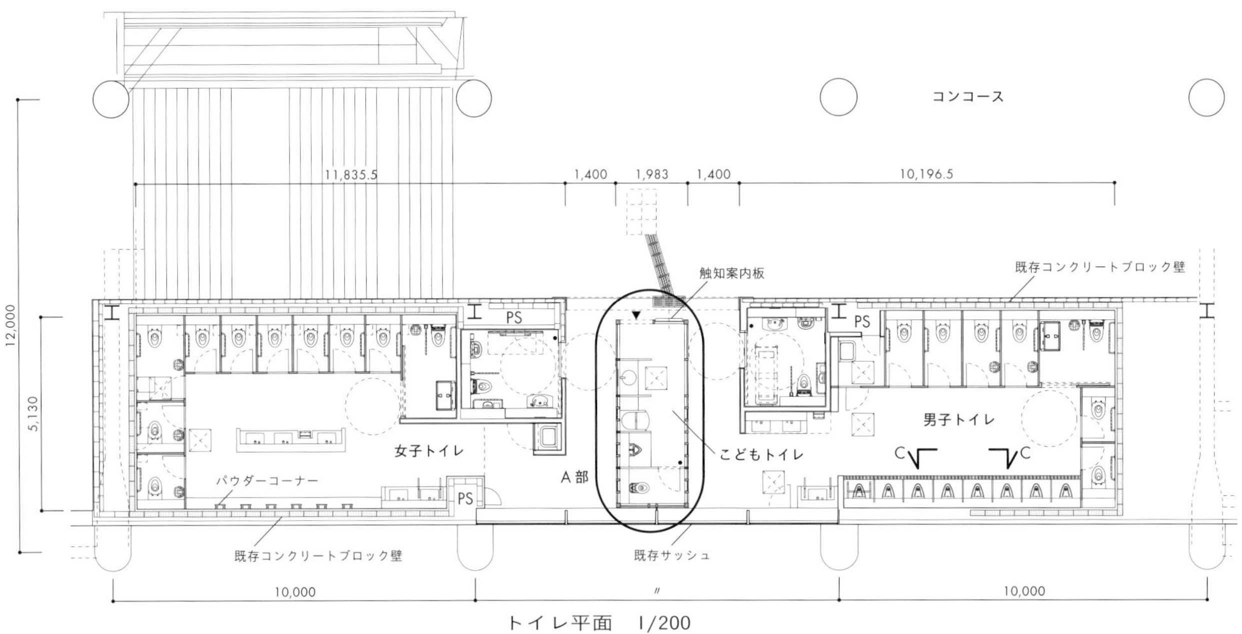

トイレ平面　1/200

老朽化とトイレ設備の不足から，機能分散と機器個数の確保を主眼にお客さまトイレ改修工事を行った。特に多機能トイレは，子ども連れの方を含むさまざまなお客さまが利用するため，オストメイトを利用するお客さまを待たせてしまうことが課題であった。改修にあたって，既存面積に多機能トイレを男女別に1カ所配置し，一般トイレに車椅子対応ブースをそれぞれ設置した。さらに新たな取組みとして，おむつ替えやお子さまの排泄を同時に利用できるオープンな仕様のこどもトイレを新設し，多機能トイレへの利用集中の改善を目指した。

トイレ内の臭気対策として，終電後にタイマー制御にて汚垂れ石に自動洗浄する装置を取り付け，日常清掃と同等の効果を得るようにした。また手動にてゾーン別に汚垂れ石へ均等散水できるよう考案している。

（小田急電鉄工務技術センター　多田和真）

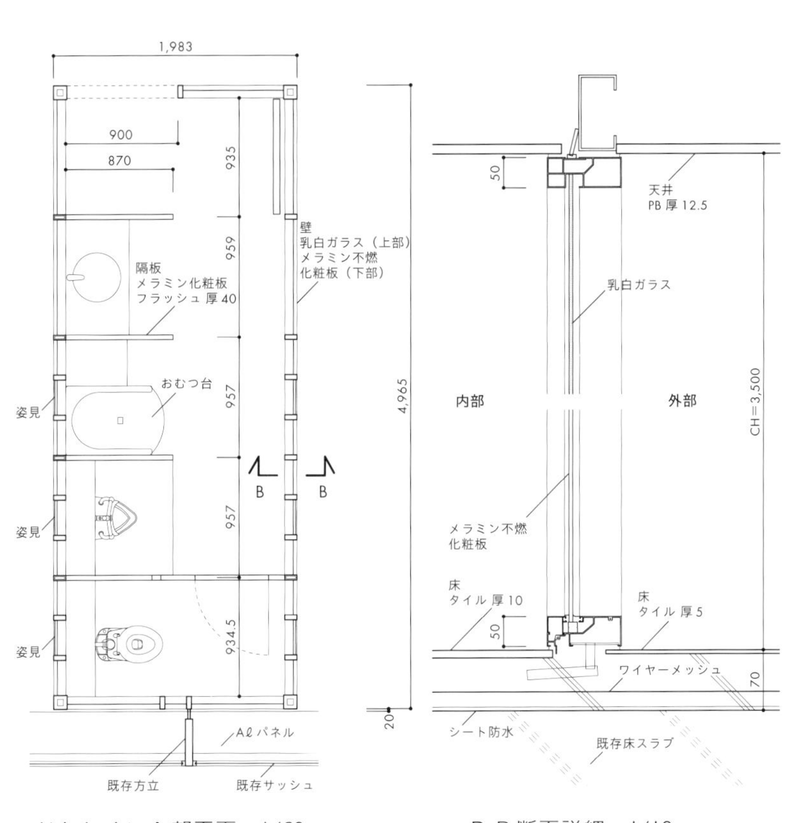

こどもトイレ A 部平面　1/60

B-B 断面詳細　1/10

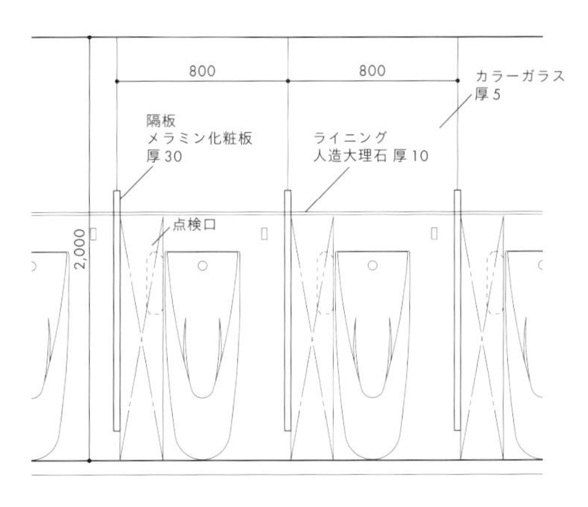

男子小便器 C-C 立面　1/40

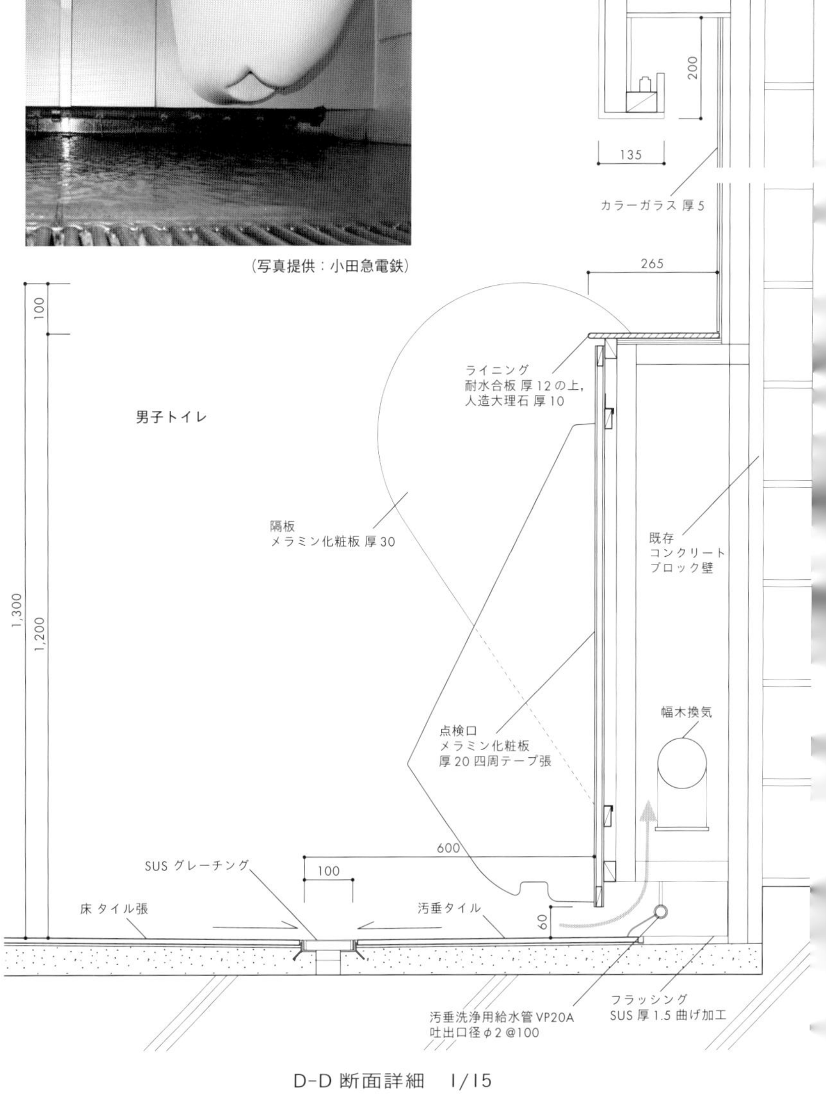

（写真提供：小田急電鉄）

D-D 断面詳細　1/15

主要用途／駅（旅客施設）　建築・手洗い部・設備施工／フジタ（旧 大和小田急建設）　構造・規模／SRC 造，S 造，RC 造・地下 5 階，地上 13 階
主な使用機器／大便器：TOTO：UAXC1NPCN#NW1（便器），TCF5502EV82W（便座），洗面器：TOTO:L520#NW1（洗面器），水栓金具：TEL120AWS
竣工／2013 年 3 月　所在／神奈川県相模原市　撮影／彰国社写真部

㊲ 街を意識したおしゃれで飽きのこないトイレ

千代田線 表参道駅　設計事務所ゴンドラ

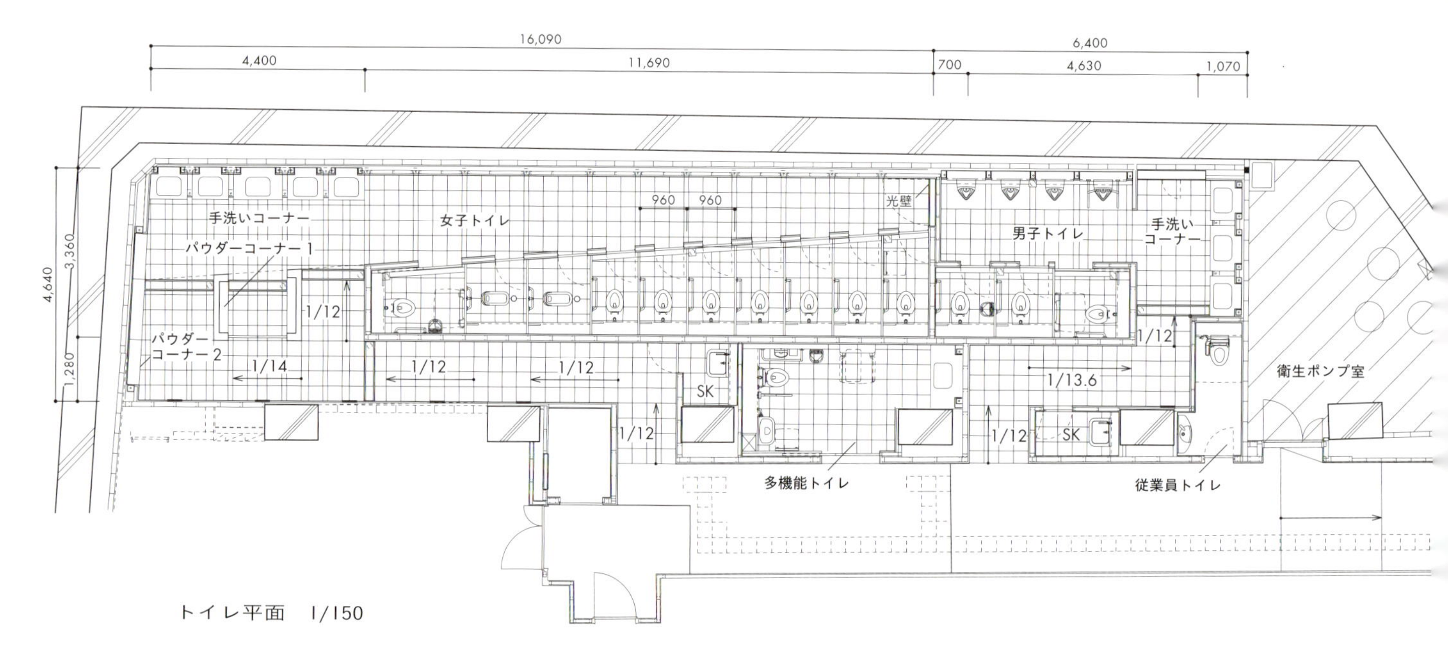

主要用途／駅（旅客施設）　建築施工／大成建設　構造・規模／RC造・地下3階　主な使用機器／大便器：C550（TOTO），洗面器：スクエアM（ABC商会），水栓金具：TEN40（TOTO）　竣工／2009年8月　所在／東京都港区　写真提供／大成建設

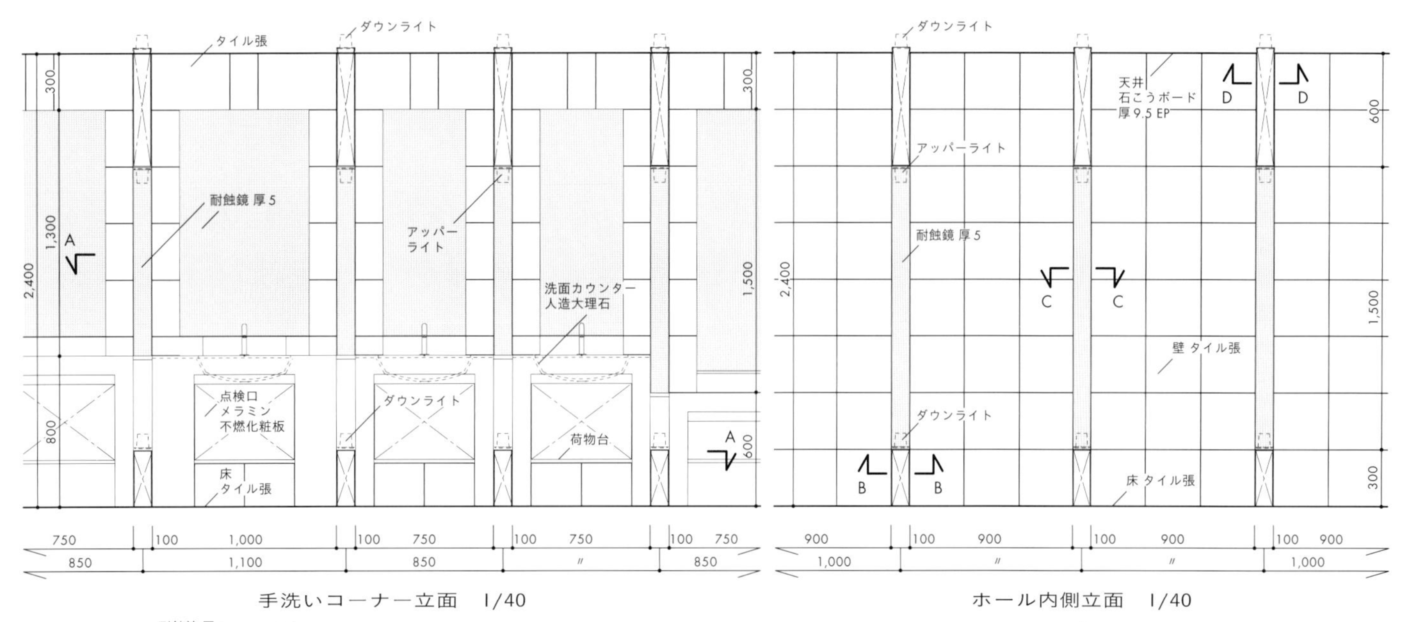

手洗いコーナー立面　1/40

ホール内側立面　1/40

手洗いカウンター，照明 A-A 平断面　1/40

ホール照明 B-B，C-C，D-D 平断面　1/40

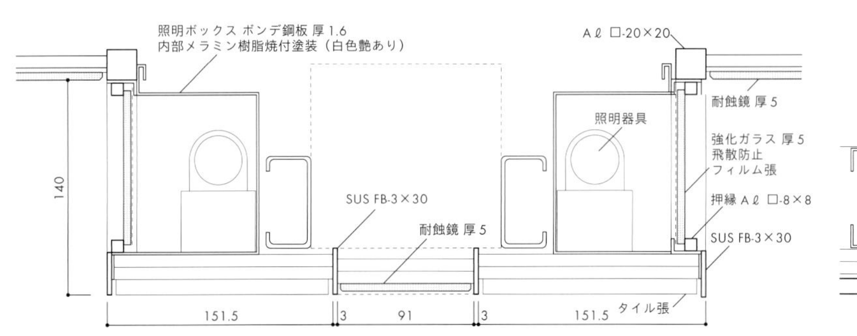

手洗い部照明 E 部平断面詳細　1/5

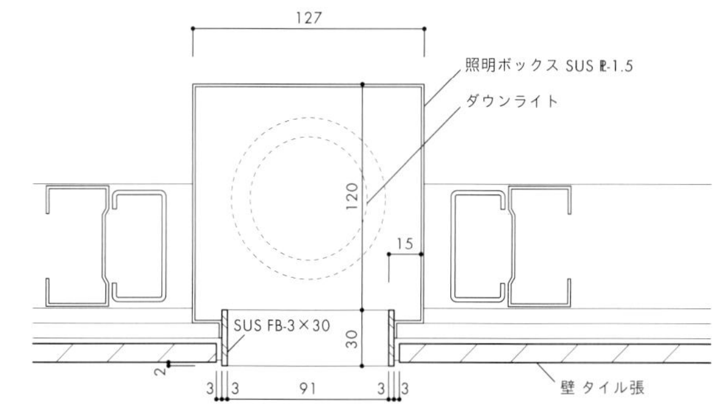

ホール照明 F 部平断面詳細　1/5

東京メトロは地下という狭く閉塞感のある空間の快適化を進め，その盲点になりがちなトイレにも力を注いでいる。ここには地下商業空間もあり，利用者が拡大し，トイレ待ちが増え拡張された。トイレに与えられたスペースが，16m×約5mと横長であるため，その特徴を生かす計画を行った。女子トイレでいえば，①待つ，用をたす，手洗い，化粧する等の動作の流れが長い動線の中で交錯なくスムーズに行われること，②ブースが1列に並ぶことで行き先のブース内が死角となる。その不安感を減らすため，通路幅の手前を広く，傾斜させ奥のブースの様子が感じられるようにした。ブースに入る人，出る人の交錯もスムーズだ。また，透視図的空間を心理的に生かそうと一定間隔で壁上部と幅木部をえぐって照明を仕込んでいる。③シンプルだがメンテナンス性も考えた上で，おしゃれで飽きがこない表参道としてのトイレデザインを試みた。　（設計事務所ゴンドラ　小林純子）

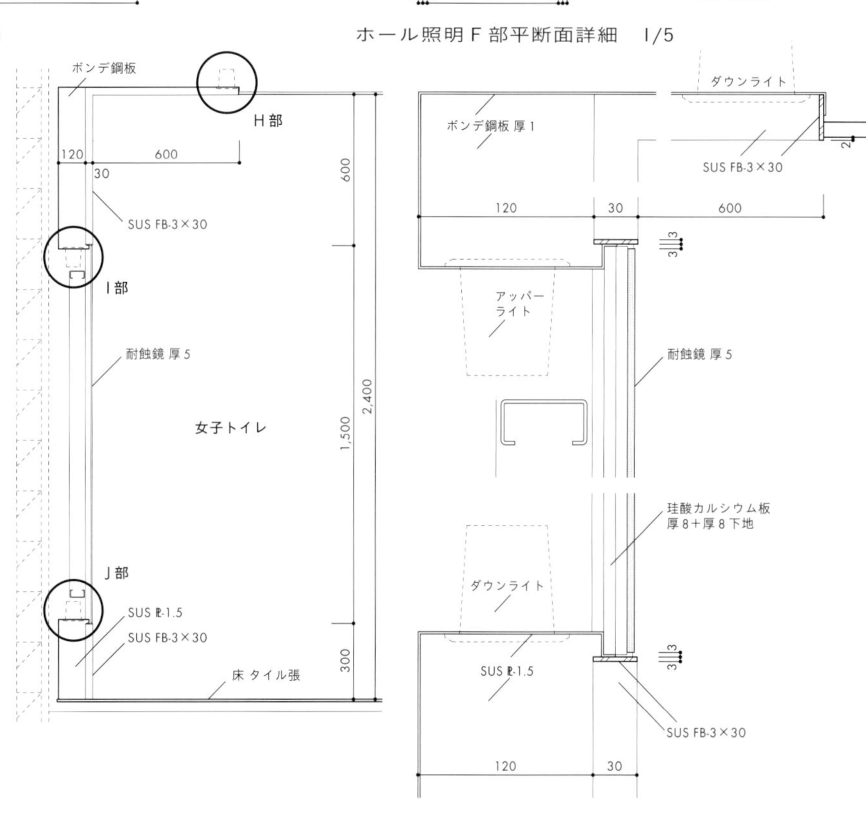

ホール照明 G-G 断面　1/30

照明 H～J 部断面詳細　1/5

㊳ 混雑緩和の工夫をした快適なトイレ

JR西日本 小倉駅 新幹線コンコース　西日本旅客鉄道　プランニング協力／TOTO

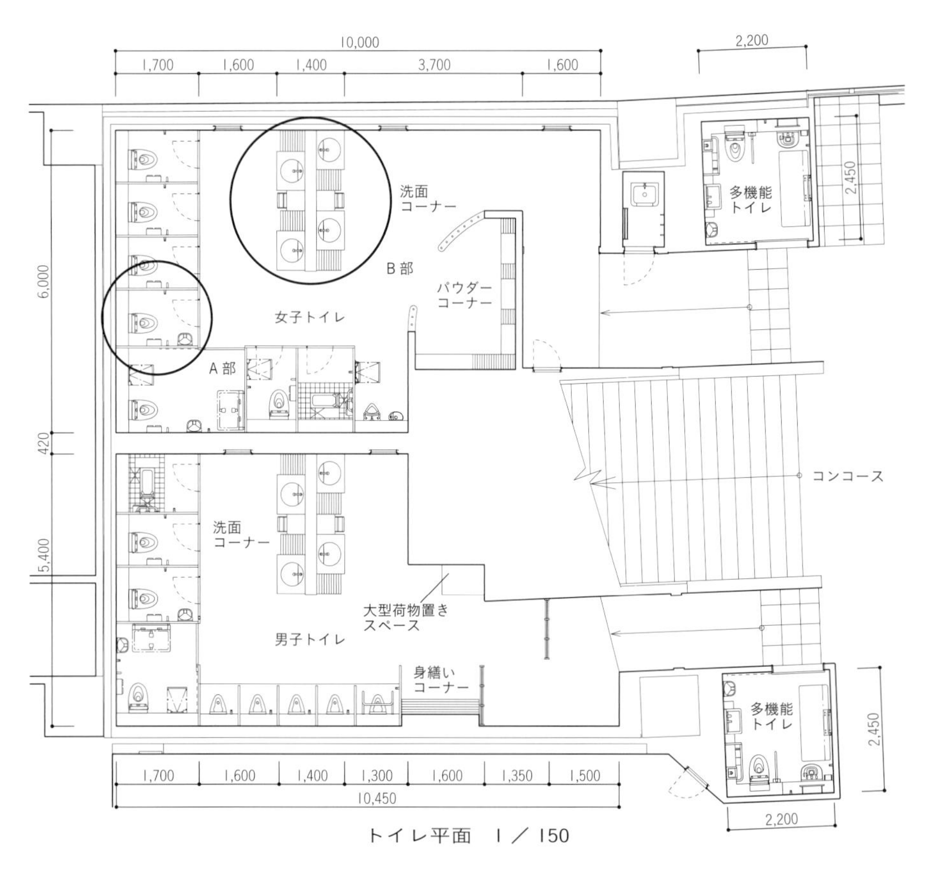

トイレ平面　1／150

主要用途／交通施設　施工／ジェイアール西日本ビルト　構造・規模／RC造・地上3階　主な使用機器／大便器：RESTROOM ITEM 01，壁掛フチなしトルネード大便器セット：XPUTVC21特（TOTO），小便器：RESTROOM ITEM 01，マイクロ波センサー壁掛小便器ユニット：XPUTVU11（TOTO），洗面器：丸形洗面器 L700C（TOTO），多機能トイレ：RESTROOM ITEM 01，フラットカウンター多目的トイレユニット：XPUTVD41（TOTO）　竣工（改修）／2010年4月　所在／福岡県北九州市　写真提供／TOTO

JR西日本では，お客様へのアメニティ向上のため，中長期的な視点で新幹線の戦略的美化を推進している。その一環としてトイレの改修を順次行っており，ここでは「目指して行きたくなる楽しいトイレ」をコンセプトに，機能的で安心して使用できる空間を追求した。
団体の旅行客の利用が多いことから，レイアウトの変更で器具数を増やし混雑を緩和。大きな荷物を持った利用者が余裕をもってすれ違えるよう通路幅を約1.5 mとした。スペースが広く感じられ全体が見渡せるよう洗面コーナーに鏡を設けず，カウンターのみとし，鏡はパウダーコーナーに分散配置した。洗面コーナーやパウダーコーナーには手荷物を置く専用棚を設置，大便器ブースも荷物の持込みに十分な広さを確保した。おむつ替えもできる広めのブースを男子用・女子用に1カ所ずつ設置，多機能トイレも男女別に設置するなど，さまざまな人の利用に配慮している。洗面器の排水ヘッドなどにあしらった新幹線0系をデザインしたオリジナルのアイコンは，「楽しいトイレ」演出のスパイスとなっている。　　（西日本旅客鉄道博多建築区　中司智子）

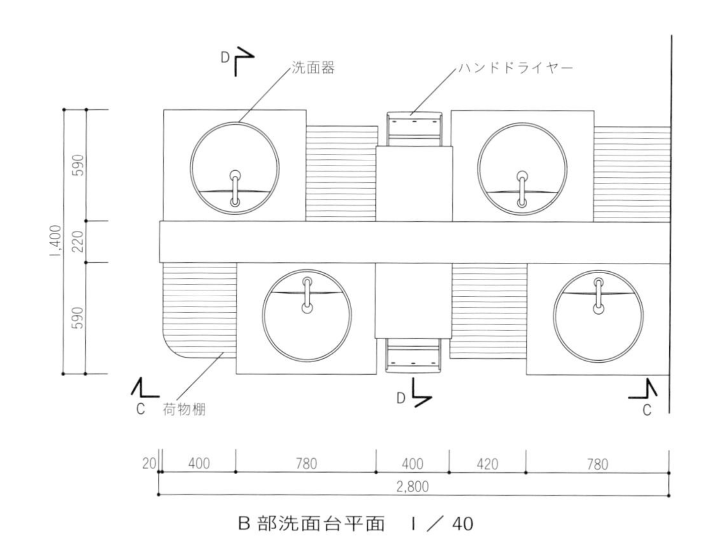

B部洗面台平面　1／40

フック
便器
RESTROOM ITEM 01
壁掛フチなしトルネード
大便器セット
XPUTVC21 トク（TOTO）
開き戸
メラミン化粧板張
構造用合板 厚4 裏打
仕切壁
メラミン化粧板張
パーティクルボード
厚9 裏打
リモコン
ベビーチェア
手摺
壁 タイル張 施釉タイル AA20♯HH01N（TOTO）
ガラスタイル AA01♯GM1AV（TOTO）
775 275 320 300
1,670

A部個室ブース平面　1／30

洗面器
ハンドドライヤー
荷物棚
FL
10 485 705 400 495 705
2,800

C-C洗面台姿図　1／40

腰壁
メラミン化粧板 木目柄 張
下地 構造用合板 厚12
天板
クリスタルカウンター 厚15
（TOTO）
洗面器
L700C（TOTO）
洗面カウンター
クリスタルカウンター
（TOTO）
ハンドドライヤー
クリーンドライ
TYC400WS（TOTO）
扉
フラッシュ 厚20
メラミン化粧板 木目柄 張
ケンドン式取外し可
腰壁
メラミン化粧板
木目柄 張
下地
ランバーコア合板
厚15
幅木
SUS HL 張
芯 米ヒバ
床
タイル張 無釉タイル
AP40♯HF3N（TOTO）
400×400
FL
23 7 495 5 190 5 370 30
525 200 400

D-D洗面台断面詳細　1／12

㊴ 車椅子使用者が利用できる旅客用トイレブース

新千歳空港国際線旅客ターミナルビル　　日建・空港コンサル・アラップ・久米新千歳空港国際線旅客ターミナルビル実施設計業務共同体

＊

2010年3月26日，新千歳空港に新しく国際線専用の旅客ターミナルビルがオープンした。ユニバーサルデザインを積極的に導入した施設計画とし，設計時点よりユニバーサルデザイン検討委員会を立ち上げ，専門家や障害当事者との意見交換を重ね，モックアップにて使い勝手など機能の検証を行った。トイレについては，大量の旅客が利用する施設であることから，バランスの良い配置，障害をおもちの方などへの配慮とゆとりある快適なトイレ計画をコンセプトに掲げた。特に旅客用トイレブースについては，すべて幅1.2 m，奥行き2.0 m以上のサイズとし，小型車椅子が回転でき，スムーズに出入りできるよう有効幅を最大限確保した折戸を採用した。（日建・空港コンサル・アラップ・久米新千歳空港国際線旅客ターミナルビル実施設計業務共同体　吉住和晃）

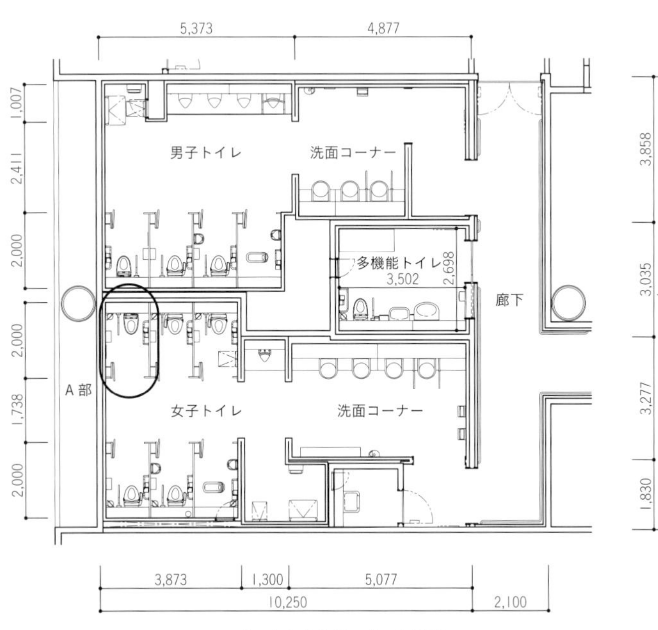

トイレ平面　1／200

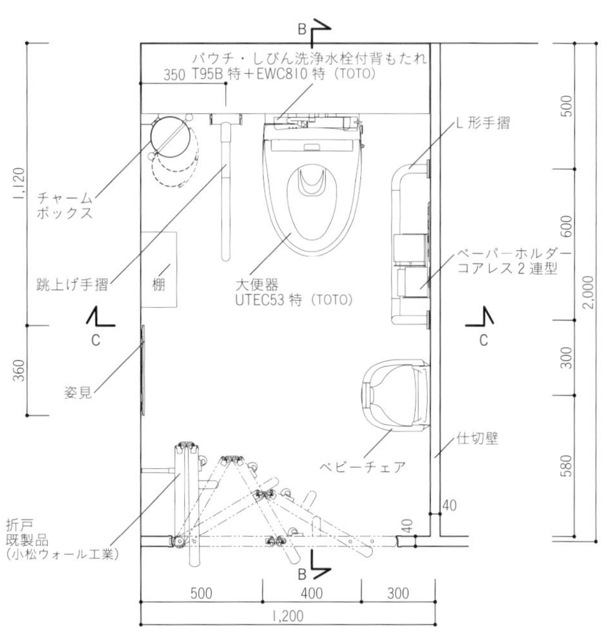

A部個室ブース平面　1／30

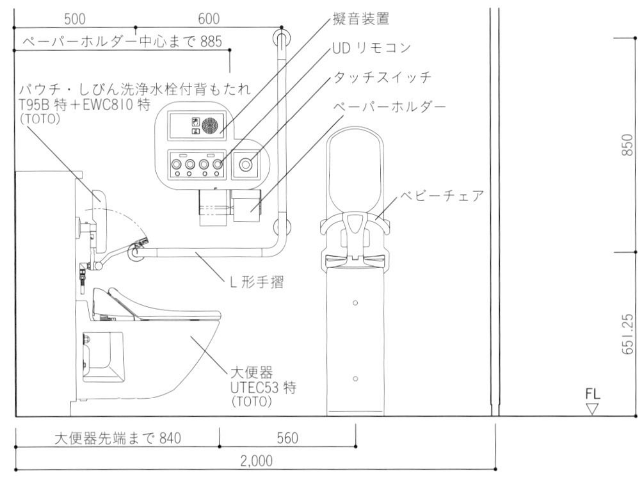

B-B姿図　1／30

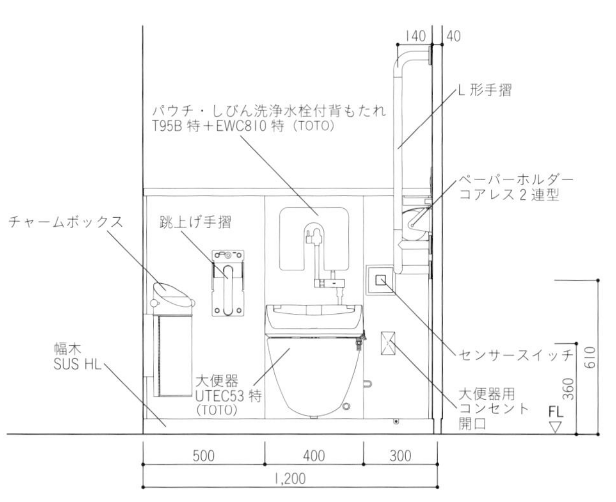

C-C姿図　1／30

主要用途／空港施設　施工／鹿島・宮坂・荒井特定建設工事共同企業体　構造・規模／S＋RC造・地下1階，地上4階，塔屋1階　主な使用機器／大便器：UTEC53特（TOTO），パウチ・しびん洗浄水栓付背もたれ：T95B特＋EWC810特（TOTO），小便器：UTEC53（TOTO），洗面器：UTEU46特（TOTO），トイレブース／小松ウォール工業
竣工／2010年1月　所在／北海道千歳市　撮影／高崎建築写真工房，＊傍島利浩（協力：TOTO）

座談会

大規模施設のトイレの変遷とこれから

安間正伸
世田谷区役所　施設営繕担当部施設営繕第一課長

×

市川昌昇
京王電鉄　開発推進部施設管理担当課長

×

仲川ゆり
JR東日本ビルテック技術部部長

×

山本浩司
中日本高速道路　東京支社環境・技術管理部環境・技術チーム　担当リーダー

×

小林純子
設計事務所ゴンドラ代表

小林　この30年間くらいの間で衛生設備の性能は発達し，公共施設や商業施設のトイレ空間も進化してきました。その背景には，トイレの役割が排泄のみの場ではなく時代のニーズに応じて変わってきたということがいえるかと思います。しかし，同時にさまざまな課題が生まれ，その問題解決にあたっての取組みは盛んに行われています。

今日お集まりいただいた皆さんは異なる業種の公共トイレづくりに携わっておられますが，それぞれの業種でトイレという場所の捉え方がどのように変わってきたのか，まずはじめにお聞かせいただけますか。

集客装置として——商業施設のトイレ

市川　1988年に松屋銀座が，1994年にラスカ平塚店が，それまでのイメージを一新するトイレをつくられました。臭いものには蓋をするといいますか，昔のショッピングセンターではトイレは端に追いやられる存在でした。そのような時代に「トイレが集客装置になる」と気づかれたわけですから，先見の明をおもちであったと思います。

2000年以降，京王聖蹟桜ヶ丘ショッ

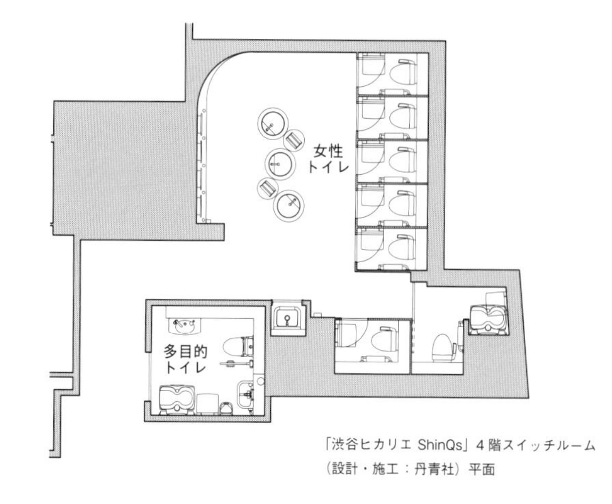

「渋谷ヒカリエ ShinQs」4階スイッチルーム（設計・施工：丹青社）平面

「渋谷ヒカリエ ShinQs」4階スイッチルーム（写真提供：渋谷ヒカリエ）

「京王聖蹟桜ヶ丘ショッピングセンター」B館3階トイレ

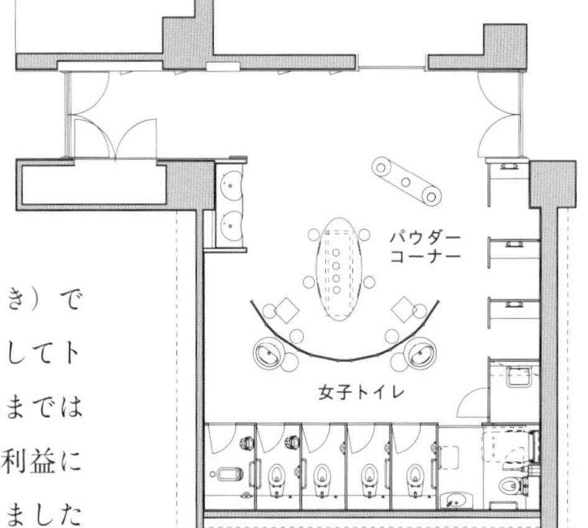

「京王聖蹟桜ヶ丘ショッピングセンター」B館3階トイレ（写真提供：京王電鉄）

ピングセンター（以下，せいせき）でも他社との差別化戦略の一環としてトイレを改修いたしました。それまでは「トイレは金がかかる。本当に利益に貢献するのか？」と思われていましたが，集客装置としてどこの商業施設も人気の同じテナントが入り，差別化が難しくなったため，トイレが注目されるようになってきました。

先例を参考にせいせきや京王百貨店新宿店のトイレリニューアルを実施したところ，劇的に変わったことによるギャップで評価につながり，それが企業の姿勢への見方にもつながったことには驚きました。マスコミなどにも幅広く取り上げられ，社内での評価も高まりました。

商業施設ならではといえば，トイレに付けたさまざまな付加価値です。ショーウィンドウをつくって商品を飾ったり，商品をテスティングできるようにして，テナントの売上げ貢献を図るようになりました。

さらに「アンジェルブ」(122頁) や「クリュスタ」(121頁) のように，有料のパウダーコーナーを中心にしたトイレが話題となり，さらに注目されているのが「渋谷ヒカリエ ShinQs（シンクス）」です。各階それぞれのMDテーマや環境デザインと連動していて，かつその空間を「スイッチルーム」と呼び，気分のONとOFFを切り替える場所とされています。

私たちはトイレの数やショッピングセンターの位置づけからトイレ像を考えていたのですが，明らかにつくる段階のアプローチの仕方が変わってきています。

「渋谷ヒカリエ ShinQs」3階スイッチルーム（写真提供：渋谷ヒカリエ）

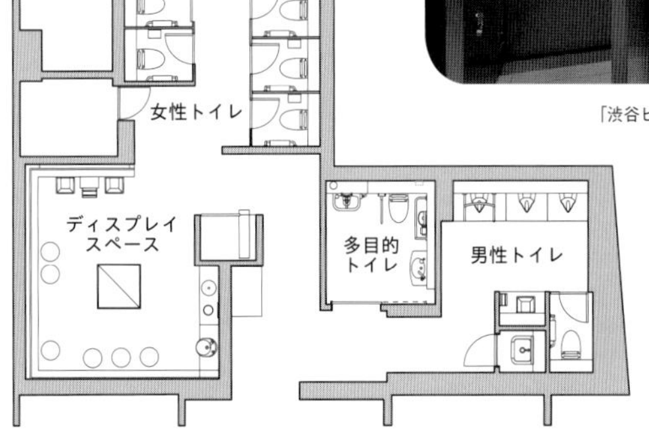

「渋谷ヒカリエ ShinQs」3階スイッチルーム
（設計・施工：丹青社）平面

弱点をプラスに——鉄道のトイレ

仲川　JRでの話になりますが，昭和62年に国鉄からJRに変わったことが最も大きな出来事でした。国鉄時代は赤字経営でイメージが悪かったため，民営化により新しい会社としてイメージアップを図らなければいけないときでした。新型車両の投入など各部門がサービス向上を図るなか，やはり「お客様の接する駅をきれいにしよう」という方針が打ち出されました。

国鉄時代の首都圏の駅は，汚い，臭い，壊れている，危険，暗い，そして混んでいて，「5K」や「6K」と言われていたほどです。ですから，そうした負の要素を払拭することが，駅のイメージアップとお客様へのサービス向上につながるのではないかと考えたわけです。

最初の頃は，とにかくきれいにしようという程度でしたが，顧客満足度調査でお客様の声を聞きますと，お客様にとってトイレの位置づけは大きく，改善を望んでおられた。チップ式トイレなど，試行錯誤をしながらでしたが弱点をプラスに変えていこうと社内の意識も高まりました。

そして民営化から12年目くらいに見直しを図り，マニュアルをつくりました。

新東名高速道路「NEOPASA 清水」のトイレ前のロビー空間（写真提供：NEXCO 中日本）

全体のレベルアップと均質化することで，一定のサービスレベルをお客様に提供するためです。

平成 13 年度には，空調を入れてみたり音楽を流してみたりという，モデルトイレをつくってお客様の評価を捉えてみたり，エキュートなど駅構内の商業施設への対応として数や配置の検討も行いました。

いずれもお客様の声が取組みを後押ししてくださり，JR 発足以来，一貫してトイレに取り組んでいます。

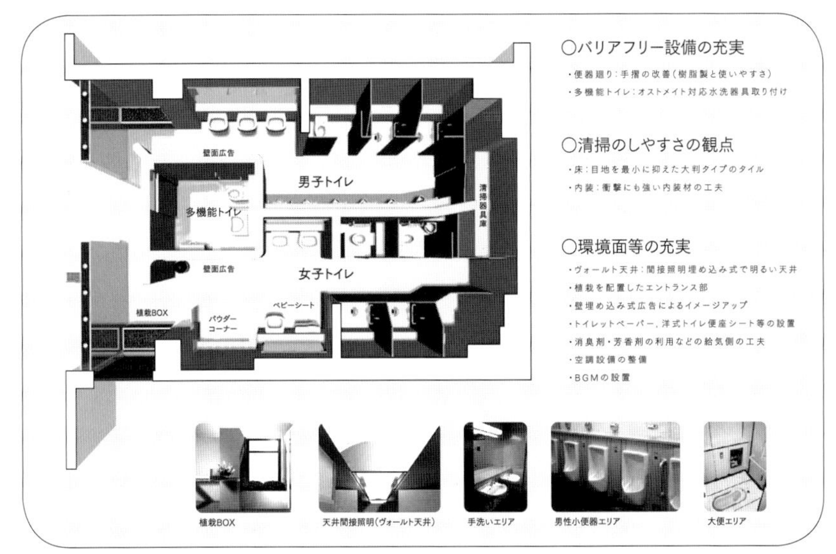

JR 四谷駅のモデルトイレ案の概要（JR 東日本ビルテック提供の図版を元に編集部作成）

利用属性に合わせたものを
――高速道路のトイレ

山本　トイレへの取組みとしては，私たちは後発組なのですが，日本道路公団から民営化したときに，道路会社としてお客様サービスにつながるものができないかと考えました。当時，ETC の利用率が上昇したことから，休憩施設がお客様との接点の場として重要になってきていました。

日本道路公団時代の休憩施設のトイ

レは非常に堅牢で耐久性をもった造りが前提とされ，機能に力が注がれていました。また，東京であろうが北海道であろうが同じ基準で建設していました。しかし，民営化をきっかけに特色を出していこうとなり，ワーキンググループを立ち上げ，他機関の取組み事例の勉強と，ニーズ調査を始めました。

調査をもとにした属性分析により，高速道路の休憩施設の利用属性は，ファミリー層とトラックドライバーと大きく2つに分かれることがわかりました。この属性に合わせるトイレへの取組み方針を立てました。画一化を目指さなくなったのです。

また，以前は「休憩施設のトイレは混んでいて，いつも待たされる」というイメージが強かったため，そのイメージを払拭することを目的に，お客様の到着確率や利用時間の計測および解析を実施し，最適な便器数の算定を整備してきました。

これらの取組みの結果，落書きがたくさんあった休憩施設のトイレですが，最近はなくなりました。改修したトイレに魅力を感じていただけていると思っています。

子どもたちのために――学校のトイレ

安間　昭和50年代後半頃の世田谷区では「福祉のまちづくり」をテーマに，「ゆったりトイレ」など公共トイレの取組みが始まりました。そこからしだいに学校のトイレへと視点が移っていきました。

世田谷区では昔からワークショップ形式で区民の意見を事業に取り入れています。昭和30年代40年代の校舎のトイレは今もありますが，平成11年頃に開催されたトイレフォーラムでの話合いをきっかけに，子どもたちにとって学校のトイレがいかに大切かを改めて実感し，学校トイレの本格的な改修が始まりました。

財源の問題などさまざまな事情があるため校舎の改修工事がスムーズに進まないこともあるのですが，世田谷区では，学校トイレについてはコンスタントに手を入れています。学校側からの要望もあって続いているという面もあります。

小林　世田谷区は早い段階からトイレ問題に取り組まれていて，多くの学校に影響を与えていると思います。以前調査したときは全部で256系統あり，1年間に5系統だけ改修すると言っておられたかと思います。順番が回ってくるのは50年に1回となりますよね。

安間　汚いトイレはまだありますが，洋式トイレが設置されていない学校はないと思います。校舎自体が新しいところもありますが，全数がとても大きいのです。

小林　14年くらい前は7～8割の子が「トイレで大はしない」と言っていました。でも，今は2～3割だという。トイレ改修は効果があったということでしょうね。

安間　学校のトイレはワンフロアに2～3カ所ありますが，「家のトイレと違うから入れない」というわけです。子どもたちが一日の大半を過ごす場所であるにもかかわらず，トイレが汚いということも，以前は問題でした。

改修された「世田谷区立代田小学校」の男子トイレ（左）と女子トイレ（右）（写真提供：世田谷区役所）

小便器と大便器の割合の変化

市川　最近は，お母さんが男の子に「汚れるから座ってしなさい」と注意する時代です。小便器と大便器のブースの割合が変化するかもしれませんね。

仲川　利用時間の推移をJRの10年間で見ますと，個室は若干，平均時間が短くなっています。つまり，小として使っている人が少なくともいるのではないかという憶測が立てられますよね。

小林　大便器が1であれば，小便器

タイルからゴムの床に交換されたNEXCO中日本のSAのトイレ
（118頁まですべて，写真・図版提供：NEXCO中日本）

は2くらいと思っていたのですが，小便器はなくなるのでしょうか。

仲川　JRはバラバラなのですが，利用者は8対2です。到着率と利用時間が違うので，まだ若干小便器のほうが多い感じはします。

山本　成田空港の「GALLERY TOTO」（44頁）では，すでにブースの中に小便器がありますね。私たちの調査でも，到着確率が小便器から大便器に明らかにシフトしています。そうやって純粋に計算すると大便器が多くなってきましたが，いまだに，「なぜ小便器のほうが大便器より少ないのか」と思われる方もいらっしゃいます。

洋式への過渡期
——和式が消える日は来るのか

仲川　バリアフリー法による多機能トイレの設置への対応や，オストメイトの方に対しても順次設備を整備してきましたが，私たちJRのマニュアルで最も大きな改訂は平成23年度です。「これから改修するものや新設については，基本は洋式とする」としました。10年前は和式便器派が必ずいましたが，4～5年前の調査ではほとんどいなかったからです。和式が空いていても洋式の順番待ちをしている人が圧倒的に多く，駅の洋式トイレに対する抵抗が少なくなってきていると実感しています。

それと今は，多機能トイレを使うお客様がだいぶ増えてきたことがあり，複数設置もしくはそれが難しくても簡易多機能トイレを設けましょうという方針です。

山本　建築的な話でいえば，実は和式は洋式よりも必要面積が少し大きい。だから，便器の数が足りないところを洋式化するメリットはあります。

場所によりますが，私たちNEXCO中日本の場合，和洋の比率は1対9です。男性の和式はほとんど稼働していませんが，女性はどうやら20代手前くらいの人が使っている。そのぐらいの年齢の女性は洋式の便座に触れることに抵抗があるようです。

市川　洋式便座の上に載って用を足す人はいますね。以前，洋式の便座がよく割れることがありまして，ヒールのかかとが便座にあたって割れていることがわかったのですが，実はそこのフロアには和式便器がありませんでした。また，着物を着た女性は和式のほうが用を足しやすいという声をアンケートで目にしたこともあります。そういう需要が少なからずありますので，トイレ改修を実施した2002年当時は個室を4つ以上つくれるフロアでは一つくらい和式を採用しました。

仲川　そういう意味では，完全に和式がなくなったときにどうなるのかなと思いますね。

安間　世田谷区の小中学校も，基本はワンフロアに和式を一つ残すとしています。しかし，さまざまな意見がありますので，教育委員会のなかでも議論しているところです。

仲川　施工でいえば，和式に比べて洋式便器の取付け工事は楽ですし，汚れも少ないから清掃もしやすい。管理面では洋式がいいですね。

山本　臭いも減りますね。以前はタイル張りで床に水を流して清掃する湿式方式でしたが，今はゴムの床に変えて乾式方式にしています。乾式は清掃員の方にも評判はよいです。

それと昔は，ブースの外にあった排水の溝に汚れた水を流していましたが，今は排水管に直結している掃除口をブース内に設けて，ブース内で処理できるようにしています。

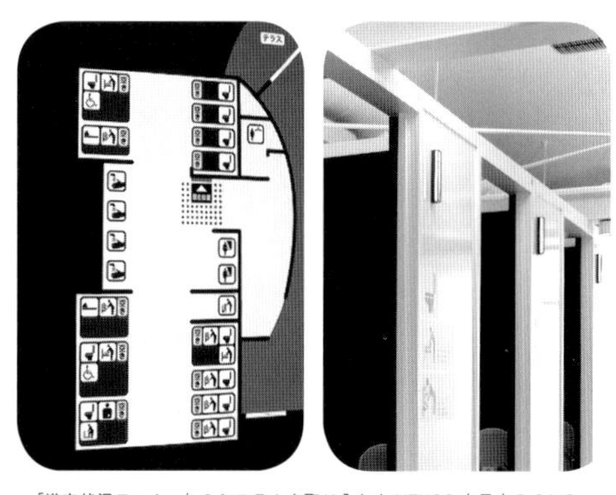

「満空状況モニター」のシステムを取り入れたNEXCO中日本のSAのトイレ。各トイレブースにログセンサーが設置されており，トイレの入口に設置したモニターでブースの利用状況を確認できる

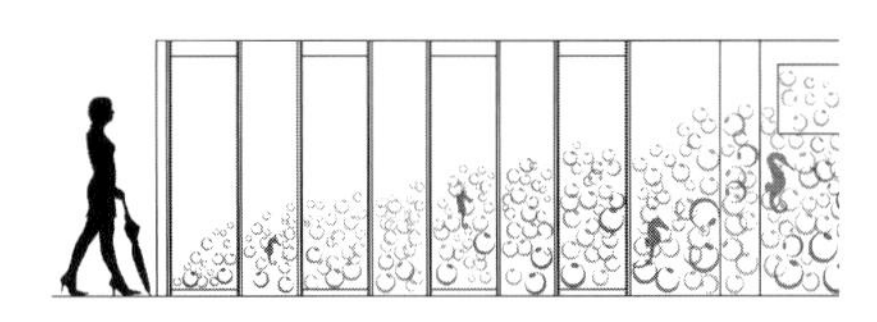

「愛鷹PA（下り）」のトイレ。混雑時でも奥のトイレはあまり利用されていないという研究結果から，デザイン上の工夫で奥のトイレの利用率を上げることで，混雑を解消する試み。人は明るいほうに行きたくなるという「サバンナ効果」を利用し，奥にかけてしだいに明るくなる照明デザイン（上）のほか，遠くが近く感じるような暖色系の色を用いて，遠近法を利用したイラストが描かれている（左）

仲川　湿式方式の清掃でも，今の和式の標準は，床とゾロでつくって排水や汚れは全部便器の中に流しましょうというコンセプトでつくりますね。

小林　アンケート調査をすると現在では少数派になってしまった和式しか使えない人は確実に存在します。私は特に公共性の高い場所では，過渡期ゆえにまだ，皆無にしない考え方をとるほうがベターだと考えます。

解析データや研究を空間に応用

市川　データ解析や研究を基にした取組みでいえば，高速道路業界は進んでいますね。たとえば，いかに並ばせないか，空いているブースをいかに気づかせるか。それがかたちに表れていると思います。

山本　大きい施設の場合，数を増やすと列状に便器が並びがちで，人は空いている奥の便器に行かなくなります。ですから空間的な配置の見直しを行いました。サークル状に並べて便器を一目瞭然にしたり，視覚的な要素を用いて遠近感をなくす手法も取り入れています。さらに，個室は扉の開閉でセンサーと連動したランプのスイッチが入り，利用／未利用がランプの色で視覚的にわかるようになっています。管理者はその履歴を分析すれば，到着確率と利用時間を計測することができるわけです。入口に設置した利用案内板も利用分散に寄与してくれています。

小林　そこで得られたデータを次の設計に反映できれば，改善へつながりますね。

仲川　JRでもドア開閉による利用時間の計測や，乗車人員10万人以上が使うところ，1万人以上が使うところ，それよりも少ないところというような整備メニューの目安を出して，グレードを変化させたりもしています。

安間　自治体の取組みは皆さんのような研究まで進んでいないのですが，コストの問題がやはり大きいです。2015年は，たとえばメーカーがつくるユニットトイレは安くできるのか検討しました。どうすれば低コストで質のよいものがつくれるのか，市場を調査しながら一つひとつ取り組んでいるといったところです。

山本　市場に流通するものは安いから流通していて，よいものだから流通しています。必ずしも見た目を落とさなくてもよい方法があると思います。

実は私たちも，民営化後は設計内容も見直ししています。たとえば，カタログに載っている寸法の建具を採用すると建設費は安くなります。また，ブースの寸法も，標準値は1,200mmですが，便器数を増やす必要がある場合は，一部900mmにすることにより，便器数を増やしています。

小林　限られた予算のなかでよいものをつくるためには，コストを下げるために状況を分析して対応することが大事なのですね。

山本　民間の技術を活用したものについては，工事の発注規模を大きくすることにより，資材等の調達ロットも大きくなって，コストダウンにつながりますね。

課題が多様化・複雑化する時代

小林　今，各々のトイレづくりで課題になっているのはどのようなことでしょうか。

仲川　初期の「5K」のようなわかりやすい課題ではなくなったということでしょうね。これだけ整備されてきますと，お客様の期待値も上がっています。どこをターゲットにして解決していくか。課題そのものが多様化・複雑化してきています。

市川　温水洗浄便座がないと，「いまどき家のトイレにもあるのに，なぜ付いていないんだ？」と言われたことがあります。商業施設では当然だというレベルのものを求められています。

でも，快適すぎると困った問題も出てきます。オフィスビルのテナントさんから「大便器の数が足りない」と言われたことがあって，よく調べてみたところ，スマホを個室内でいじっていて出てこないのが原因でした。

山本　たしかに，男性の平均個室利用時間が4～5分と伸びているのはそれが原因かもしれません。予期していなかった利用の仕方が出てきていますね。

仲川　多様化する使い方への対応でいえば，鏡の配置ももう少し踏み込んだかたちができるのではないかと考えています。

実は，パウダーコーナーはお化粧のニーズへの対応のほかに，洗面の場と分けることで洗面器に人が溜まるのを分散させ，洗面器の数を減らすことができます。身づくろいをするのであれば，パウダーコーナーだけに鏡があるかたちも考えられます。

また，新幹線の駅のトイレのブースの大型化のように，場所に応じて差別化したサービスがあってもよいのかなと思っています。今は気づいた設計者がやっているという程度なのです。

メンテナンスの課題

小林　メンテナンスについてはどうでしょうか。たとえば学校によっては，取組みが学校に任されており，清掃時間も方法も差があります。1日30分のところがあれば，1週間で30分だけというところもあり，大きな課題ですよね。

安間　今後は民間委託になっていくと思いますので，状況はよくなるのではないでしょうか。

総務省や国交省によるインフラ長寿命化計画がありますから，長寿命化のものが多くなってくる可能性があるかと思います。世田谷区は，いかにコストを抑えながら改修を進めていくかということにシフトしていくのではないでしょうか。

仲川　メンテナンスでいえば，清掃しやすいような換気口にする工夫が必要ですね。JRでは床の近くから換気する幅木換気をやっていますが，床に近づくほどすぐ換気口が詰まってしまう。現場レベルのメンテナンスを考慮した設計にしなければいけませんね。

それと，たとえば新宿駅は1日10回以上も清掃をしているにもかかわらず，トイレが汚れます。それを見ていますと，汚れを目立たせないような内装仕上げがあるのではないだろうかと思うときはあります。

山本　実は今，「汚れていたらこのボタンを押してください」というコールボタンも設置しています。ナースコールのボタンのイメージなのですが，こまめな清掃があってこそインフラも生きると感じています。臭いをなくすために強力な換気をしてみたり空間を大きくして拡散させようと試みたりもしたのですが，「換気の音がうるさい」「広すぎると怖い」という利用者の声がありました。

最近は，大型バスで来られる中国人をはじめとした異なる文化の方々に，どうやって日本のトイレの使い方を伝えるかが課題となっています。

小林　今後はサインなどの多様化も必要ですね。

市川　商業施設の場合，中堅・大手企業は，ある程度のレベルのトイレがつくれるようになりました。あとは付加価値の付け方だと思っています。よかれと思ってやったものが，実は付加価値につながっていないことがあります。トイレ内で商品を自由にテスティングできるようにしたら盗まれてしまうなど。付加価値を付けたものがその後どういう効果があったかなど，各社の情報共有ができると，さらに素敵なトイレができていくと思います。

もう一つは，ネットショッピングが盛んな状況のなかで，どうやってわざわざショッピングセンターに足を運んでもらうか。そのきっかけを，トイレも含めてどのようにつくっていくかが問

安間正伸（あんま まさのぶ）

1958年生まれ。1980年 武蔵工業大学（現・東京都市大学）工学部卒業後，世田谷区役所入所。現在，世田谷区役所 施設営繕担当部 施設営繕第一課長

市川昌昇（いちかわ まさのり）

1993年 京王電鉄入社。施設管理とともに商業施設リニューアルや既存物件の収益化（リノベーション），新規事業などを担当。現在，京王電鉄 開発推進部 施設管理担当課長

仲川ゆり（なかがわ ゆり）

1967年生まれ。1993年 東京工業大学総合理工学研究科修了後，東日本旅客鉄道（JR東日本）入社。2015年より，JR東日本ビルテック（JR東日本から出向）技術部部長

山本浩司（やまもと こうじ）

1964年生まれ。1988年 東京理科大学理工学部卒業後，日本道路公団（現・中日本高速道路）入社。2008年 京都大学大学院工学研究科博士課程修了［博士（工学）］。現在，中日本高速道路 東京支社 環境・技術管理部 環境・技術チーム　担当リーダー

小林純子（こばやし じゅんこ）

1967年 日本女子大住居学科卒業。田中・西野設計事務所等を経て，設計事務所ゴンドラを設立。公共トイレの設計・研究を中心に活動中。現在，設計事務所ゴンドラ代表。日本トイレ協会副会長。2014年 東洋大学博士課程修了［博士（工学）］

われています。たとえば，最近の大型商業施設では，授乳室，ベビー休憩室，子どもの遊び場と，それに合わせたトイレをつくってファミリー層の集客を狙っています。今までの2～3倍の面積を確保してでも注力されています。

トイレは一度つくると，規模の変更がなかなかできません。ですから，めまぐるしく変わっている商環境への対応の難しさを感じているところです。

仲川　今こそファミリートイレなのかもしれませんね。JRは平準化を目指していますが，バラエティに富んだ方向に進む道もあるのかもしれません。

山本　JRさんなどの事例を通じて，商業施設にもメリットがあるということが見えてきました。商業施設に寄りながらトイレに行けるような動線づくりにすると利用分散もできますから，トイレと商業施設の配置の見直しは有効だろうと思い，検討しているところです。

それと，移動時間の長い高速道路の場合，トイレに寄るけれど目的地の到着時間が迫っているからといって，すぐ出発してしまう人もいます。そういう人は事故を起こしやすい。事故を抑えるためにトイレを活用して健康状態のチェックができないかとも考えています。

現場で実態を知ってほしい
――トイレを設計する若い設計者へ

小林　最後に，これからトイレの設計をする若い設計者たちへ，アドバイスなどをお聞かせいただけますか。

市川　まずは発注者の懐に入り込んで，何が問題なのか，どうしたいのか，どんどん共有してほしいです。発注者と一緒に事例を見に行ったり，悪い事例を共有したりできると，こちらが言わなくても意図を反映してもらえるようになります。もちろん，私たちも自分の施設のことをもっと深掘りして，設計者の方に要望を明確に伝えることができるようにしなければいけません。

それと，一番大切なのは人を育てることです。設計段階からメンテナンス会社の人や今後関係する人たちをプロジェクトメンバーに入れて意見を聞く。それにより，できたものに愛着をもって維持管理していただけます。

そして，できたものを何年後かに振り返ってほしいのです。それが次の設計に生きるのではないでしょうか。

仲川　実体を知ることがやはり大事です。駅員さんの話を聞いてみたり，清掃の方と一緒になって掃除をしてみれば，できるものがまた違ってくると思います。JRでは新入社員がトイレの改修を担当する場合が多いです。マニュアルは目安とし，あとは実態に合わせてやるべきだと指導しています。

山本　机上だけではわからないことがありますから，まずは1日そこに立っていなさいと指導しています。気になったことがあれば書きとめて，関係者会議でディベートしてもらう。すると，一人で気づけたことと，他の人と会話して気づけたことが合わさると，それなりになるわけです。

安間　2015年に開催したトイレシンポジウムに若い人にも参加してもらったのですが，彼らにとってもすごくよかったそうです。若い人は忙しいと思いますが，忙しいときこそ，時間をつくって現場を見て知ってほしいですね。

小林　今日のお話ではトイレの進化は施設によってさまざまな違いがあることが見えてきました。設計者はその違いをよく知ったうえで設計する必要があると思います。

設計の意図通りに使われていないことも実際にはありますから，設計者をはじめ，これからつくろうとされている人たちは，きちんと振返りをしつつ，時代のニーズに合ったトイレづくりに取り組んでいただけたらよいと思います。

㊵ コラボで取り組むアメニティーの向上

Echika池袋 エスパス・ポーズエリア有料女子トイレ　　乃村工藝社

クリュスタのパウダーコーナー（写真提供：乃村工藝社）

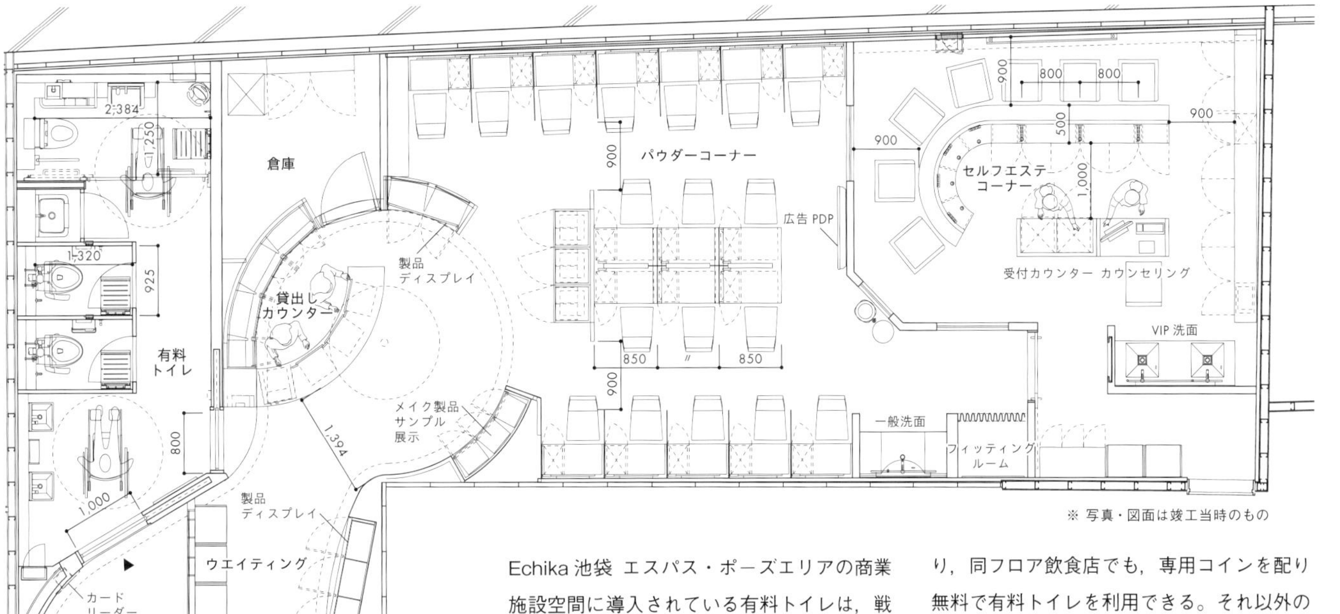

※ 写真・図面は竣工当時のもの

平　面　1/100

Echika池袋 エスパス・ポーズエリアの商業施設空間に導入されている有料トイレは，戦略的なトイレとして隣接しているクリュスタに運営を任せ，いつも清潔なトイレが保たれている。パナソニックが運営する“クリュスタ”は有料でパナソニックの最新の美容機器を借りて化粧直しやヘアケアなどが行えるパウダーブースとセルフエステルームを持つレディースビューティーラウンジ。利用者は有料トイレを無料で利用できるメリットがあり，同フロア飲食店でも，専用コインを配り無料で有料トイレを利用できる。それ以外のトイレの利用料は1回100円で，硬貨を入れるか電子マネー「PASMO」等をかざすと，入口の自動ドアが開く仕組みである。

女性にとってトイレは，用を足す以外にメイクや身だしなみをきちんと整える意味を持っていることもあり，Echika池袋とパナソニックの“コラボで取り組むアメニティーの向上”の事例だと言える。　（乃村工藝社　三好裕子）

主要用途／交通施設　建築施工／大林組　トイレ・設備施工／阪急製作所　規模／地上1階　竣工／2009年3月　所在／東京都豊島区

㊶ 女性心をくすぐるパウダールームとトイレ空間

アンジェルブ 大阪店　　ジェイアール西日本ビルト

次頁下とも，写真提供：ジェイアール西日本ビルト

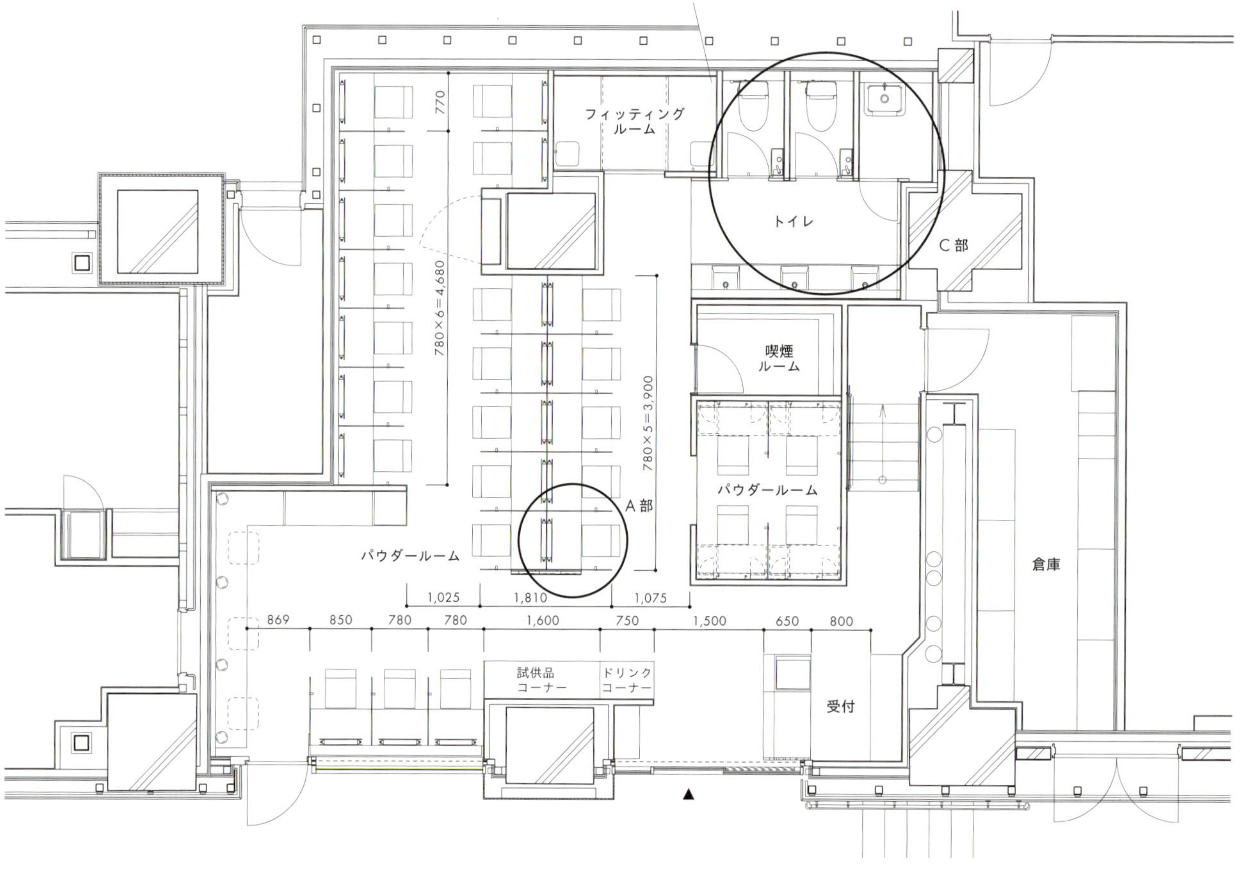

平　面　1/100

主要用途／セルフメイクアップラウンジ　建築・トイレ施工／ジェイアール西日本ビルト　設備施工／三神工業，JR西日本テクシア，西日本電気システム　規模／1階(JR大阪駅構内)
基準階面積／104㎡　主な使用機器／大便器・洗面器：TOTO，照明器具：DAIKO　竣工／2012年7月　所在／大阪府大阪市

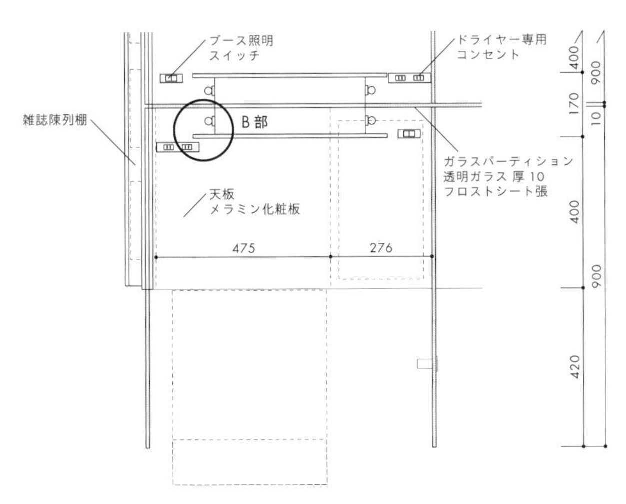

A部パウダーブース平面詳細　1/20

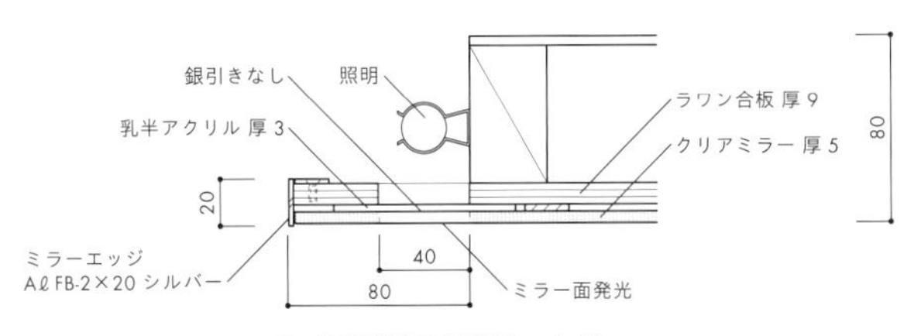

B部平断面詳細　1/5

JR西日本の社内ベンチャーで実現したセルフメイクアップラウンジ「アンジェルブ」が，OSAKA STATION CITYの誕生とともに新しくなった。以前のコンセプトを踏襲し，有料でパウダールームが利用できるほか，トイレをはじめ，フィッティングルームや喫煙ルームなども併せて利用することができる。フロートガラス玉のシャンデリアやハート型タイル壁面，数種類のデザインクロスなど，女性心をくすぐるデザインアイテムを各所にちりばめた店内は，ドレッサー台を単に並べるだけではなく，ゾーンごとに空間イメージを変えることで，いつ来ても飽きのこない「わくわく」する空間になるようにデザインした。ドレッサー台は，鏡に映る女性の顔がよりきれいに見えるよう光の反射，回り込みを考慮したディテールとしている。

（ジェイアール西日本ビルト　高浦由紀）

上とも，写真提供：アンジェルブ大阪店

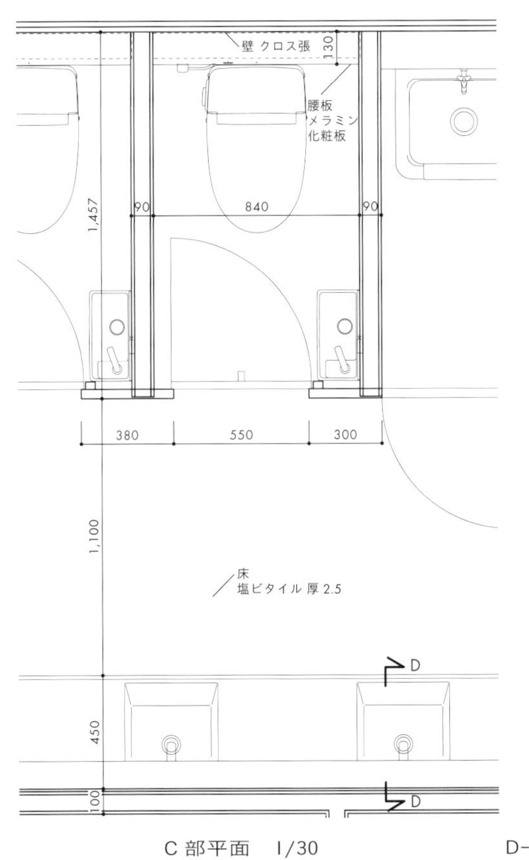

C部平面　1/30

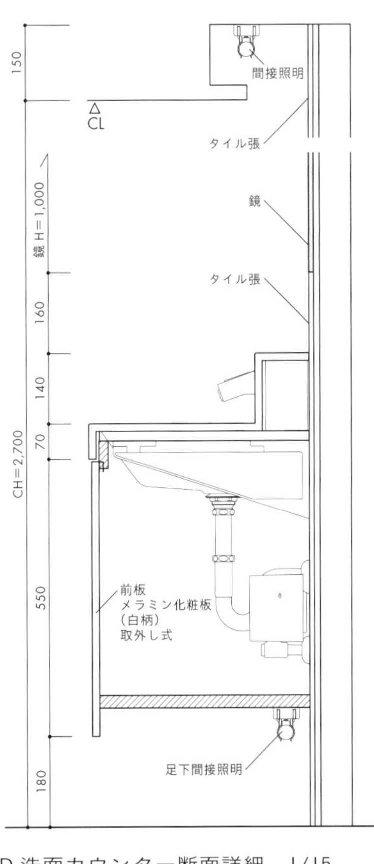

D-D洗面カウンター断面詳細　1/15

㊷ 星空に漂う幻想的なトイレ

東京タワー特別展望台トイレ改修　設計事務所ゴンドラ

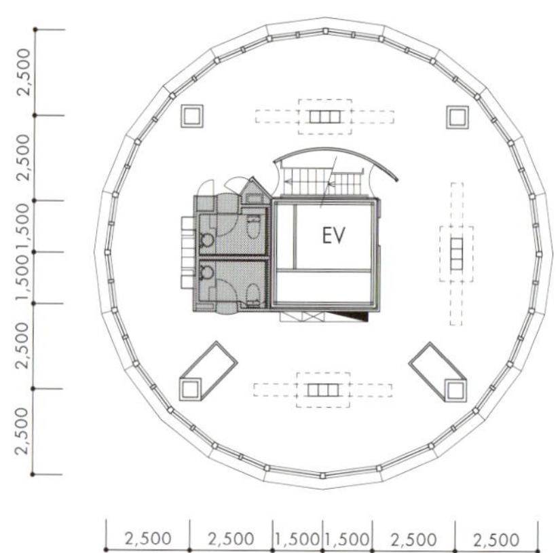

特別展望台（250m）平面　1/300

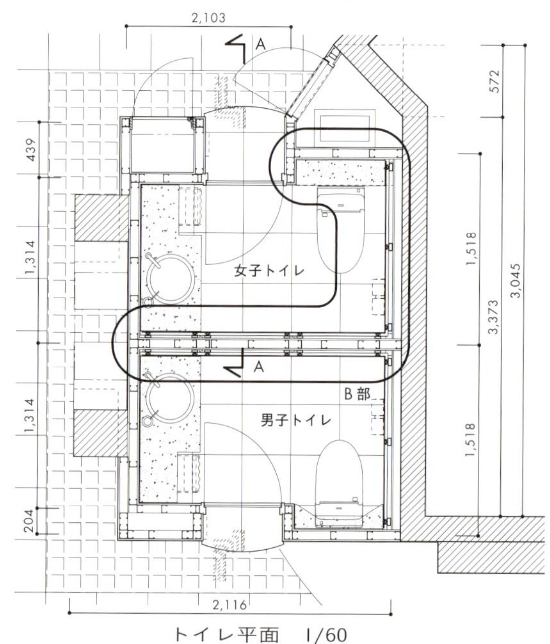

トイレ平面　1/60

今年で築 56 年となる老舗観光名所で，年間約 250 万人もの観光客が訪れる東京タワー。そのトイレの課題は，トイレの総面積の狭さや利用者の多さおよび場の特色をトイレでどう生かすかである。今回の改修対象は最上階の展望室のトイレと，来館者の主動線となる階段室踊り場やフードコート横のトイレである。展望室トイレはタワーのコア部分にあり，展望室トイレには窓はない。そこでここでは，点滅式の点照明を星空のように天井や壁面にちりばめ，宇宙を漂いながら用をたすイメージで設計した。宇宙の奥行き感を出すための点照明と前面のガラス，色彩シート等に留意した。一方で清掃にも配慮し，天空照明とは別に清掃時用照明を設けた。手洗い器は，輪状に光る。

（設計事務所ゴンドラ／小林純子）

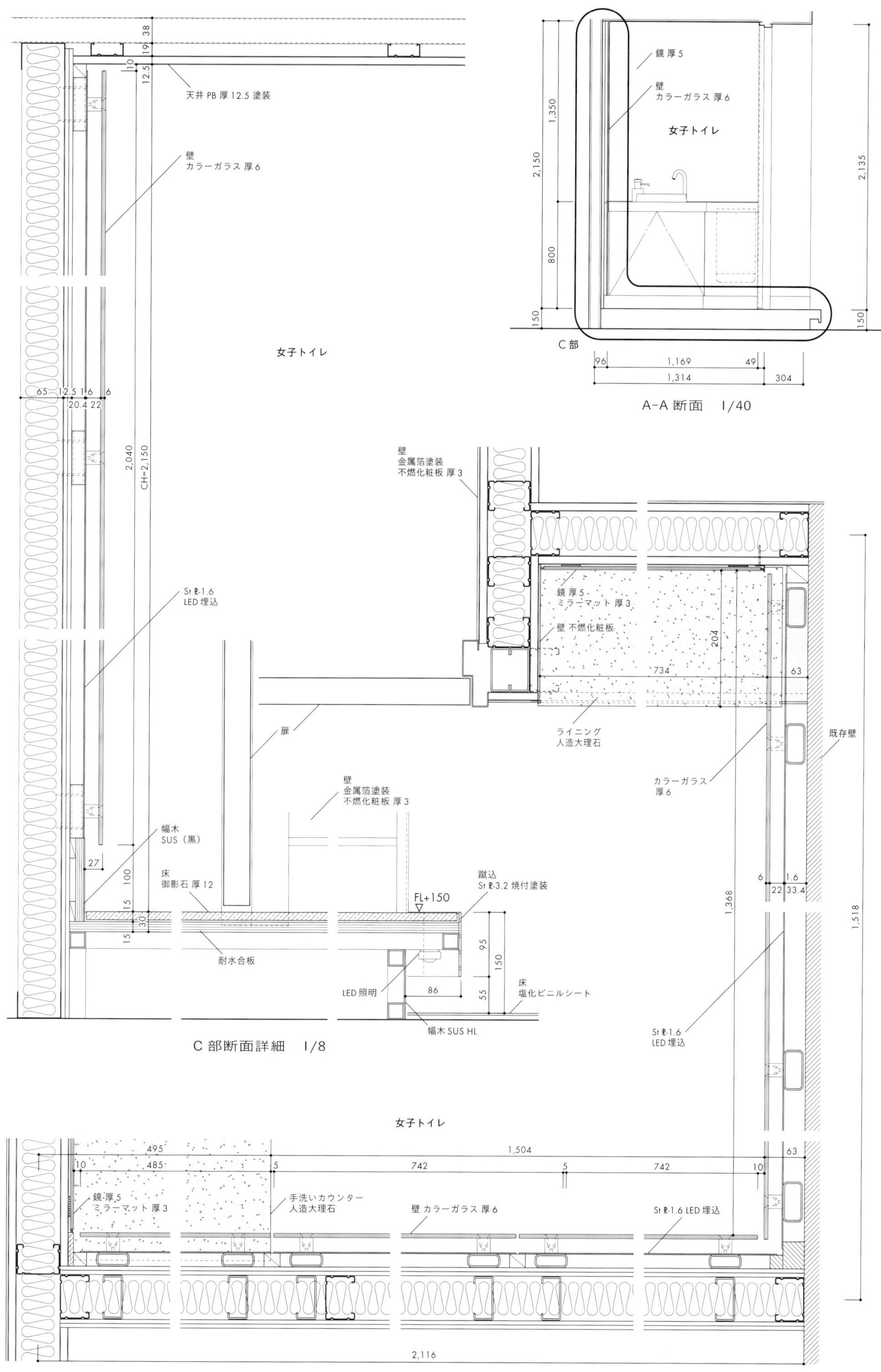

A-A 断面 1/40

C 部断面詳細 1/8

トイレ内壁 B 部平断面詳細 1/8

主要用途／展望台 設計協力／J. フロント建装 建築・手洗い部・設備施工／J. フロント建装 構造・規模／S 造，RC 造・地下2階，地上16階
主な使用機器／大便器：CES9756（TOTO），洗面器：MLDE ルナクリスタル（TOTO），水栓金具：TEN12L（TOTO） 竣工／2014年2月 所在／東京都港区 撮影／佐藤振一

㊸ 地上300mに浮かぶトイレ

あべのハルカス ハルカス300　竹中工務店

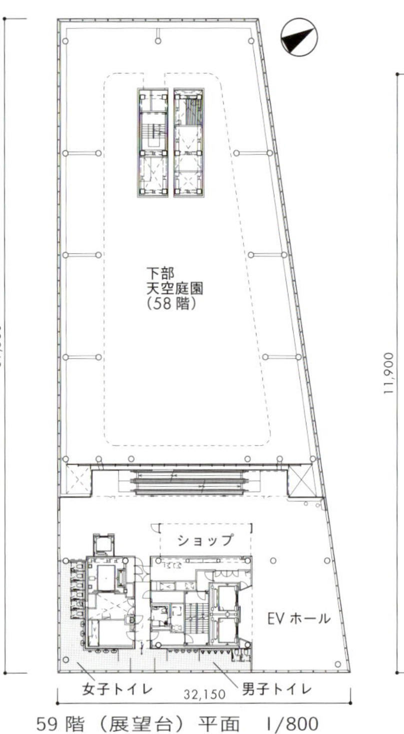

59階（展望台）平面　1/800

A部
女子トイレ
壁
カラーガラス 厚6
床 タイル張
ガラススクリーン 厚19
飛散防止フィルム張
壁 カラーガラス 厚6
男子トイレ
11,900
21,300

トイレ平面　1/150

ブース内部
ダイノックシート張
扉両面
ダイノックシート張
1,560
1,000
カラーガラス 厚6
（ブース上部から天井まで）
ブース外面
カラーガラス 厚6

A部個室ブース（女子）平面　1／3

大阪を一望する展望台の一角にあるトイレ。天井高さ3.8 m，奥行き2.5 mのL型平面で，外部にさえぎるものがない，開放的な空間の特徴を活かし，壁面に夜景がインテリアの内部に映り込むことで，夜景の中に包まれるような体験を楽しめる内装を目指した。

そこで，背後の壁面・トイレブースを大判のカラーガラスと鏡で同面に仕上げ，洗面器の給排水管，機器等を内蔵するライニングもその壁面の背後におさめた。これにより，床から天井まで1枚の平滑な大きなガラス壁面が外部からの光を映し込み，幻想的な視覚効果を生み出す。面台・洗面器とカラーガラスの取合い部分は，実物大モックアップを作成して，シンプルかつ，ガラスに荷重がかからぬよう，検証を行った。

（竹中工務店　宮島照久）

主要用途／展望台　建築・トイレ・設備施工／竹中工務店・奥村組・大林組・大日本土木・錢高組共同企業体　水栓器具／TOTO　内装工事／ダイケンエンジニアリング　照明器具製作／森川製作所　照明デザイン／ぼんぼり光環境計画　サインデザイン／廣村デザイン事務所　構造・規模／S造，SRC造・地下5階，地上60階　床面積（59階）／706.66㎡

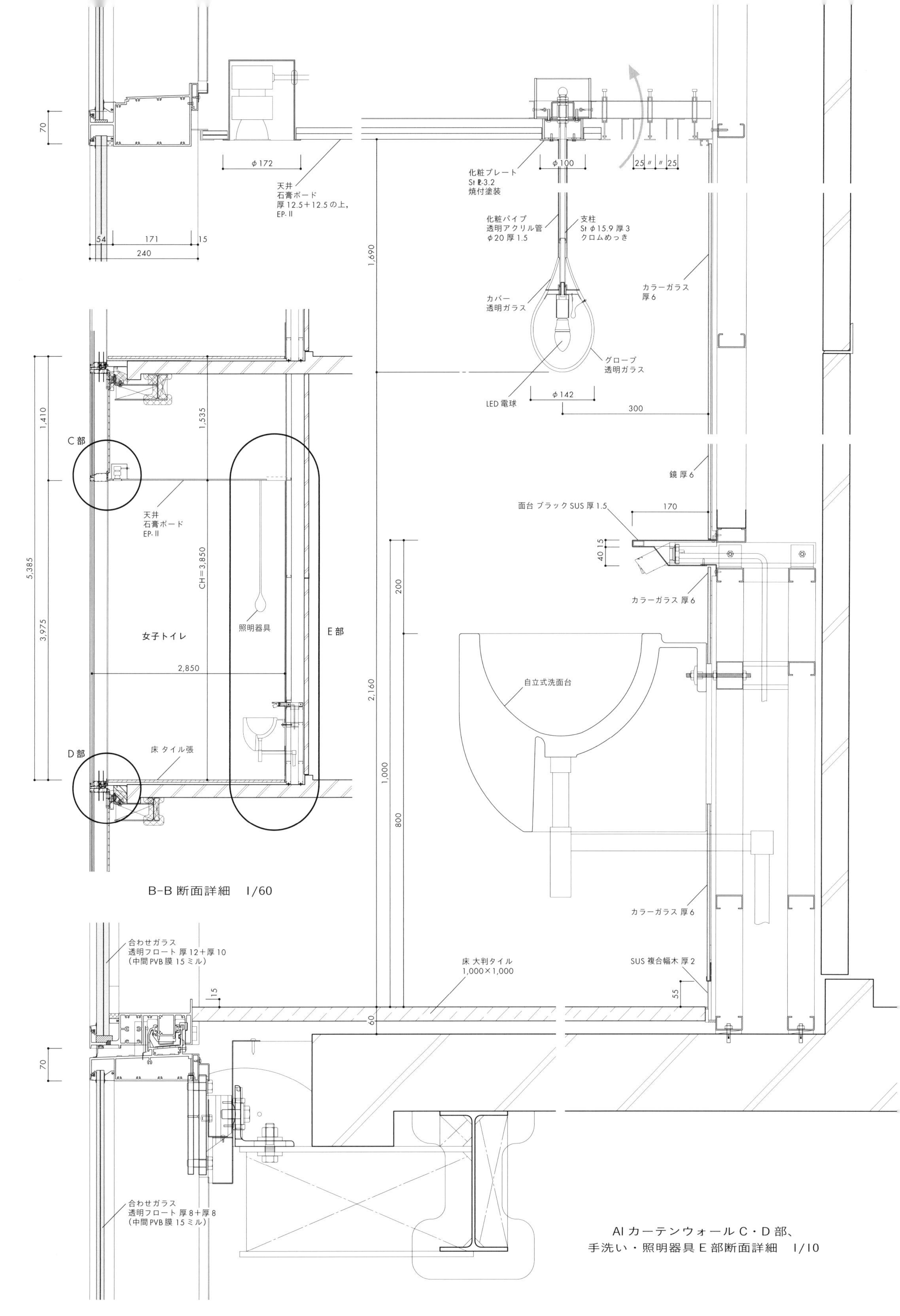

Al カーテンウォール C・D 部、
手洗い・照明器具 E 部断面詳細 1/10

主な使用機器／大便器:CES986 (TOTO), 小便器:ITEM01 (TOTO), 洗面器:PLT70-0101 (大洋金物), 自動水栓:セラ TEN120AHRX (TOTO), 自動石鹸給水栓:
セラ TES141M (TOTO), ハンドドライヤー: TYC100GS (TOTO), 照明：森川製作所 特注品, トイレブース金物：621 P特注品 (ベスト)
竣工／2014年3月　所在／大阪市阿倍野区　撮影／中道淳 / ナカサアンドパートナース

㊹ 家族連れでも楽しめる車型子どもトイレ

カラフルタウン岐阜　設計事務所ゴンドラ

トイレ平面　1/150

商業施設は今，ネット販売が増大し買い物の意味が問われつつあり，従来の商品の質や価格競争とともに，集客性やサービスとともに長時間滞在を生む環境づくりが重要視されている。そのため，良質美麗なトイレ整備は常識的となったが，今では，さらなる差別化のため各店の個性が求められている。当大型商業施設は岐阜市郊外に位置し，大手自動車会社の関連会社経営で，買い物時に自動車販売や整備等が可能で，多くの家族連れが車で訪れる。ここでは，子ども連れ家族のための，授乳，おむつ替え，子どもトイレ，家族の休息場等を充実させた。子どもも大人も排泄等の環境を楽しい場所にすることを最大の目標として，円形や色彩を多用し各コーナーを設置した。何より人気は2台の車型子どもトイレで，開店時は20人も子どもたちが並んで待つ状況となった。

（設計事務所ゴンドラ　小林純子）

主要用途／ショッピングモール　建築・手洗い部施工／清水建設　設備施工／高砂熱学工業・きんでん　構造・規模／RC造・地上2階　主な使用機器／大便器：C-P15SU（LIXIL），小便器：AWU-506 R AMP（LIXIL），幼児大：C-111T（LIXIL），幼児小：U-401R（LIXIL），洗面器：L-2094CL（LIXIL），水栓金具：AM-130C（LIXIL）　竣工／2011年11月　所在／岐阜県岐阜市　撮影／滝田良彦

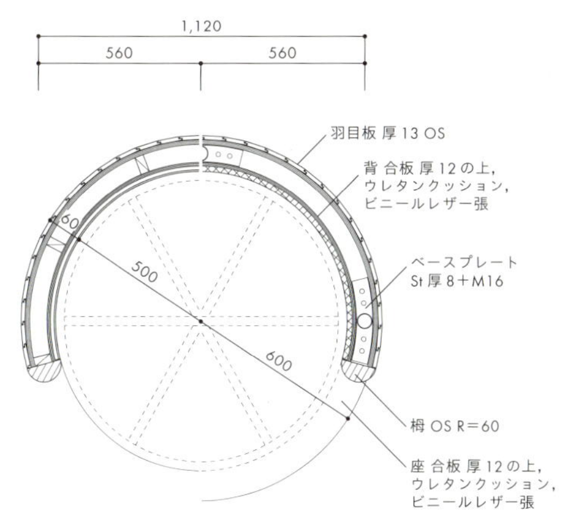

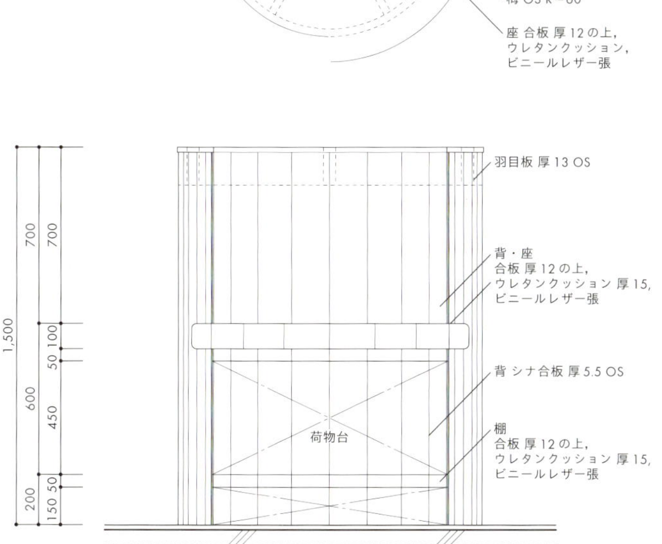
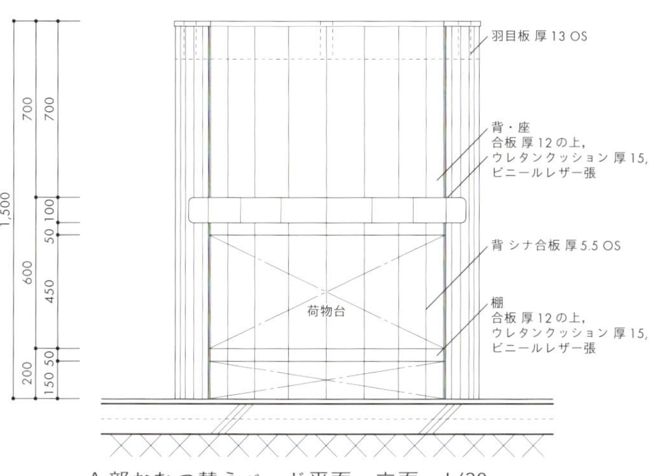
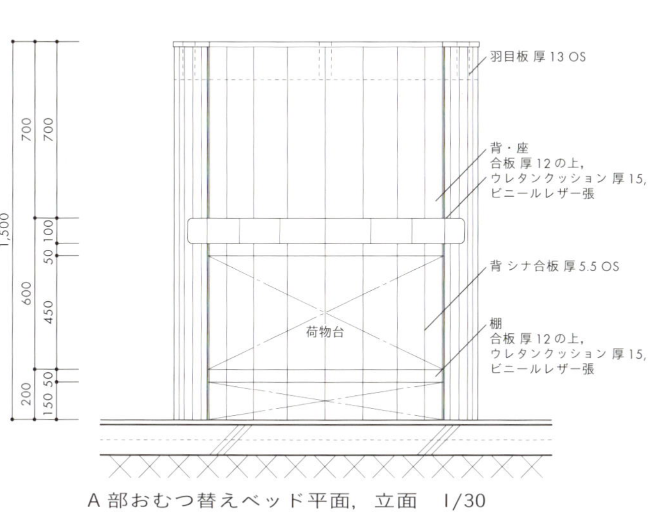

A 部おむつ替えベッド平面，立面　1/30

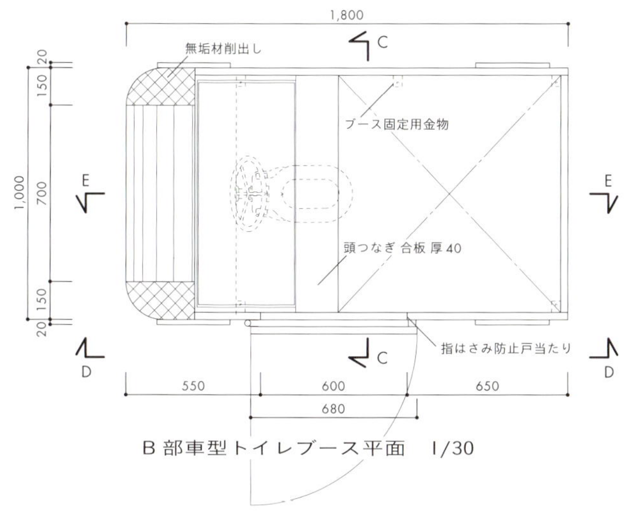

B 部車型トイレブース平面　1/30

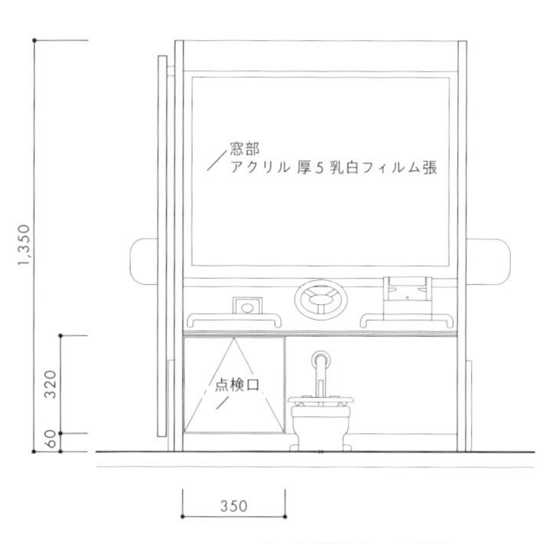

C-C 断面　1/30

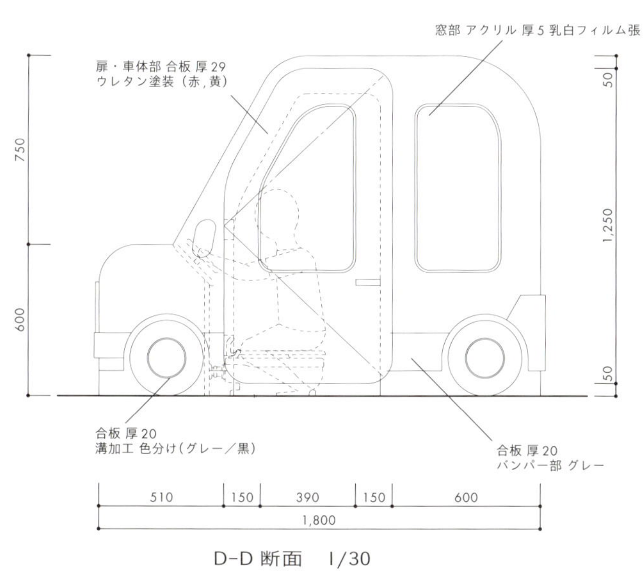

D-D 断面　1/30

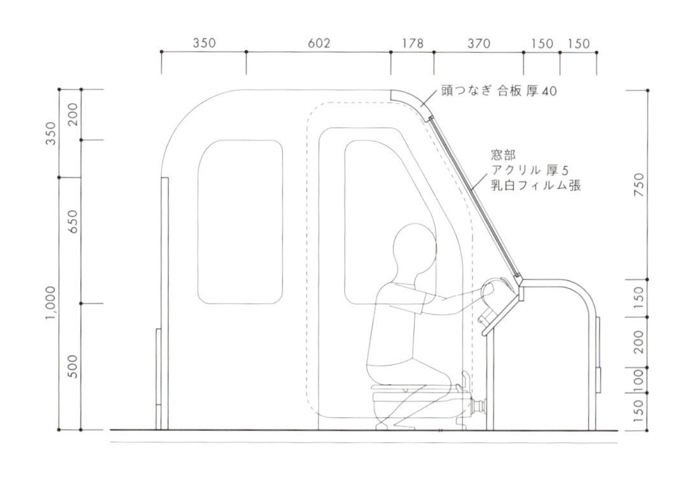

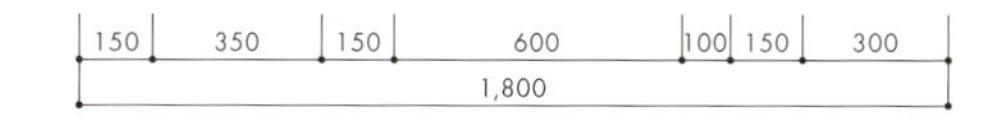

E-E 断面　1/30

㊺ ゆとりとくつろぎを提供する，紳士のためのトイレ

あべのハルカス近鉄本店（タワー館）6階紳士フロアトイレ　　竹中工務店

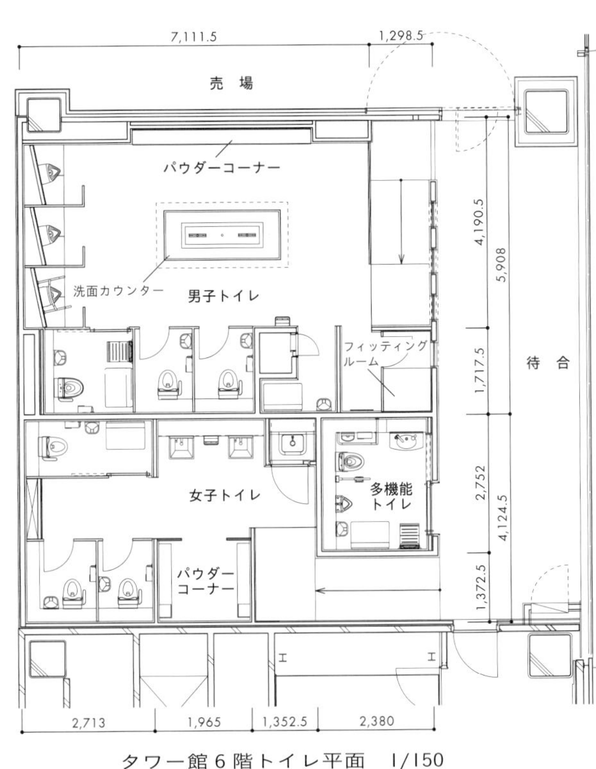

タワー館6階トイレ平面　1/150

男子トイレ平面　1/50

主要用途／百貨店　内装設計：近創（ディレクション），インフィックス（デザイン・監修）　建築・トイレ施工／竹中工務店・奥村組・大林組共同企業体
設備施工／空衛JV（三機工業），電気JV（きんでん）　構造・規模／S造，SRC造・地下5階，地上60階　地下2階，地上14階（百貨店エリア）　6階床面積／5,146㎡（内トイレ62㎡）
竣工／2014年3月　所在／大阪市阿倍野区　撮影／古川泰造

あべのハルカス地下2階から14階に位置する百貨店エリアのトイレは，各階売場の特性に合わせた特徴あるデザインとなっている。4階から10階に位置するエリアは建物の特性を考慮し積極的に北側の自然光を取込むプランとしている。6階の紳士服・紳士用品フロアには，時間とともに移りゆく外光の趣とともに，ゆったりとしたパウダールームのほか，従来の男性トイレのイメージを大きく変えるものとして，フィッティングルーム・アロマが設置されている。洗面カウンターは，従来の独立型洗面タイプではなく，手洗いしながら対面で会話できるようゆったりとスペースを確保したアイランド型の象徴的な設えとしている。背面にはパウダーカウンターを配置することで，これまでの男性トイレでの過ごしかたをゆとりあるものとなるようにしている。フロアテーマである「男の品格をアップグレード」とするうえでのおもてなしとして，これらのアイデアとともにリラックスできる豊かな「身だしなみの場」を提供することを試みている。（竹中工務店　仲 晴男）

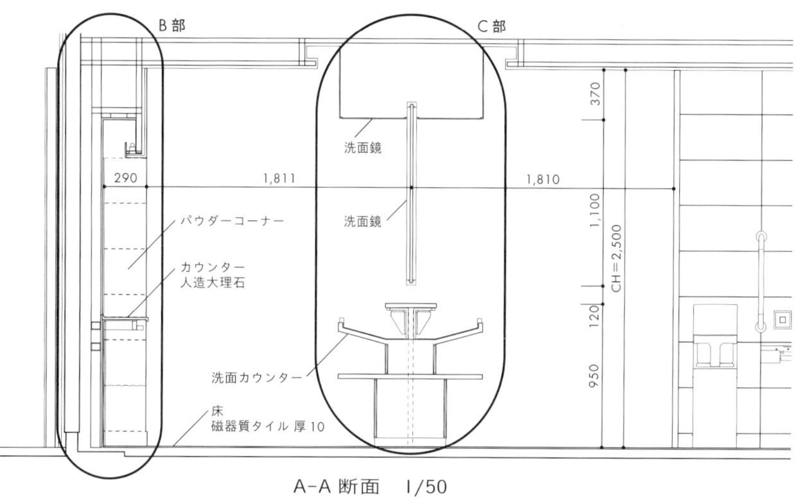

A-A 断面　1/50

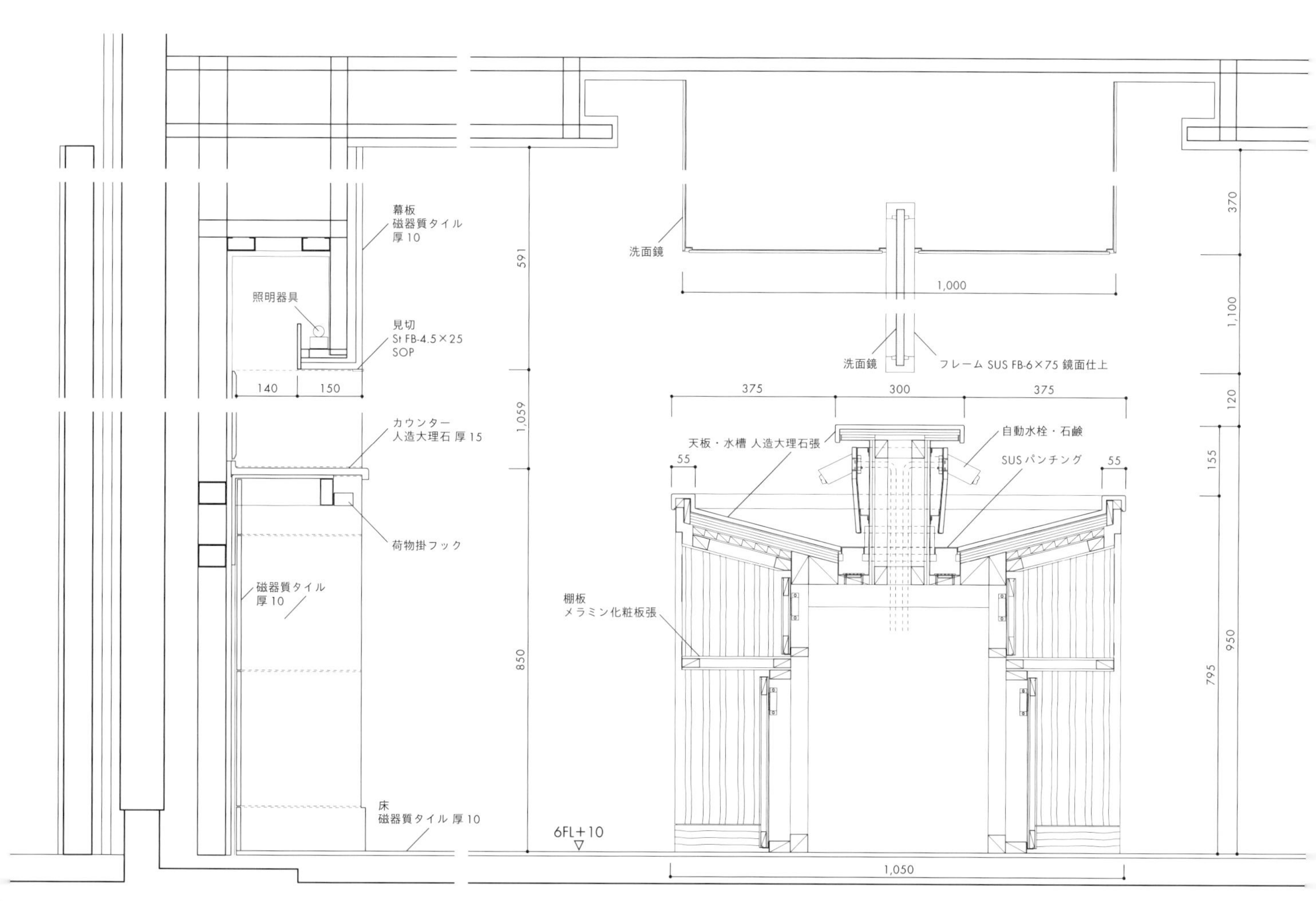

B部パウダーコーナー断面詳細　1/15

C部洗面コーナー断面詳細　1/15

㊻ 檜の無垢材を利用したシンプルな洗面カウンター

Sunny Hills at Minami-Aoyama　隈研吾建築都市設計事務所

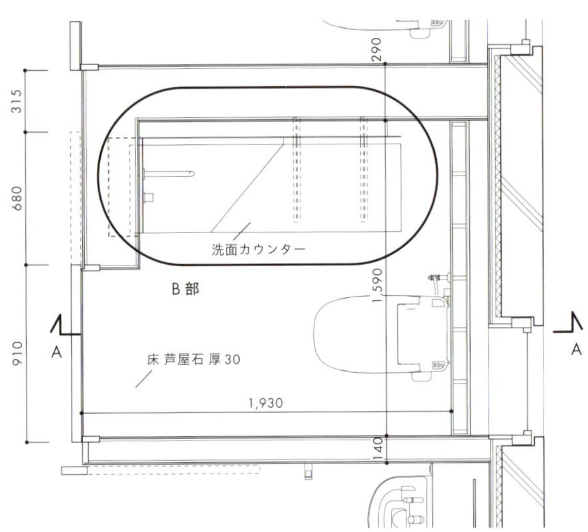

2階平面　1/40

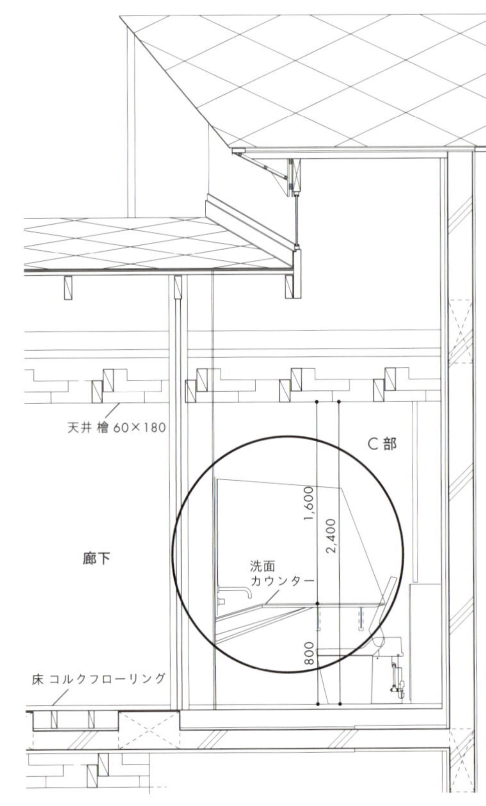

トイレ A-A 断面　1/60

木の1枚板の洗面カウンターを制作した。40mmの檜の無垢材を斜めにカットし角度をつけて継ぐことで，シームレスで立上りのない洗面が可能となった。鏡はステンレスの鏡面仕上げの周囲にバイブレーション加工をグラデーショナルに施し，カウンターと一体にデザインした。また，カウンターと鏡の間にはスリット側溝を設け，水が溜まりやすい入り隅や排水金具の接続をなくし，木の腐食を防ぐことでデザインとメンテナンスの両立を図った。トイレ内部はシンプルにデザインし水栓を取り付ける面を切り替えることで，扉を開けるとカウンターと鏡だけが視界に入るように計画している。建物のコンセプトである木漏れ日や，風を感じられるように，天井には構造体である木組みが入り込み，上部のハイサイドライトから木組み越しに光が感じられる建築と連続したトイレ空間となった。

（隈研吾建築都市設計事務所　秋山弘明）

主要用途／物販・飲食店舗　建築施工／佐藤秀　手洗い部施工／カナヤ（金物造作），蛯沢工務店（木造作）　設備施工／三栄設備工業　構造・規模／RC造 一部木造・地下1階，地上2階　主な使用機器／大便器：パナソニック　水栓金具：リラインス　竣工／2013年12月　所在／東京都港区　撮影／彰国社写真部

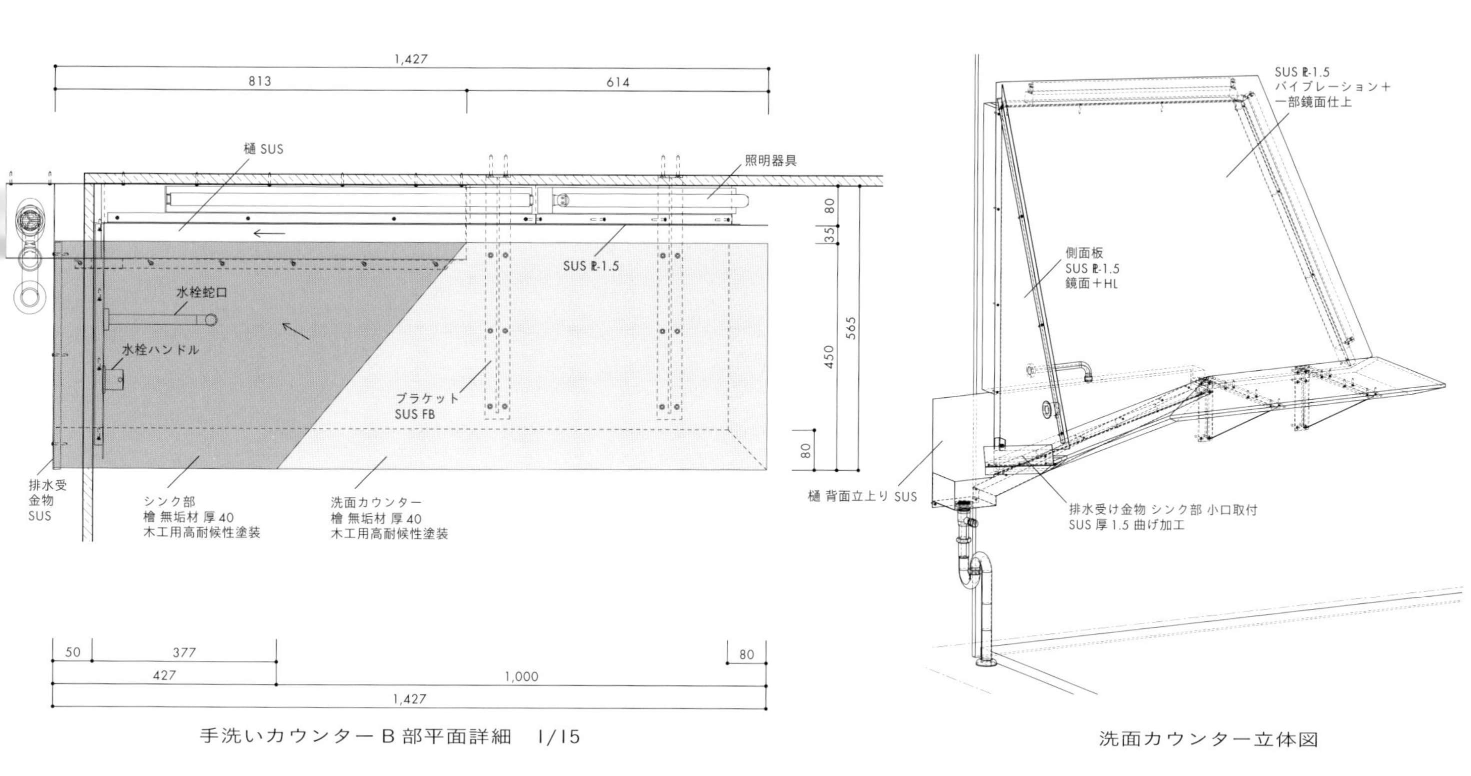

手洗いカウンター B 部平面詳細　1/15

洗面カウンター立体図

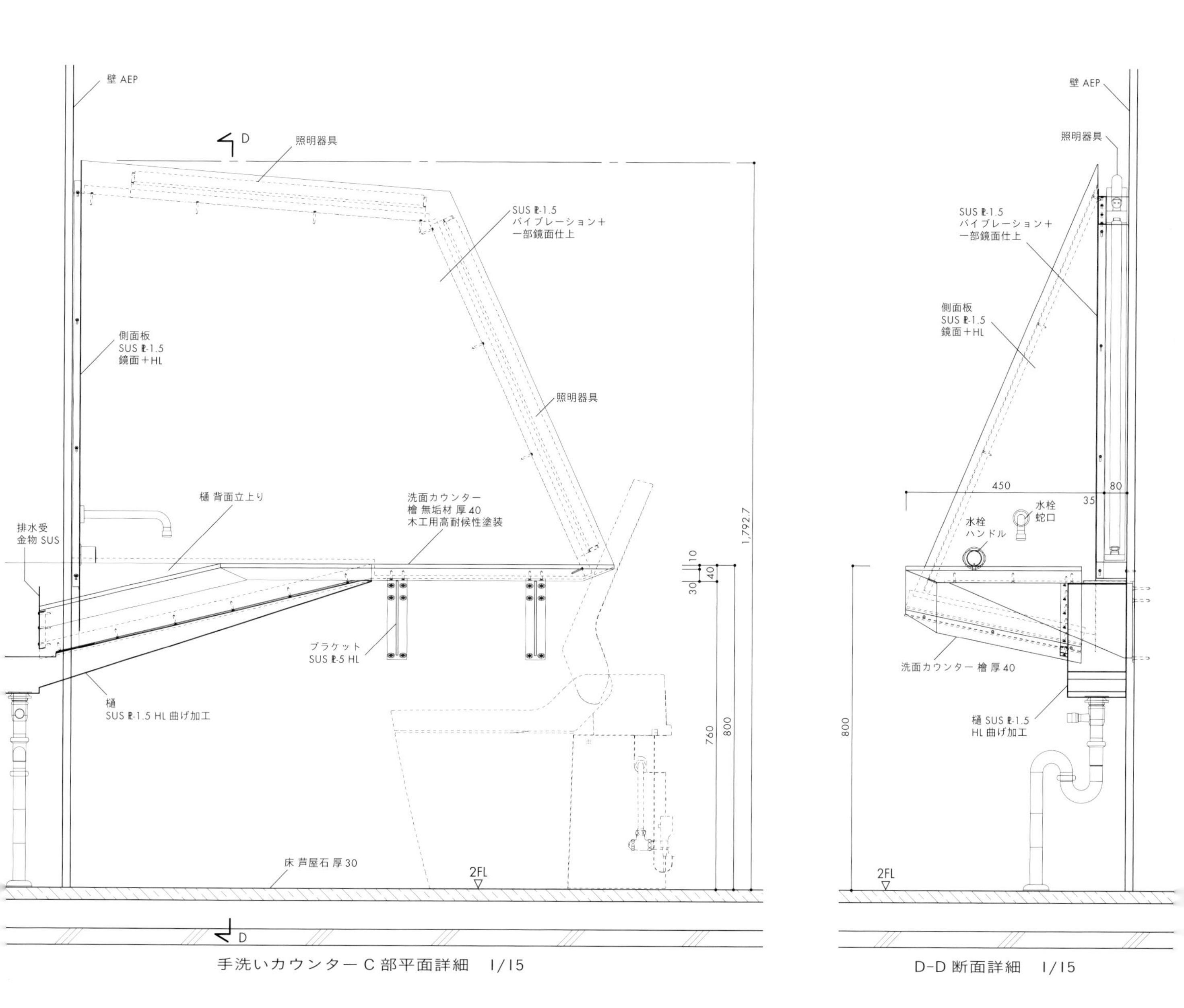

手洗いカウンター C 部平面詳細　1/15

D-D 断面詳細　1/15

㊼ 自然をモチーフとした人研ぎ仕上げの手洗いカウンター

虎白　広谷純弘＋石田有作／アーキヴィジョン広谷スタジオ

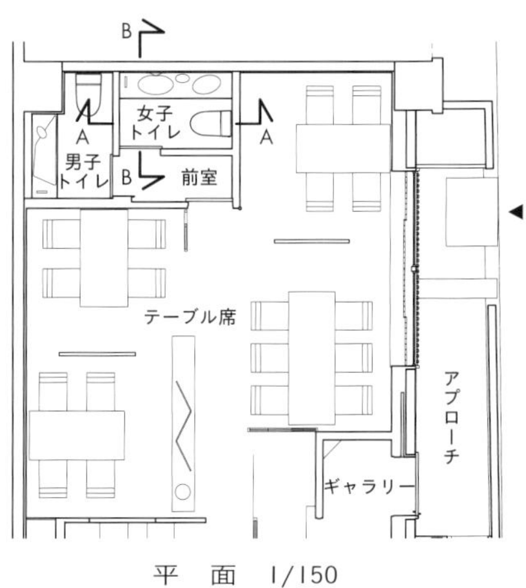

平　面　1/150

この懐石料理店は「虎白（こはく）」という名から，さまざまな素材の白色を重ね，そこに白を際立たせるような色を使っている。トイレでは，白い左官仕事の洗面カウンターを制作した。これは洗面ボールと甲板を連続した一体のものとし，「山と海」や「湖と丘」といった風景をモチーフにした白い盆景のようなものである。合板を重ねてコンタをつくり，FRP 下地に人研ぎという技術で仕上げている。また，天井と光障子には雲母刷りの白い京唐紙を使い，壁は白い陶板と濃茶の陶板とした。食事は何人かでするが，トイレでは一人になる。その空間に小さな驚きを散りばめてみた。

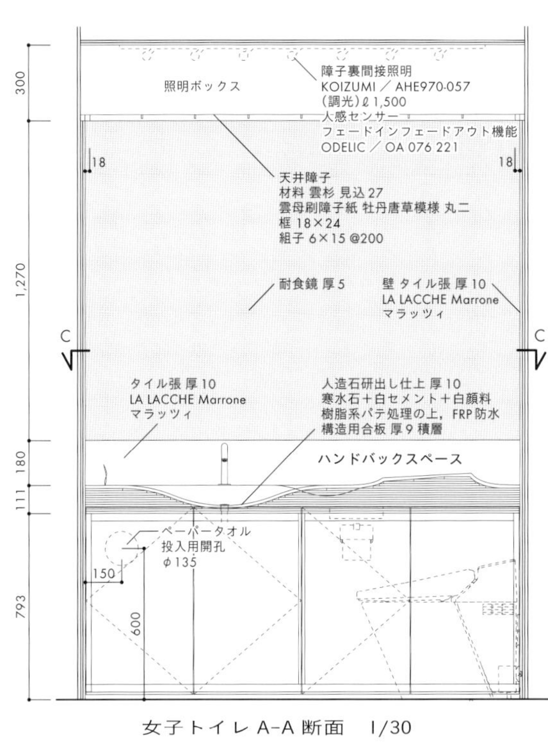

女子トイレ A-A 断面　1/30

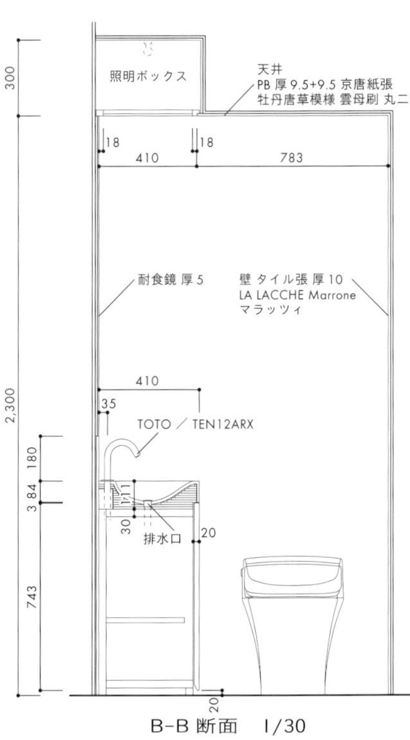

B-B 断面　1/30

主要用途／日本料理店　建築施工／森本建工　人造石研出し手洗いカウンター／越後屋左官店　京唐紙／丸二
構造・規模／RC 造・地下 1 階，地上 2 階の地上 1 階部分（インテリア）　主な使用機器／大便器：SATIS，水栓：TEN13AL（TOTO），TEN12ARX　竣工／2010 年 9 月
所在／東京都新宿区神楽坂　撮影／彰国社写真部

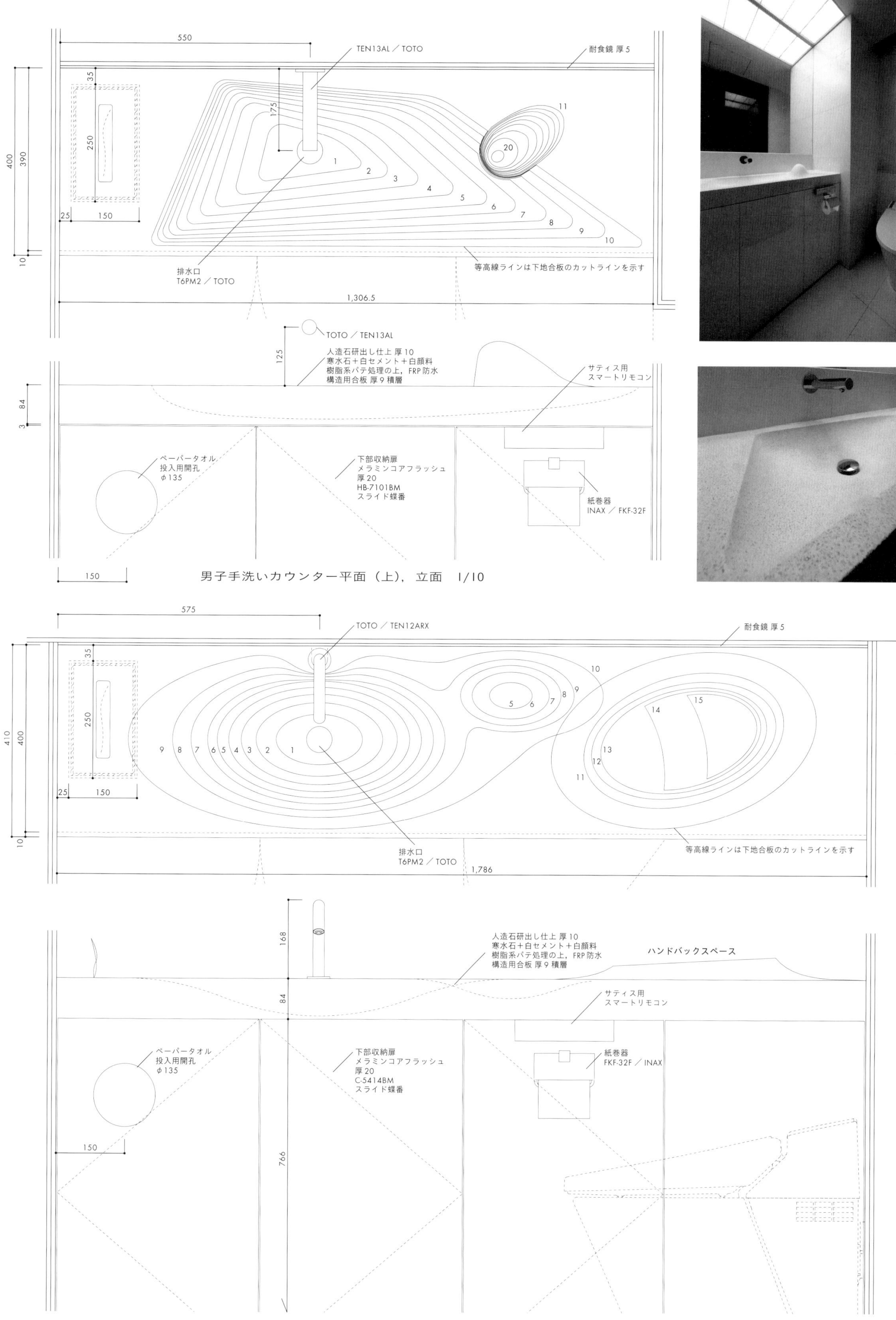

男子手洗いカウンター平面（上），立面　1/10

女子手洗いカウンター C-C 平面（上），立面　1/10

㊽ 非日常を演出する天井吊りの水栓器具

焼肉KYOKU　　福本効士／フラットデザイン

立地は銀座ということもありお客様の華やかさを壊さないシンプルで飽きのこない高級感を演出した。
トイレの計画は全体計画において客席の確保や厨房などの必要スペースにより大きく左右され，当初は男女別に考えていたが共用で１室とした。小スペース内に機能と優美さを演出するため，内部は白を基調に間接照明のみ計画。ミラーバックに照明器具を設置し，店名を印象づけるようにロゴマークを施した。洗面ガラスボウルの内部にも照明を取り付け，柔らかい印象のものへと変えてみた。さらに天井取付けの水洗を設置し，より非日常的感覚とモダンさを表現。全体的に柔らかい白い清潔感のある空間を目指し，ほんのりと酔った女性がより綺麗に見えるようにとの思いを込めて空間をデザインした。　（福本効士）

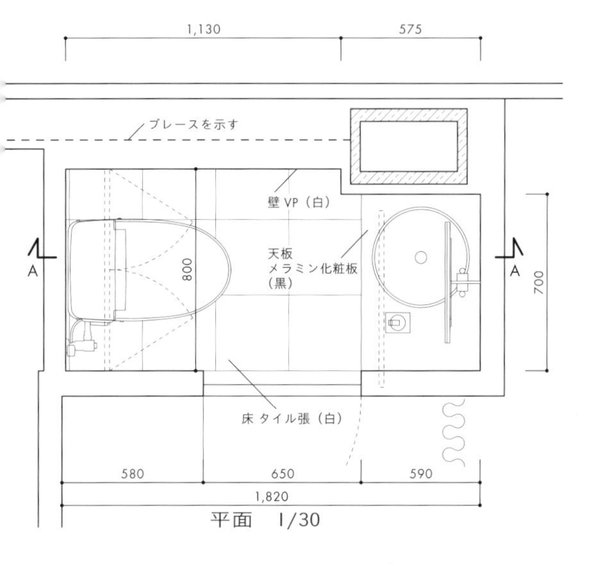

平面　1/30

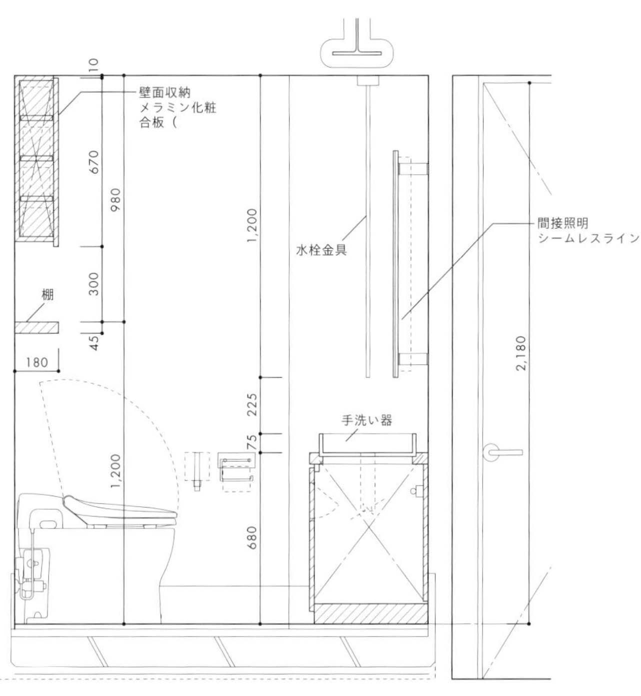

断面　1/30

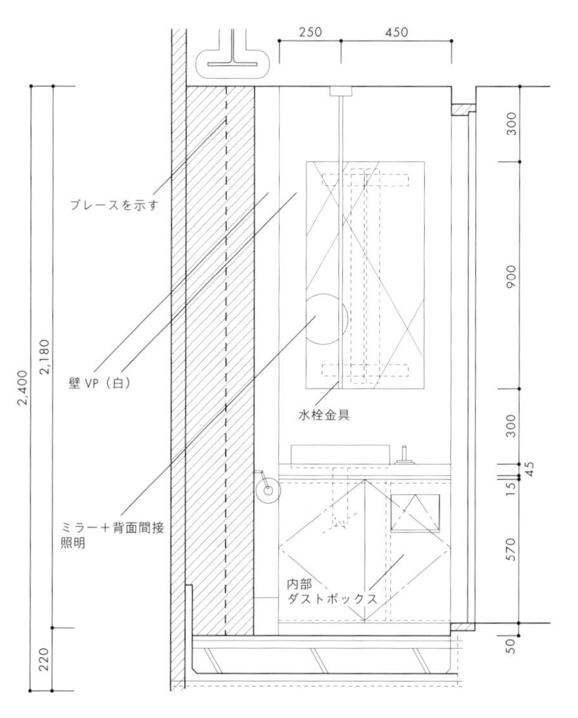

展開　1/30

主要用途／飲食店　照明計画／大光電機　建築・手洗い部・設備施工・／益田建設　構造・規模／Ｓ造 一部 RC 造・地上６階部分（インテリア）
主な使用機器／大便器：SATIS（INAX），洗面器：MR700 CB1（TOTO），水栓金具：GS-20099.031（アドヴァン）　竣工／ 2009 年３月　所在／東京都中央区
撮影／松岡写真事務所

㊾ 公演の合間に器具数を調整できる女子トイレ

熊本県立劇場トイレ改修　　前川建築設計事務所

改修前コンサートホール側女子トイレ　＊

改修後の女子トイレ。コンサートホールより演劇ホール側を見る　（撮影：藤原貴裕）

熊本県立劇場は 1982 年竣工後，30 余年が経過している。建物中央部に東西に抜けるモールを設け，北側に 1,810 席のコンサート専用ホール，南側に 1,172 席の演劇専用ホールを配置した県を代表する音響の良いホールである。
既設のトイレは器具の老朽化と合わせ，特に女子トイレの便器数の不足が問題となっていた。和便→洋便，和便器開口補強のための段差をなくす，限られた範囲内での便器数の増設，UD アドバイザーから多目的トイレの機能分散等の助言を踏まえて設計を行った。このトイレは，コンサートホールと演劇ホール専用のトイレで，今回男子・女子配置を入れ替え，公演の合間に今回設置した扉を開閉することで，どちらからも一体的に利用できる工夫を行い、器具数だけでは測れない利用しやすさも反映することができた。
（前川建築設計事務所　江川徹）

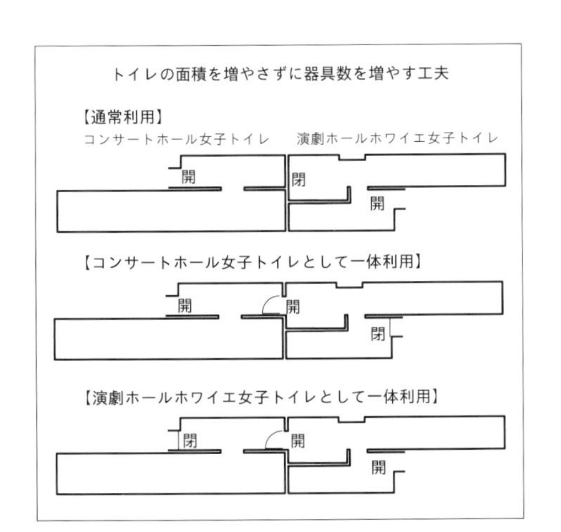

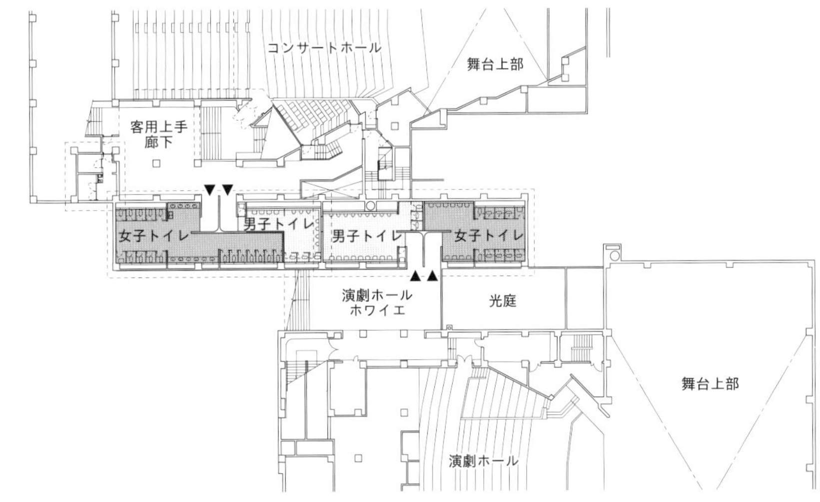

トイレ改修前 半地下階平面　1/800

▽

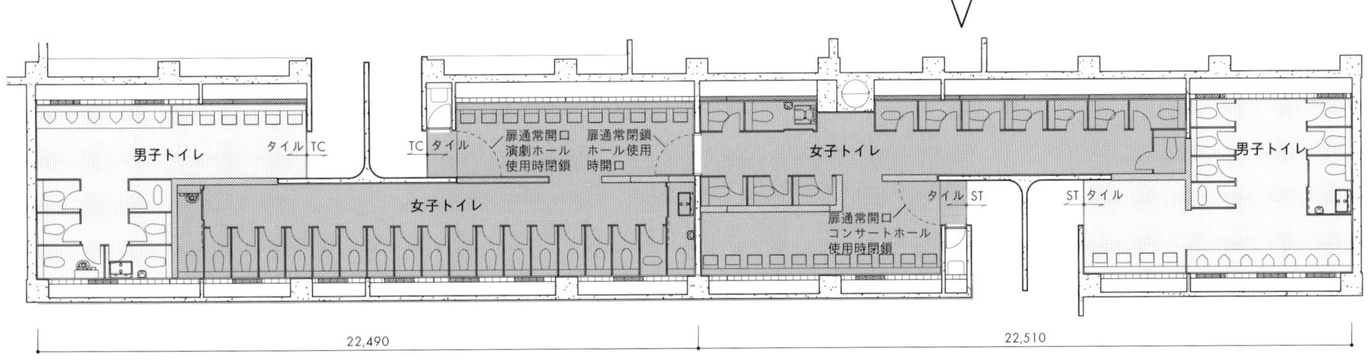

改修後平面　1/250

主要用途／劇場　協力設計／ユニ設備設計，本田設計コンサルタント　建築施工／三津野建設　機械施工／上田商会　電気施工／西田電工
便所ブース／ナスク　サイン／テッツマスタープラン　構造・規模／SRC 造・地下 2 階，地上 3 階　主な使用機器／大便器:UAXC2NPAN（TOTO），小便器:UFS800CE（TOTO），洗面器:LSW130AQL1（TOTO），多目的便所:XPDA0LS3211WBG（TOTO）　機器変更等／大便器 82 カ所→ 108 カ所，小便器 46 カ所→ 46 カ所，洗面器 100 カ所→ 92 カ所，多目的トイレ既設 4 カ所→ 5 カ所　竣工／2015 年 2 月（トイレ 24 カ所のうち 16 カ所）　所在／熊本市中央区　写真提供＊／前川建築設計事務所

⑤⑩ 男女比対応の可動間仕切りパネル

兵庫県立芸術文化センター　　日建設計

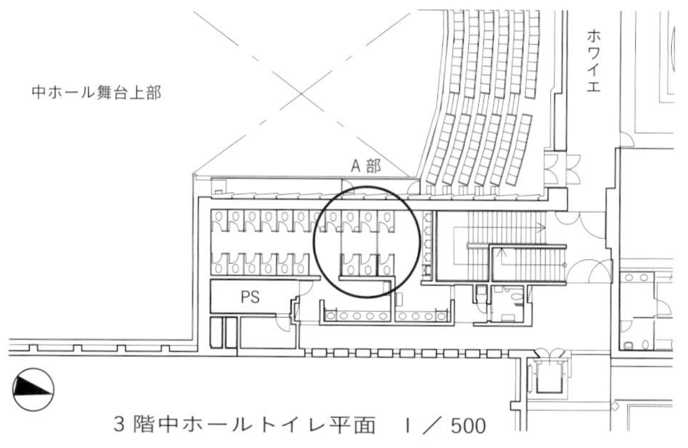

3 階中ホールトイレ平面　1／500

計画にあたり劇場トイレの問題点である行列の解決をめざした。開演前，幕間の短時間に集中する，特に女性の行列。その解消が劇場のサービス向上につながると考え，建築主・運営者と知恵をしぼった。まずは個数の確保。類似施設の個数を調査のうえ，女子ブースの観客一人あたりの個数を全国最高レベルとした。トイレの仕上げは，外壁のレンガ，大ホール内壁と同じマホガニーなど当センターに使用されている主要素材を使用している。男女ブース数を可変できる工夫は，大掛かりなシステムにしないという意図で，パネルはブースと同材（厚 46㎜）をハンガーレールで吊り，遮音性は特に考慮していない。ブースは行列解消のため個数確保を最優先し，幅 900㎜を基本としている。また，空きブースが一目瞭然となるサインを各扉に設け，行列解消に一役買っている。　（日建設計　甲 勝之）

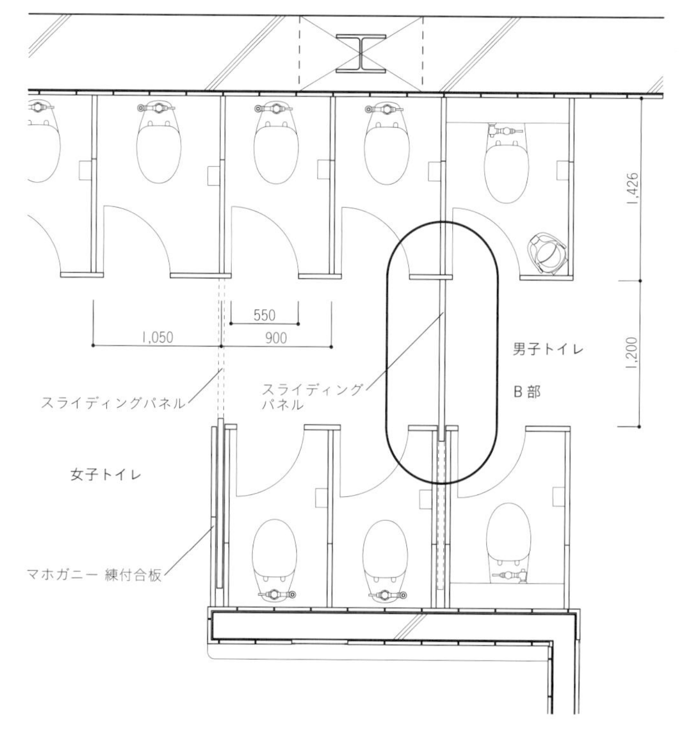

トイレ A 部平面　1／60

主要用途／劇場　建築設計／兵庫県県土整備部まちづくり局営繕課・設備課，日建設計　建築施工／大成・奥村・淺沼・森・栭谷・巨勢特別共同企業体　トイレ施工／小松ウォール（ブース）
設備施工／三晃空調　構造・規模／SRC 造，RC 造一部 S 造，PC 造・地下 1 階，地上 6 階　主な使用機器／大便器：C-5R（INAX），小便器：AWU-506RL（INAX），洗面器：L-2292（INAX）
竣工／ 2005 年 5 月　所在／兵庫県西宮市　撮影／彰国社写真部

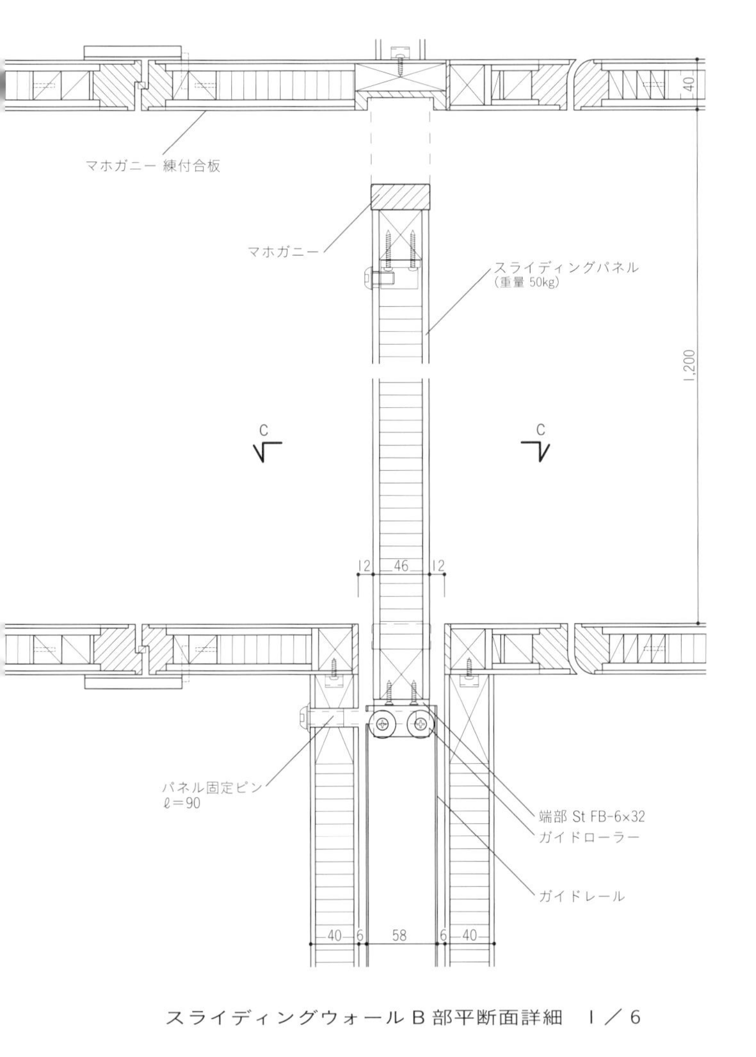

スライディングウォールB部平断面詳細 1／6

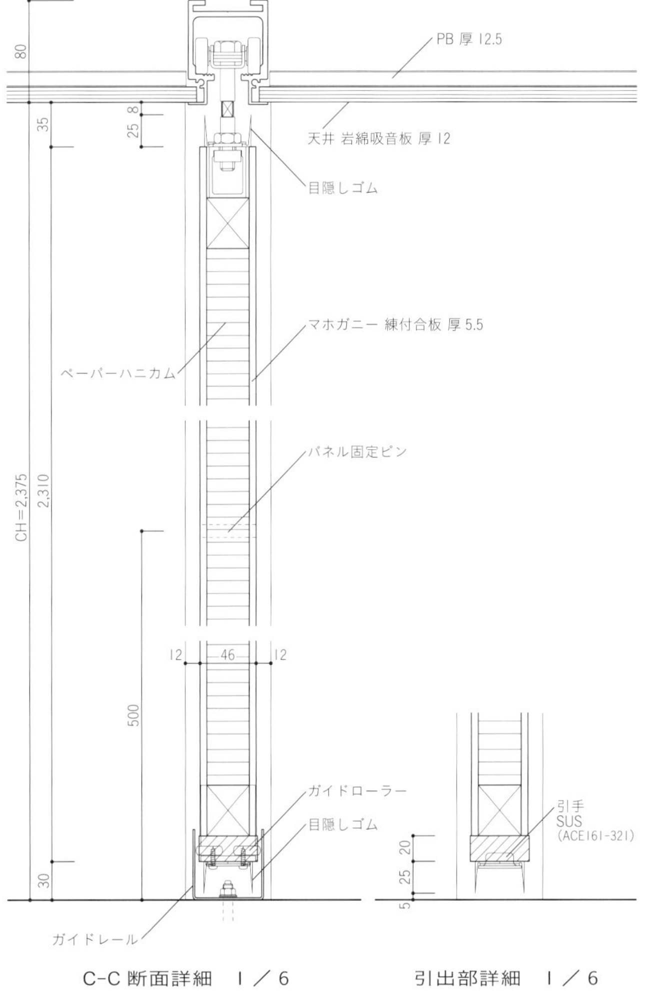

C-C 断面詳細 1／6

引出部詳細 1／6

⑤1 女性の待ち行列の解消を考案したボックス形トイレ

茅野市民館　　古谷誠章／NASCA＋茅野市設計事務所協会

茅野市民館は茅野市の中心市街地活性化推進事業としてJR中央線茅野駅に隣接するかたちで計画された。マルチホール（800席），コンサートホール（300席），市立美術館，図書室，レストランなどのコミュニティ機能からなる複合機能型地域文化交流施設である。設計段階から工事中に至るまで何度も行われた市民参加型協議では館内のトイレについても話題となった。通常の男女別トイレや車椅子対応の多目的トイレのほかに，１階マルチホールのホワイエには，演目によって変わる観客層に合わせてブースの男女比を変動させたり，男女兼用として利用可能なボックス形トイレを計画した。すべてのブースは手洗い付きの個室とし，ホワイエに独立配置されている。男女比の調整は箱の側面に隠されているポリカーボネート板を面材とした大型の引戸で行う。

（NASCA　八木佐千子）

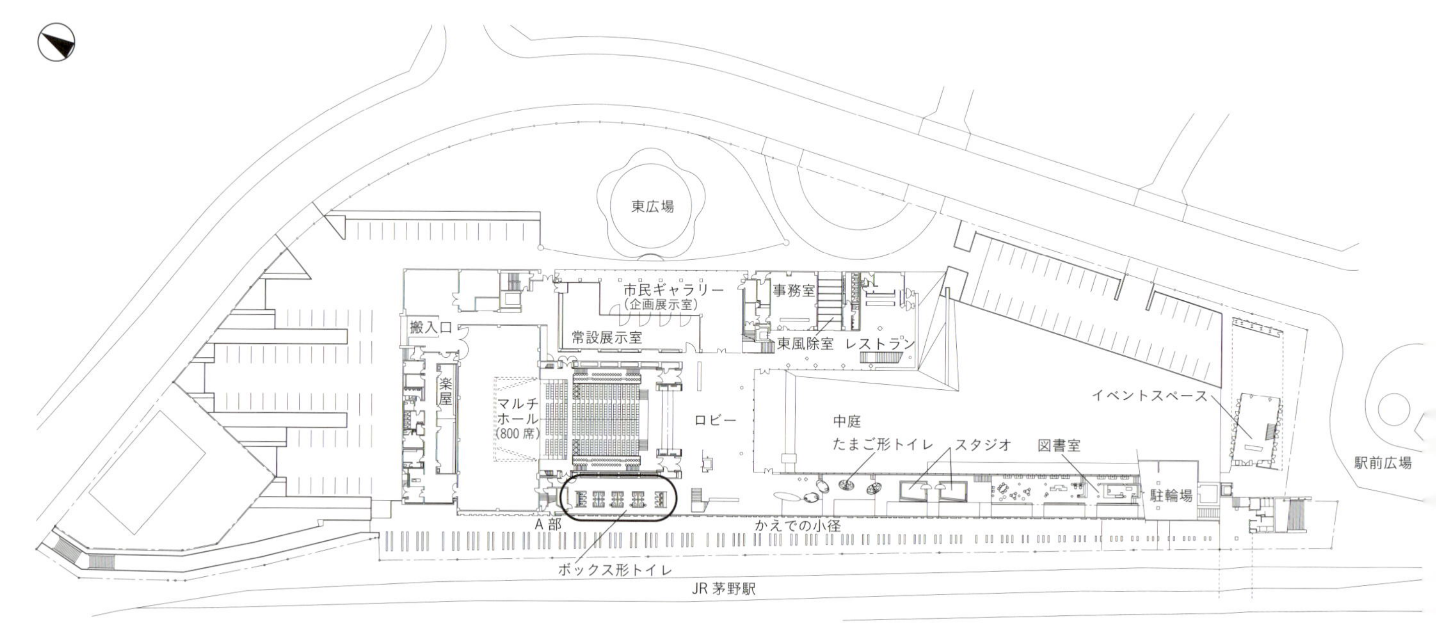

配置・１階平面　１／1,500

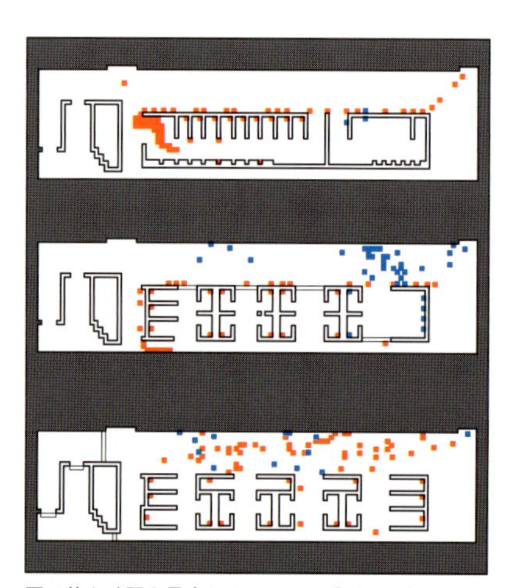

図は待ち時間を最小とするために設計中に検討された使用シミュレーションを示す。上：男女別集合型の場合。中：ボックス形トイレを男女分けして使用した場合。下：ボックス形トイレをすべて男女兼用とした場合。青丸は男性客，赤丸は女性客を示す。
協力：早稲田大学渡辺仁史研究室

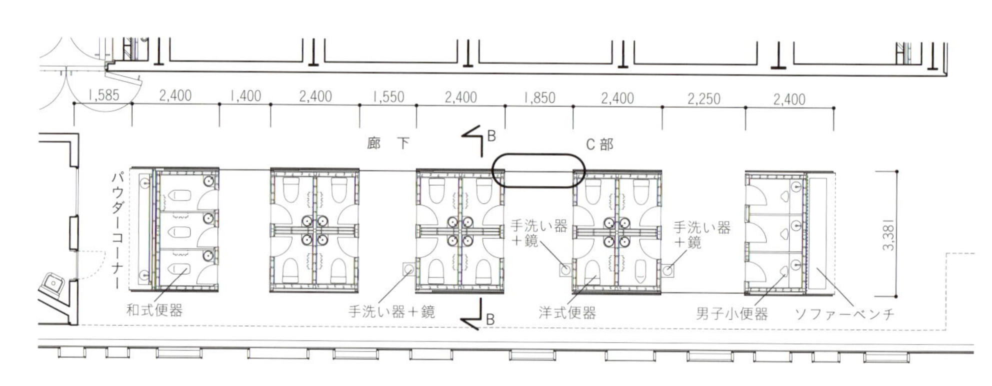

A部ボックス形トイレ平面　１／200

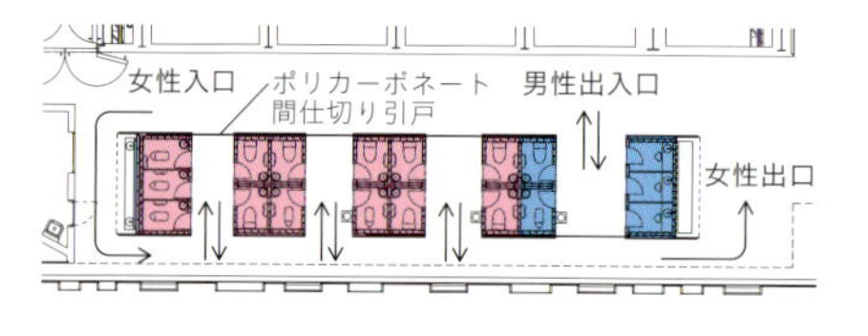

男性客が少ない時のパターン

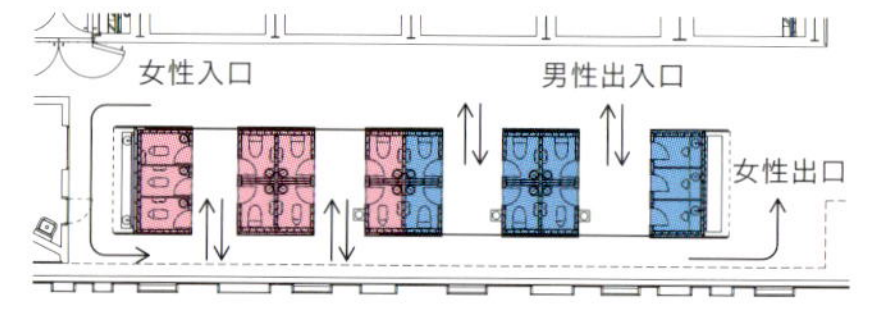

男性客・女性客の割合が近い時のパターン

主要用途／劇場，音楽ホール，美術館，図書館　施工／清水建設・丸清建設共同企業体，新菱冷熱工業・大信設備共同企業体（機械設備）
構造・規模／SRC造＋一部S造，RC造・地下１階，地上３階　主な使用機器／洋風大便器：CES9561（TOTO），和風便器：C137V（TOTO），壁掛小便器：AL3641R（CELA），
洗面器：製作（celia）　竣工／2005年３月　所在／長野県茅野市　撮影／彰国社写真部

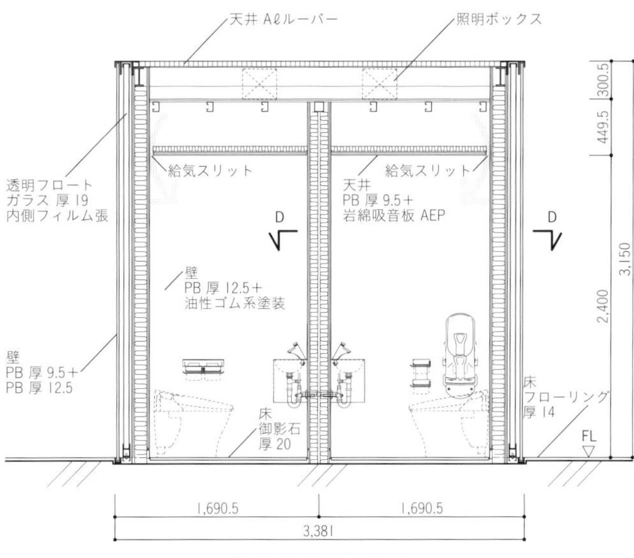

B-B 断面 1／60

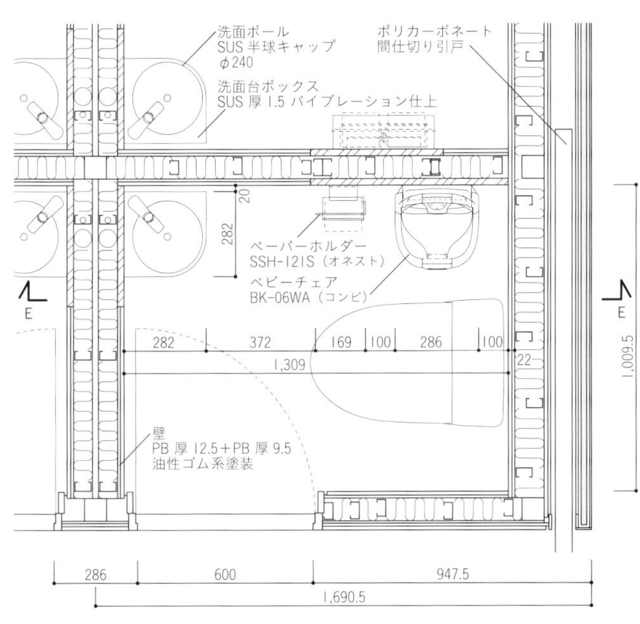

D-D 個室ブース平面 1／25

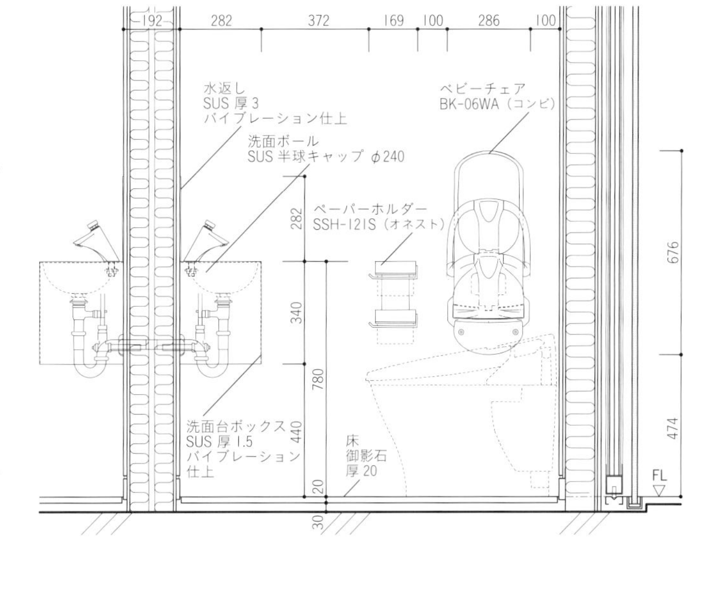

E-E 個室ブース断面 1／25

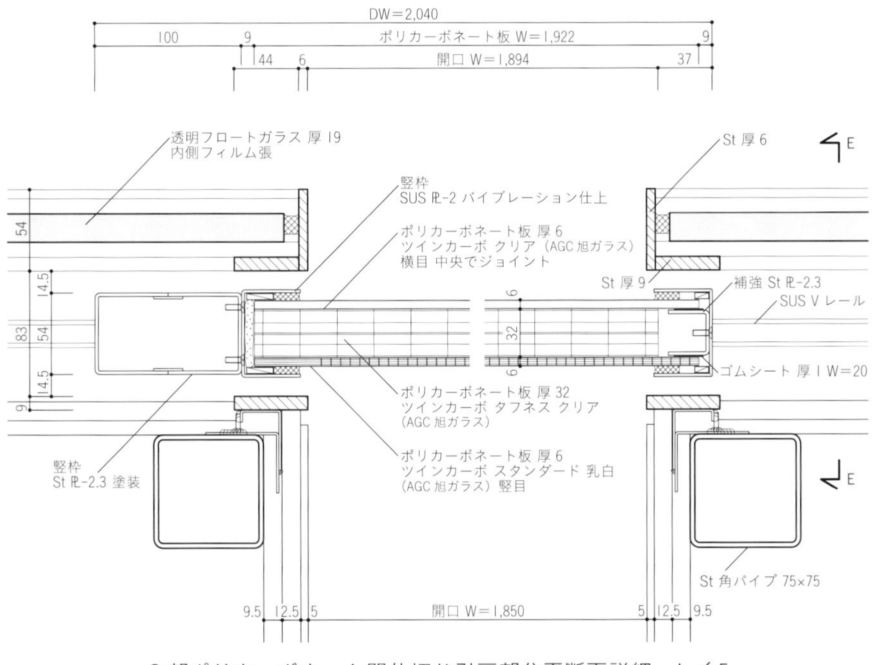

C 部ポリカーボネート間仕切り引戸部分平断面詳細 1／5

St PL-6
200
竪枠
SUS PL-2
バイブレーション
仕上
透明フロートガラス
厚19
内側フィルム張
DH＝3,122
12.5 9.5 100 9.5 16 6 32 6 19.5 19
12.5 7 58 7 12.5
ポリカーボネート板
厚6
ツインカーボ
スタンダード 乳白
（AGC 旭ガラス）竪目
ポリカーボネート板
厚32
ツインカーボ
タフネス クリア
（AGC 旭ガラス）
ポリカーボネート板
厚6
ツインカーボ クリア
（AGC 旭ガラス）
10 19 10 5
10
60
5
9
6
FL
14
20
SUS V レール

E-E 断面詳細 1／10

㊷ 迷うことないワンウェイ方式のトイレ計画とサイン

等々力陸上競技場メインスタンド　　日本設計・大成建設一級建築士事務所設計共同企業体

コンコースより階段を下りると，正面にトイレが見える

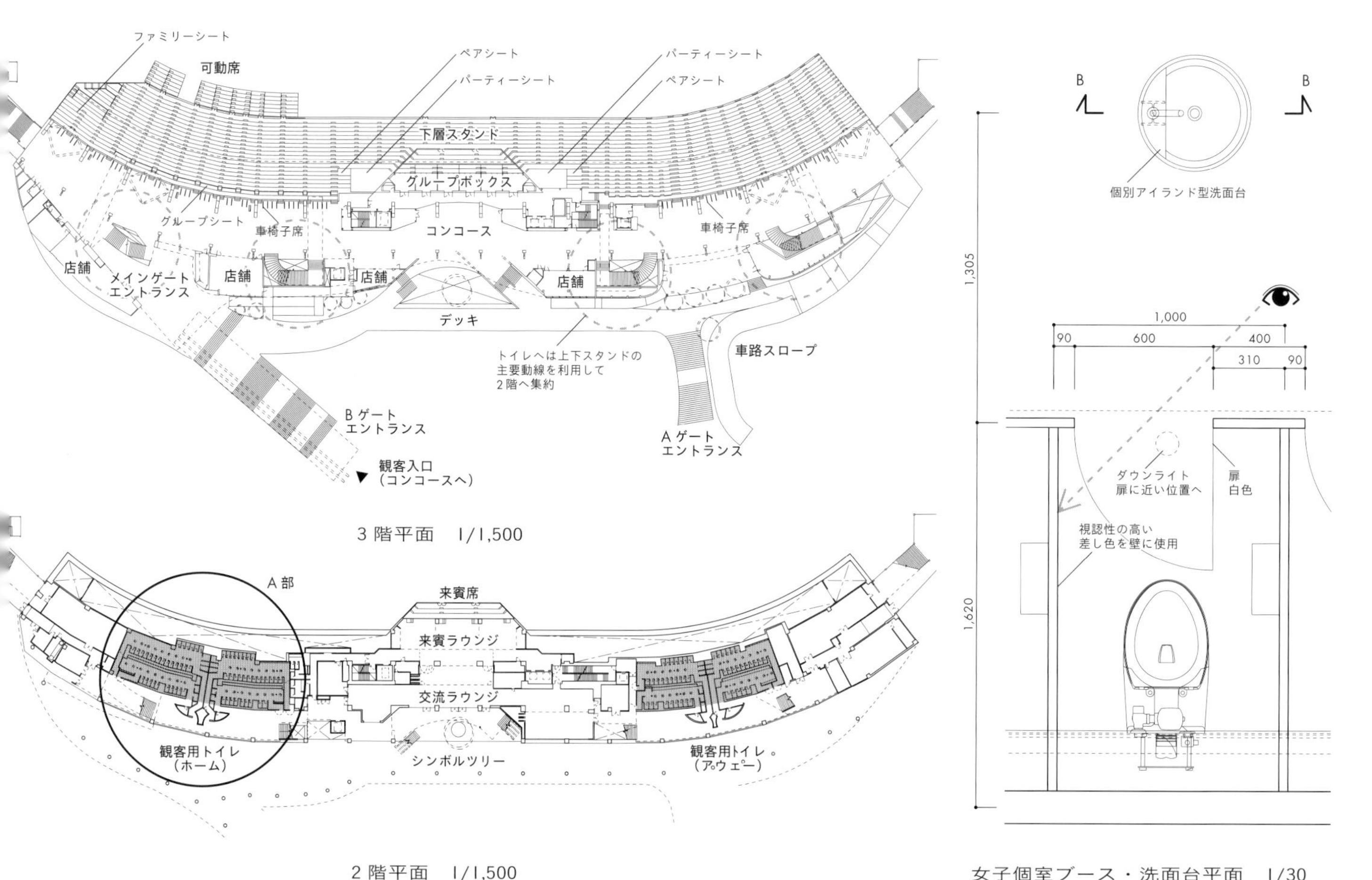

3階平面　1/1,500

2階平面　1/1,500

女子個室ブース・洗面台平面　1/30

主要用途／観覧場　建築施工／大成・飛島・小川・沼田・日本設計共同企業体
トイレ施工／トーカイ（トイレブース），トップライズ（個別アイランド型洗面台，LGS・ボード），モビーリア（パウダーカウンター），住ゴム産業（塗床），タナチョー（鏡）

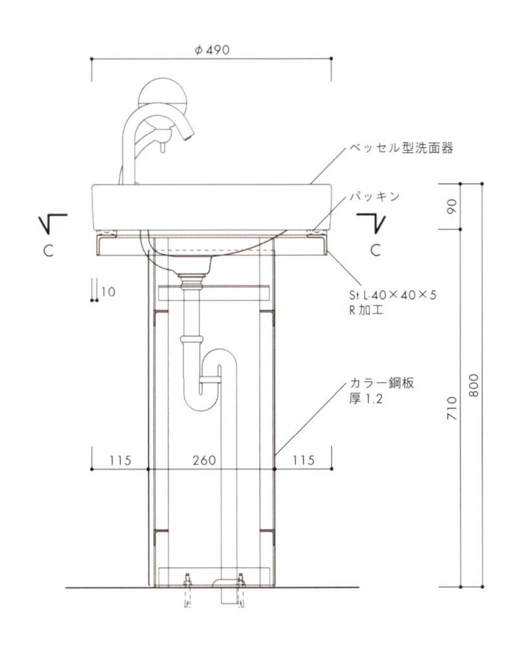

個別アイランド型洗面台 B-B 断面詳細 1/15

女性用トイレ内観 （前頁とも撮影：新建築写真部）

コンコースからトイレ階への階段部

2 階観客用トイレ正面（左右とも撮影：日暮雄一）

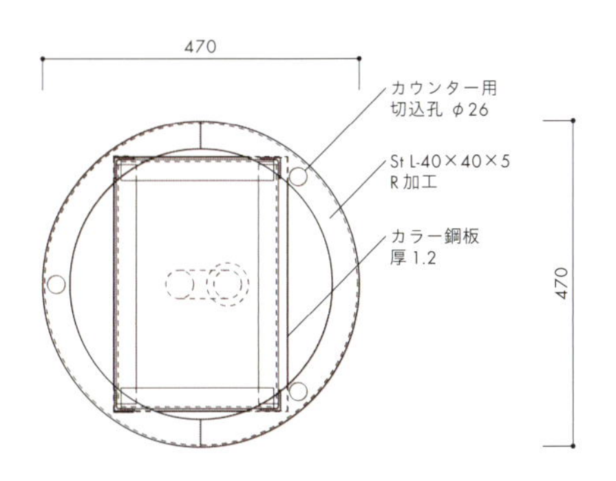

C-C 断面詳細 1/15

本競技場では，売店のあるコンコース階とトイレ階を分けることにより，休憩時間等の混雑緩和を図った。上層スタンドからは，コンコースの人混みを横切らないよう，ブリッジを渡って縦動線にアクセスしている。ワンウェイ方式のトイレでは，個別アイランド型の洗面台を採用し，スムーズな人の流れを促した。

トイレ階へ迷わずに誘導するため，「トイレへの誘導色＝緑」を定め，階段口のトイレピクトと通路壁面に採用した。トイレ内部は白壁基調とし，ブース内壁面に配色を施し，扉が開けばその差し色で空きが判別できる仕組みとした。トイレ奥の壁にも「誘導色＝緑」を施し，外通路とのつながり＝出口を想起させ，スムーズなワンウェイ利用を促した。

（日本設計　岩村雅人）

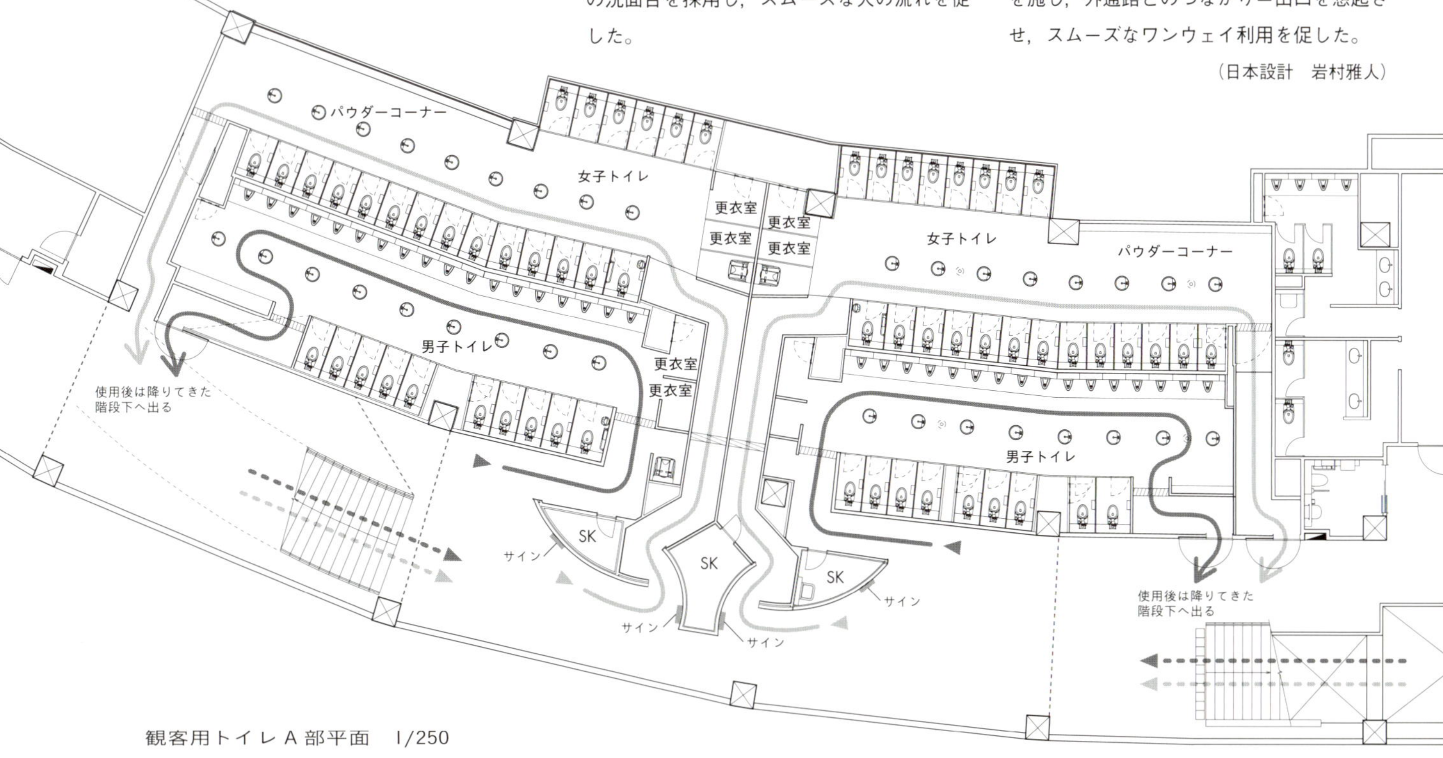

観客用トイレ A 部平面 1/250

設備施工／大成設備　構造・規模／RC 造 一部 S 造，PC 造・地上 6 階　主な使用機器／大便器：C550SU（TOTO），小便器：マイクロ波センサー小便器 XPU11（TOTO），洗面器：ベッセル型洗面器 L700C（TOTO），自動水栓：TEN12AR（TOTO）　竣工／2015 年 4 月　所在／神奈川県川崎市

㊾ 機能性と利用者への配慮を兼ね備えた劇場のトイレ

ブリーゼタワー（サンケイホールブリーゼ）　三菱地所設計, KAJIMA DESIGN

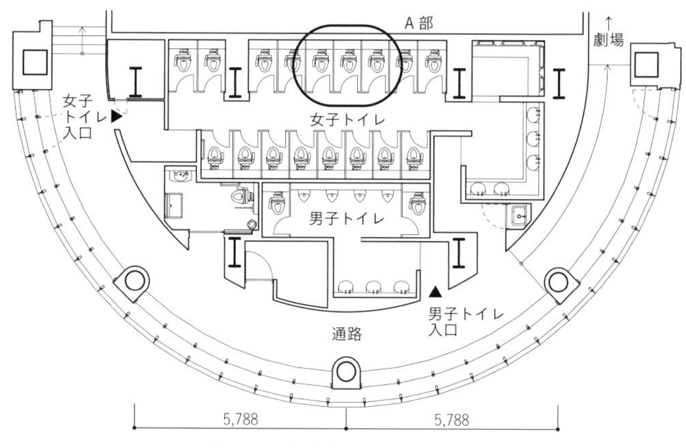

7階（ホール階）平面　1／250

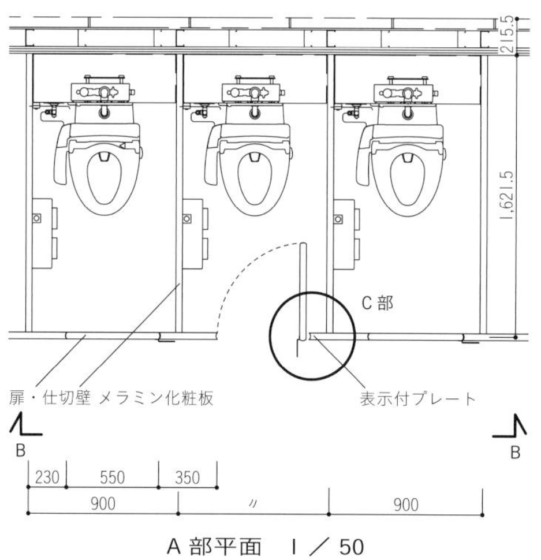

A部平面　1／50

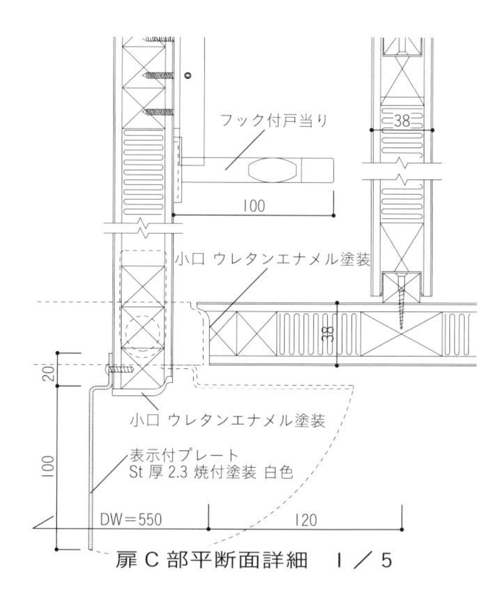

扉C部平断面詳細　1／5

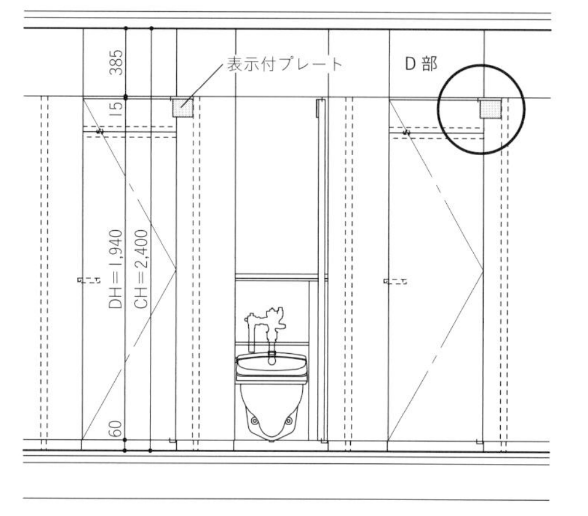

B-B立面　1／50

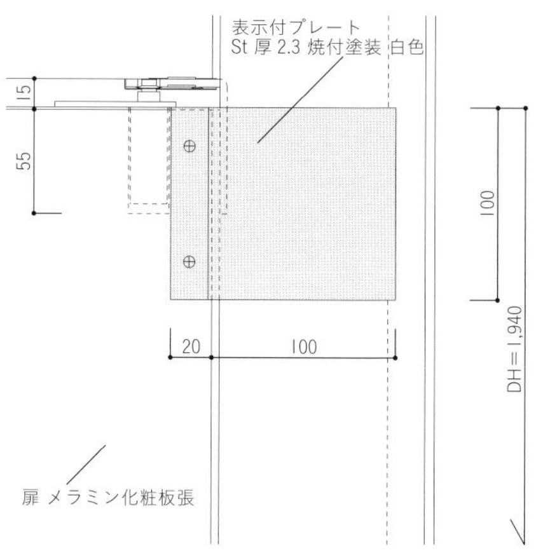

扉D部断面詳細　1／5

超高層タワーの中間部にありながら，劇場の非日常性と舞台への期待感を求めたサンケイホールブリーゼでは，演目を体感し次への期待感を高める大切な幕間のひとときに，観客，特に女性に無用なストレスがかかるのを回避するため「男性の目を気にせず並べる待ちスペースつくり」をテーマに計画した。回遊性をもたせ，ウォークスルーに配置したブースの扉には空きが一目でわかる突出し式サインを設置し，わかりやすく待ち時間の少ないトイレ計画とした。

（KAJIMA DESIGN　宮田雅章）

主要用途／複合用途（多目的ホール）　建築設計／三菱地所設計　デザインアーキテクト／インゲンホーフェン・アーキテクツ　建築・トイレ施工／鹿島建設　設備施工／東洋熱工業
構造・規模／S造，SRC造・地下3階，地上34階　ホール部分／7，8階　主な使用機器／大便器：商業施設階，ワンピース便器　CS860B（TOTO），
小便器：自動洗浄小便器（ジアテクト機能付き）　UFS800CE（TOTO），洗面器：ベッセル型（マーブライト）　L710CV（TOTO）　竣工／2008年7月　所在／大阪市北区　撮影／彰国社写真部

座談会

トイレ技術の最前線と これからのトイレづくり

魚住浩司 LIXILトイレ・洗面事業部 トイレ・洗面商品部 販売企画2グループ グループリーダー

× **江頭順史** TOTO USA商品開発部 Director(部長)

× **岩崎克也** 日建設計 設計部長

防臭・防汚・節水性能の進化

岩崎 ここ数年で，トイレのありようはだいぶ変わってきたと感じています。トイレと言えば，臭い・汚い・暗いといったイメージを昔はもたれがちでしたが，技術的にも空間的にもさまざまな改善が各所で図られていて，その進化はめざましいものがあります。ここで，いま，最先端の技術としてどのようなことが行われているのでしょうか。

江頭 TOTOではクリーン技術の検討を行ってきました。汚れに関しては，その発生源を抑えることが大切と考えておりその手段の一つとして「きれい除菌水」〈1〉があります。トイレ使用後に便器ボウル面に除菌水を噴霧することで，見えない汚れや菌まで分解，除菌します。汚れの発生を抑えるだけでなく，汚れの固着を抑え，たとえ汚れがついたとしても清掃しやすい形状にも配慮しています。

魚住 素材そのものに汚れがつきにくくする取組みは必須ですよね。LIXILも，洗浄水が汚物の下に入り込み，水の力で汚れを浮かす新技術〈2〉を2016年4月から衛生陶器に取り入れました。掃除はもちろんするわけですが，いかに手入れが楽な状態にしてあげられるか，そこがポイントだと思

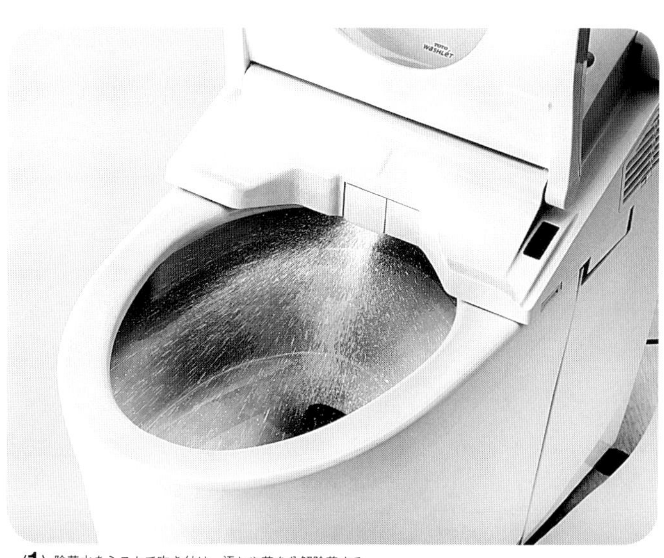

〈1〉除菌水をミストで吹き付け，汚れや菌を分解除菌する

〈3〉便器奥の吐水口より噴出する水流で効率よく洗い流す

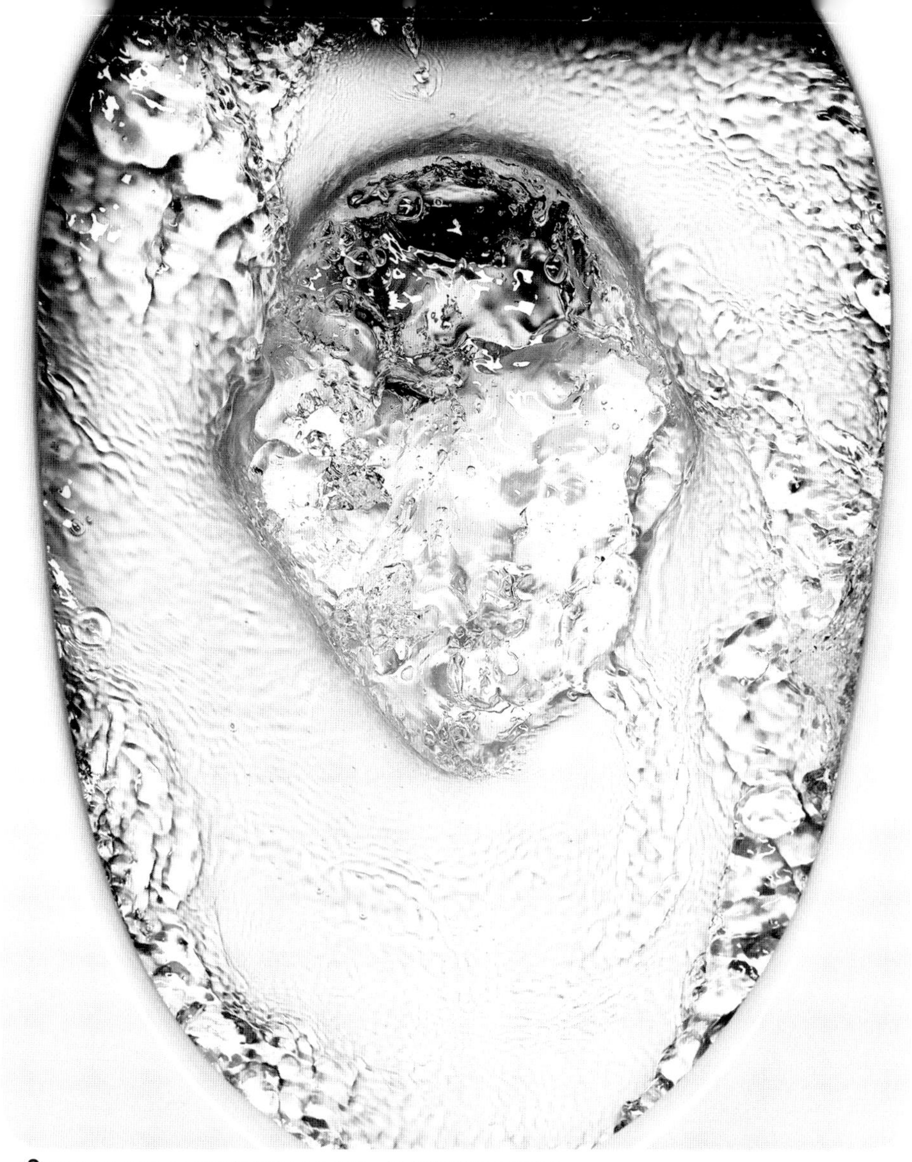

〈2〉2016年から展開している洗浄水が汚物の下に入り込み，水の力で汚れを浮かす衛生陶器

います。

岩崎　節水技術の進歩もめざましくて，40年前と比べると，最近の住宅用トイレの水の使用量は4～5リットルが標準となりました。約1/4の量できれいに流せるようになったわけですね。

魚住　節水はエンドユーザーがそれを希望される時代になりました。ただし，どのあたりが果たして最適なのか，われわれは技術を磨いて実績を積みながら検討していく必要があると思っています。水の使用量を減らした結果，汚物が詰まってしまったら問題ですから。

江頭　節水については便器のエンジンを改良したり，水の流し方を工夫したりしてきました〈3〉。

今後は住宅用で実現したこの節水の世界が，パブリックの分野でどこまで市民権を得られるかというところでしょうね。そこまで水を減らして大丈夫か心配に思う事業主様や設備業者様もいますし，確実に汚物を便器から排出し，搬送するまでの品質担保までしなければいけません。

岩崎　住宅用であっても使い方に個人差があるように，パブリックの場合はなおさら慎重にならないといけませんね。全員が同じ使い方をするわけではないので，使われ方によってどこまでの性能を提供するのか，われわれ設計側もその見極めをしなければいけないと思います。

機能分散とユニバーサルデザインで使い勝手の向上へ

岩崎　これからの日本は高齢化社会に向かいますが，お年寄りの場合，思うように身体を動かせない方もおられますし，介護者を必要とされる方もおられます。生活をする上ではできるだけトイレが近くにあると助かると思うのですが，それを建築のプランニングで解決する場合もあれば，場所によってはポータブル型や空気の圧力で汚物を流すような技術も有効になってくるのではないかと思います。

そのような時代のトイレの可能性は，一体どういったことが考えられるでしょうか。

江頭　これからの高齢化社会においては，在宅介護が注目されてくると思います。

介護用のベッドサイド水洗トイレ〈4〉はすでにあるのですが，そこで今後さらに求められそうなものは，トイレであることを主張しすぎないものです。つまり，トイレとリビングの距離が縮まり，いわば居室にトイレが置かれる状態になるわけですから，できるだけ自然なかたちであってほしいわけです。

魚住　ベッドの横に椅子が普通に置いてあるように，たとえば座る部分をどけるとトイレになるような，家具のようなデザイン〈5〉を追求していかなければいけませんね。いずれにしろ空間に馴染むものを考えていく必要があると思っています。

江頭　ある程度の要求を満たしたところで，一度世に投じて，お客様の意見を聞きながら次に改良していく。時代の流れはとても早いので，完成度をどこに設定するか，その見極めが私たち

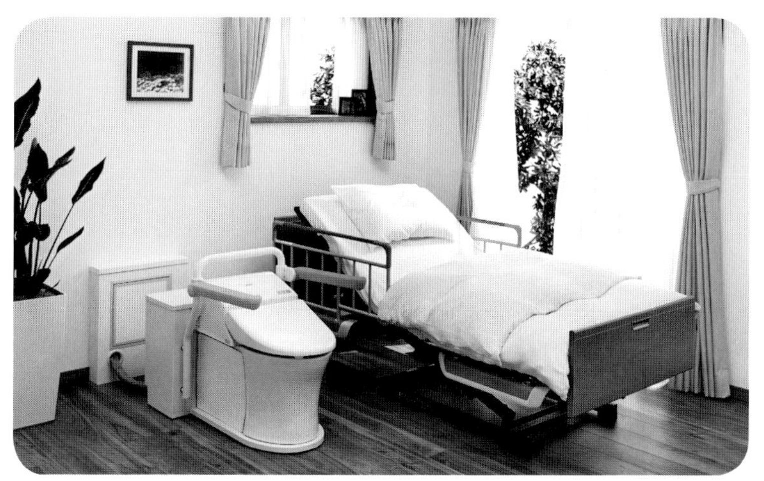

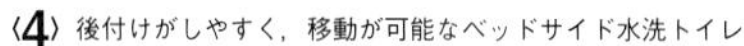

〈4〉後付けがしやすく，移動が可能なベッドサイド水洗トイレ

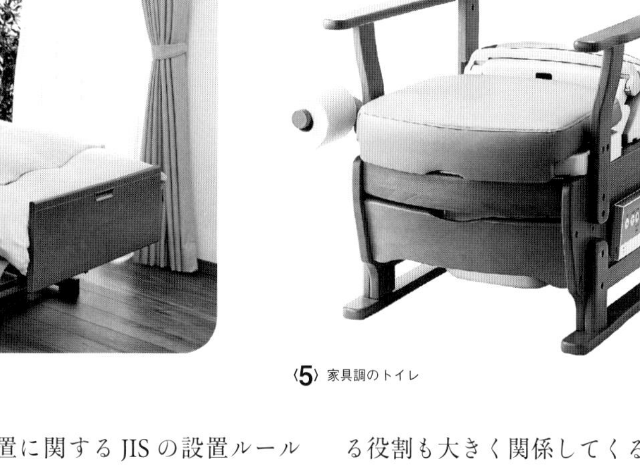

〈5〉家具調のトイレ

にとっても非常に難しいところですね。

岩﨑　それと，障害のある方のためのトイレは，一時は障害のある人を一つの枠組みにしてしまって，多機能（多目的）トイレという一つの言語の空間にしてしまっていました。

でも，最近の動きを見ていますと，これからはそれぞれの障害にあわせて使い分けができるようなトイレの普及をめざし，行政なども取り組み始めていますね。

江頭　多機能トイレについては行政からガイドラインが出ていますので，最近は，一般トイレ内に簡易多機能ブースをつくる事例が増えてきているかと思います。

ただし，フルスペック（さまざまな方に配慮したトイレ）のものを詰め込むのはやはり難しいのが実情です。そこで，ブースの広さや機能に応じて，対応できる内容を定義づけしながら分散化できるような方向で，われわれも器具を提供していく必要があると思っています。そのためにはそれぞれの単品がコンパクトであるということが一つの命題になりますし，場合によっては，器具の配置の仕方も考えていかなければいけません。

それと，2007年から公共トイレのユニバーサル・デザインの一環として，壁に取り付ける操作ボタンの種類や配置する位置に関するJISの設置ルールが定められました（JIS S 0026）。今後は国内の方々はもちろんのこと，外国の方の利用者が増えていくことが予想されますので，トイレの操作系のわかりやすさをもっと追求していくつもりです。そのためには，デザインをトータルで考えていく必要がありそうです。

魚住　JISのルールが定められたことで，私たちも器具の準備の仕方や提案をわかりやすく説明できるようになったと思います。

それと，一方ではメーカーが想定するユーザーや使い方とは違う場合があることも課題の一つです。なかなか思う通りには使ってもらえないことがあるわけですが，裏を返せば，たとえば，ブースに入らなくても中身の様子がわかるように器具表示をしてみたり，何かしらの方法でトイレの特徴を示すことで，利用される方の身体特性や障害特性にあわせて選んで使えますよという提案ができるようになれば，トイレ空間は変わるのかもしれません。

岩﨑　たしかに，「このトイレはどのように使うことができるのか」ということが予測・イメージできるようになると，かなりいろいろな人が使える可能性がありますね。

そのあたりはサインデザインや器具のデザイン，空間的なデザインにおける役割も大きく関係してくるでしょうね。

江頭　じつは，器具についてはさまざまな利用者に対応できるように多彩な器具が1カ所のブースに納められます。その結果空間全体の印象としてはバラバラな印象になりがちです。ですから，どんな器具の組合せであっても，スペースに納めたときにはトータルでコーディネートされているような水準まで引き上げていくことが今後は必要なのかなと思っています。そのためにも器具のモジュールや素材感，色合いといったものを検討しているところです。

岩﨑　組合せがしやすい色合いならば，私たち設計者も選びやすくなりますし，それを配置したときの空間をイメージしやすくなるでしょうね。

江頭　それと，これからは空間に合った器具を自由に選んでいくようになることも考えられますので，なおさら空間コンセプトを踏襲した各器具のデザインレビューをきっちりやっていかなければいけないと思っています〈6〉。

魚住　いま私どもは，「人が使いやすい」というテーマを原点に置いてモノづくり〈7〉に取り組んでいるのですが，使う人の気持ちや使いやすさを考えて，人が使いやすい形とは一体どういうものなのかを突き詰めていかなければいけないと思っています。

同時に，パブリックなものにはメンテナンスのしやすさも求められますので，自社のメンテナンス会社とも連携を図りながら取り組んでいるところです。

人の居住空間に近づく

岩崎　商業建築では，美容系の商品をメーカーが提供して，ユーザーへ向けて情報発信をしていたり，フィッティングルームやパウダーコーナーは女性だけでなく男性トイレにも登場しています。そういう意味ではトイレ空間が昔よりもはるかにイメージアップしたと思います。

魚住　潜在的なニーズは昔からあったわけですが，それを具体的な形にしたというのは，大きな変化だと思います。たとえば，仕事帰りにスーツを脱いで私服に着替えようとした場合，公共の場には着替えるところがないからトイレを利用するという話はよく聞きます。そういう場所があれば使いたいという人は多いでしょうから，必要スペースを検討しながらどこまで貢献できるかですね〈8〉。

江頭　たしかに，男性であっても鏡の前で身だしなみをチェックしているのは当たり前の光景になっていますね。

ただ，逆に設備を整えすぎてしまうと，そこに人が滞留してしまう。そうすると，手を洗いたい人が洗えなかったりもしますので，プランニングの重要度は増していると思います。

利用者のニーズに対して設備やプランニングがうまく組み合わされば，空間的にもおもしろいトイレができるのだということが見えてきたと思います。数年前にはなかったものがどんどん実現していますので，今後もそういった動きにはどんどん対応していく必要がありますよね。

岩崎　昔は建築のコアの中にトイレを納めるプランニングをしていましたが，時代とともに少しずつトイレが開かれてきている状況があるかと思います。たとえば，ガラスに面していて自然光が入り，開放的でリフレッシュできるようなトイレ空間もあります。そのような状況をどのように捉えておられますか。

江頭　人の居住空間に近づいていると言えるのではないでしょうか。ですから建物のゾーニングをはじめとした抜本的な考えの変革が起きるようにも思います。

魚住　最近のオフィストイレは非常

〈7〉人が使いやすく，近寄りやすい形状を考えた壁掛小便器

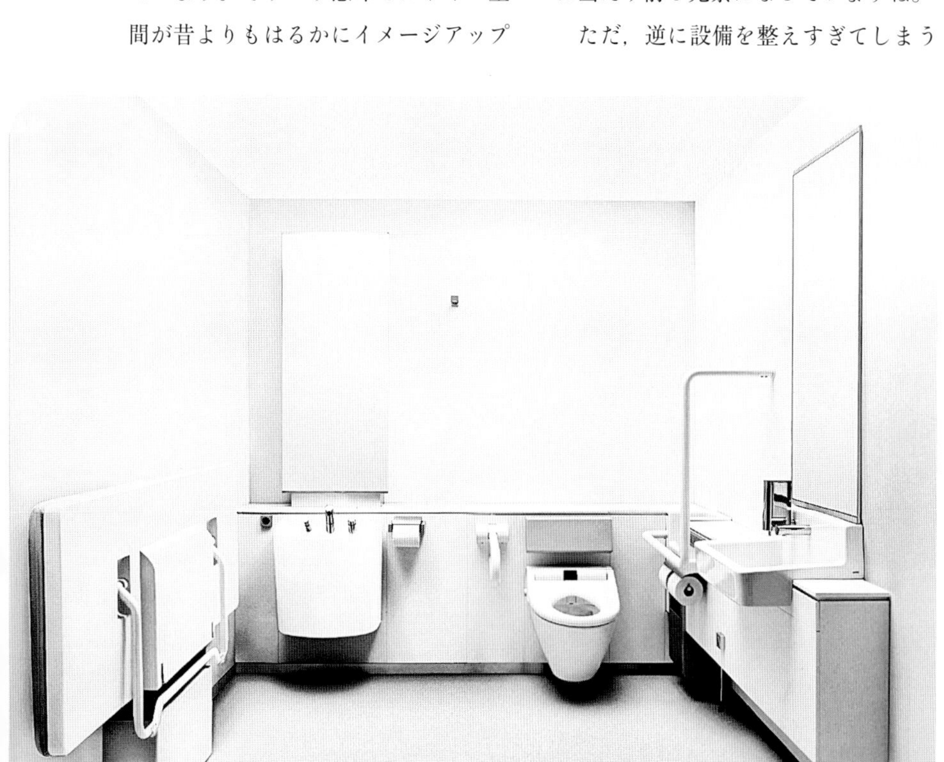

〈6〉器具だけでなく，空間と一体でデザインした多機能トイレ

資料提供：
TOTO ＝〈1〉〈3〉〈4〉〈6〉
LIXIL ＝〈2〉〈5〉〈7〉〈8〉

魚住浩司（うおずみ こうじ）

1963年石川県生まれ。1987年明治大学工学部卒業後，INAX（現LIXIL）入社。現在，トイレ・洗面事業部 トイレ・洗面商品部 販売企画第2グループグループリーダー。

江頭順史（えがしら じゅんじ）

1970年長崎県生まれ。1992年長崎大学工学部卒業後，TOTO入社。座談会当時，マーケティング本部 パブリック商品企画第一グループ グループリーダー。

岩崎克也（いわさき かつや）

1964年千葉県生まれ。1986年東海大学工学部建築学科卒業。1991年同大学大学院修了後，日建設計。現在，同社設計部長。

にきれいで，極端な話，そこでご飯を食べる人もいると聞きます。携帯電話やスマホをいじっている人もいるくらいです。長居をしてもよい部分と，長居をしてはいけない部分，つまり人の行動を細かく把握しながら空間や配置を考えていくことが前提となりはじめていますね。

岩﨑　トイレが居住空間に近づくことで，建築計画も変わってくる。これはオフィスや商業施設だけでなく学校のトイレにも言えて，子ども同士のコミュニケーションの場になっていたりもします。これからは，みなさんのわかる場所にトイレが点在しながら，人の流れや滞留といったアクティビティに沿った配置計画学もおそらくできてくるのではないかと思います。

快適性を備えつつ，
嗜好性にあわせた空間へ

岩﨑　現在の状況や今日のみなさんのお話を聞いていまして，トイレは用を足すためだけであった空間ではもはやなくなり，未来のトイレ空間は，もっと人に近づきながら，大きな魅力をもち得るものになると期待できます。

　最後になりますが，お二人は今後のトイレ空間の展開は，どのようなことがありそうだとお考えでしょうか。

魚住　個室でスマホを使うなど，トイレでの滞留時間が長くなっているという現象は，裏を返せば，世の中にオープンスペースはかなり提供されているけれども，日々の生活を忙しく過ごす中で，ひとときの個室の休憩室が欲しいと思われている方が多いのかなと思っています。

　そのときにいったい何が正解なのか，具体的にはまだ見えないのですが，その人の嗜好に合わせた使い方ができたりするようなもの，選択肢を多様化しておいて使う人が選べるようになっているものであれば，心地良い休憩室のようなトイレ空間になるのかなという気はします。みんなが行きたがるようになると，建築にも何かしら影響を与えるようなことが起こるのではないでしょうか。

江頭　スマートフォンに代表されるITの進化はここ数年でめまぐるしいですが，スマートハウスやスマートビルの考えで，いずれトイレ空間の中でもさまざまな情報を得ることができるようになるのかもしれません。

　最近では，自分の近くにある公共トイレの場所を検索してくれるアプリもあります。今後はさらに，そこのトイレの空き状況や設備の情報などを容易に入手できるようになる時が来るかもしれません。またパブリックのトイレならば企業の広告宣伝・情報発信などに使ったり，利用者が欲しい情報を入手できるコミュニケーションの場になる可能性を秘めているのではと思います。

岩﨑　臭いや汚れが解消されていくと，いずれ個室化する必要がなくなるかもしれないという意見も聞きますし，そうではなくて，もっと個人の嗜好性に寄り添った空間に向かっていくのかもしれません。その振り幅こそ，トイレ空間がもつ潜在的な可能性であり，トイレが果たす役割は今後とても大きくなっていくように思います。

〈8〉パブリックな場としての機能が要求され始めたトイレ空間

編集協力者略歴(五十音順)

岩﨑克也(いわさき かつや)

1986年東海大学工学部建築学科卒業。1991年同大学大学院修了後、日建設計入社。現在、同社設計部長。
2007-2013年東海大学非常勤講師。2009-2013年東京電機大学非常勤講師。

小林純子(こばやし じゅんこ)

1967年日本女子大学住居学科卒業。田中・西野設計事務所等を経て、設計事務所ゴンドラを設立。
公共トイレの設計・研究を中心に活動中。現在、設計事務所ゴンドラ代表。日本トイレ協会副会長。
2014年東洋大学博士課程修了[博士(工学)]

田名網雅人(たなあみ まさひと)

1980年早稲田大学理工学部建築学科卒業。1982年同大学大学院修了後、鹿島建設建築設計本部入社。
現在、同社建築設計本部副本部長。

第1章　原稿作成協力

KAJIMA DESIGN
ディテール188号:遠藤浩、仙石正博、広瀬良太
ディテール208号:岩崎庸浩、橘佑季、筒井慧、桝井亜沙美、野中志帆、瀧田暁
日建設計
ディテール188号:竹内稔、近本直之

第2章　初出誌

ディテール188号(2011年春季号)
02　特別養護老人ホーム たまがわ
06　南アルプス市健康福祉センター
08・51　茅野市民館
09　鹿島本社ビル
10　室町東三井ビルディングCOREDO室町
11　土佐堀ダイビル
12　ヒューリック豊洲プライムスクエア(旧SIA豊洲プライムスクエア)
13　渋谷桜丘スクエア
14　丸の内パークビルディング・三菱一号館
15　青山鹿島ビル
16　大塚グループ大阪本社 大阪ビル
17　HIOKIイノベーションセンター
21　東京造形大学 CS PLAZA
24　東雲水辺公園 公衆トイレ
25　千代田区有料公衆トイレ オアシス@Akiba
26　滑川市立西部小学校
27　田園調布雙葉学園小学校 屋外トイレ
28・30　港区立芝浦小学校・幼稚園 改築工事
29　西南学院小学校
31　茅ヶ崎浜見平幼稚園
35　東京湾アクアライン 海ほたるパーキングエリア
38　JR西日本 小倉駅 新幹線コンコース
39　新千歳空港国際線旅客ターミナルビル
50　兵庫県立芸術文化センター
53　ブリーゼタワー(サンケイホールブリーゼ)

ディテール208号(2016年春季号)
01　GALLERY TOTO
03　地域密着型特別養護老人ホーム ここのか
23　Arts Towada アート広場トイレ
32　道の駅 パティオにいがた
33　第二東名高速道路 清水PA 休憩施設お手洗い
34　刈谷ハイウェイオアシス デラックストイレ
36　小田急 相模大野駅 お客さまトイレ
37　千代田線 表参道駅
40　Echika池袋 エスパス・ポーズエリア有料女子トイレ
41　アンジェルブ 大阪店
42　東京タワー特別展望台トイレ改修
43・45　あべのハルカス
44　カラフルタウン岐阜
46　Sunny Hills at Minami-Aoyama
47　虎白
48　焼肉KYOKU
49　熊本県立劇場トイレ改修
52　等々力陸上競技場メインスタンド
座談会:最先端技術による 未来型トイレの実践
座談会:大規模施設のトイレの変遷とこれから
座談会:トイレ技術の最前線とこれからのトイレづくり

今を映す「トイレ」 ユニバーサル・デザインを超えて、快適性の先に

2018年1月10日 第1版 発 行

著作権者との協定により検印省略

編 者 彰 国 社
発行者 下 出 雅 徳
発行所 株式会社 **彰 国 社**

自然科学書協会会員
工学書協会会員

162-0067 東京都新宿区富久町8-21
電話 03-3359-3231(大代表)
振替口座 00160-2-173401

Printed in Japan

印刷：真興社 製本：誠幸堂

ISBN978-4-395-32104-9 C3052

http://www.shokokusha.co.jp

本書は、2017年6月に「ディテール別冊」として刊行しましたが、ご好評につき、単行本として新たに刊行しました。